CAMBRIDGE LIBRARY COLLECTION

Books of enduring scholarly value

Earth Sciences

In the nineteenth century, geology emerged as a distinct academic discipline. It pointed the way towards the theory of evolution, as scientists including Gideon Mantell, Adam Sedgwick, Charles Lyell and Roderick Murchison began to use the evidence of minerals, rock formations and fossils to demonstrate that the earth was older by millions of years than the conventional, Bible-based wisdom had supposed. They argued convincingly that the climate, flora and fauna of the distant past could be deduced from geological evidence. Volcanic activity, the formation of mountains, and the action of glaciers and rivers, tides and ocean currents also became better understood. This series includes landmark publications by pioneers of the modern earth sciences, who advanced the scientific understanding of our planet and the processes by which it is constantly re-shaped.

Essai de géologie

Barthélemy Faujas de Saint-Fond (1741–1819) abandoned the legal profession to pursue studies in natural history. Appointed a royal commissioner of mines in 1785, he also served as professor of geology at the natural history museum in Paris from 1793 until his death. His keen interest in rocks, minerals and fossils led to a number of important discoveries, among which was confirmation that basalt was a volcanic product. The present work appeared in three parts between 1803 and 1809. The first volume features an introductory discussion of the current state of geology, before going on to consider the fossils of plants, shells, fish, cetaceans, crocodiles, and various mammalian quadrupeds. Of related interest in the history of geology, *Minéralogie des volcans* (1784) and the revised English edition of *A Journey through England and Scotland to the Hebrides in 1784* (1907) are two other works by Faujas which are also reissued in this series.

Cambridge University Press has long been a pioneer in the reissuing of out-of-print titles from its own backlist, producing digital reprints of books that are still sought after by scholars and students but could not be reprinted economically using traditional technology. The Cambridge Library Collection extends this activity to a wider range of books which are still of importance to researchers and professionals, either for the source material they contain, or as landmarks in the history of their academic discipline.

Drawing from the world-renowned collections in the Cambridge University Library and other partner libraries, and guided by the advice of experts in each subject area, Cambridge University Press is using state-of-the-art scanning machines in its own Printing House to capture the content of each book selected for inclusion. The files are processed to give a consistently clear, crisp image, and the books finished to the high quality standard for which the Press is recognised around the world. The latest print-on-demand technology ensures that the books will remain available indefinitely, and that orders for single or multiple copies can quickly be supplied.

The Cambridge Library Collection brings back to life books of enduring scholarly value (including out-of-copyright works originally issued by other publishers) across a wide range of disciplines in the humanities and social sciences and in science and technology.

Essai de géologie

Ou, Mémoires pour servir
a l'histoire naturelle du globe

VOLUME 1

BARTHÉLEMY FAUJAS DE SAINT-FOND

CAMBRIDGE
UNIVERSITY PRESS

CAMBRIDGE
UNIVERSITY PRESS

University Printing House, Cambridge, CB2 8BS, United Kingdom

Cambridge University Press is part of the University of Cambridge.
It furthers the University's mission by disseminating knowledge in the pursuit of
education, learning and research at the highest international levels of excellence.

www.cambridge.org
Information on this title: www.cambridge.org/9781108070706

© in this compilation Cambridge University Press 2014

This edition first published 1803
This digitally printed version 2014

ISBN 978-1-108-07070-6 Paperback

ESSAI DE GÉOLOGIE,

OU

MÉMOIRES

POUR SERVIR

A L'HISTOIRE NATURELLE

DU GLOBE;

PAR B. FAUJAS-Sᵀ.-FOND,

Professeur de Géologie au Muséum d'Histoire naturelle ; de la société royale des sciences de Gottingue; de celles des curieux de la nature, de Berlin, de Harlem, de Jena; de l'académie des sciences, belles-lettres et antiquités de Dublin, de Perth, etc.

TOME PREMIER.

A PARIS,

Chez C. F. Patris, Imprimeur des Tribunaux et de l'Académie de Législation, rue de la Colombe, Nᵒ. 4.

1803. — XI.

DE L'ÉTAT ACTUEL
DE LA GEOLOGIE.

INTRODUCTION.

DISCOURS prononcé au Muséum d'histoire naturelle, pour l'ouverture du cours de Géologie, le premier mai, 1802.

La Géologie, cette science qui a pour but la théorie de la terre, commence a fixer sérieusement l'attention des hommes instruits, et des savants de toutes les nations ; sa marche prend une forme plus méthodique ; les Français manifestent avec empressement leur goût pour cette belle étude ; et quoiqu'il n'existe, dans l'enseignement public, qu'une seule institution qui lui soit spécialement consacrée (1), l'ardeur avec la-

---

(1) La plupart des universités d'Allemagne ont des chaires de Géologie ; la France, malgré l'étendue de son territoire, et le goût dominant des Français pour cette science, n'a qu'un seul professeur de Géologie, auprès du Muséum.

*Tome I.*er   1

quelle on s'y livre prouve mieux que tout ce qu'on
pourrait dire, combien elle intéresse les savants,
les hommes de lettres, et en général toutes les
personnes éclairées, dont l'esprit droit et le génie
élevé aiment à contempler en grand les opérations de la nature.

Existe-t-il en effet pour l'homme, lorsqu'il est
préparé par des études préliminaires à recevoir
de grandes vérités, un tableau aussi vaste et aussi
sublime que celui où viènent se peindre tous ces
monts sourcilleux qui entourent la terre et la
coupent en divers sens, et dont plusieurs sont
presqu'entièrement formés de restes et de débris
de corps organisés de toute espèce qui ont été
autrefois doués de la vie, tandis que d'autres
chaînes de montagnes, tantôt plus élevées, tantôt
plus basses, n'offrent que des masses brutes et
solides, disposées par couches, ou comme jetées
d'une manière irrégulière, et où l'œil le plus
exercé ne reconnaît tout au plus dans leur composition que quelques formes cristallines, qui
supposent la dissolution de ces immenses accumulations de matieres solides dans un fluide quelconque, doué du pouvoir d'en tenir les molécules
suspendues ?

Ce même tableau offre encore, d'une part, de
grands vestiges qui caractérisent l'action des feux
souterrains en état de calme, ou dans une brû-
lante activité; de l'autre, de longues et vastes

traînées de galets ou de cailloux roulés, formés
des débris des plus antiques roches, dont on
peut suivre les traces depuis les plus hauts som-
mets jusques dans les profondeurs des vallées,
et qui attestent de prompts déplacements de la
mer qui ne peuvent avoir été produits que par
de terribles catastrophes.

Là, au contraire, et comme si la nature se
plaisait à nous embarrasser, tout caractérise des
alluvions calmes et lentes, qui semblent annoncer
que dans certaines circonstances les eaux de tous
les océans connus, se dirigent dans un même
sens, mettent à découvert et livrent à la végétation de nouvelles contrées, et en inondent d'autres dans des points opposés. Tant de témoins
irréfragables attestent donc des évènements du
plus grand ordre, des bouleversements terribles,
des périodes de calmes et de reproductions, in-
terrompues souvent par de nouveaux désastres;
enfin, le jeu actif de tous les éléments sans cesse
en mouvement ou en opposition sur cette terre,
la demeure passagère de l homme, où la nature
semble l avoir condamné à suivre le sort des
autres êtres, et l'a soumis, quant à son physique, à toutes les combinaisons, à toutes les
vicissitudes, à tous les chocs et à toutes les in-
fluences de ces mêmes éléments. Cette belle
partie de la théorie de la terre, doit donc être
considérée comme la véritable philosophie de

la nature , puisqu'elle est constamment appuyée sur des faits.

Chargé de l'honorable fonction d'en développer devant vous les principes et les bases, je vous offre les résultats de mes travaux, de mes longues recherches , et de ma constance à poursuivre le même objet dans l'intention de vous en rendre participants, et de faire mes efforts pour vous applanir les difficultés inséparables de ce genre d'étude ; mais j'ai besoin de toute votre indulgence , et vous avez bien voulu jusqu'à présent m'en donner des témoignages si fréquents et si honorables , que j'ose, malgré mes faibles lumières , paraître devant vous, avec la confiance de celui qui n'a d'autre système que la recherche de la vérité , et d'autre but que celui de trouver dans les progrès que vous pourrez faire , la plus agréable et la plus douce des récompenses.

C'est, j'ose le dire, d'après cette pureté d'intention , que loin de m'effaroucher de la critique, je ne puis que la desirer sincèrement, surtout dans un sujet ou tous les pas que nous faisons semblent marqués par des faits nouveaux , ou par d'anciennes erreurs détruites. Rappelons-nous que c'est de la diversité des opinions qu'à la longue la vérité doit sortir toujours pure et brillante ; et que des contradictions mises en avant avec la décence et l'urbanité qui convienent à

de véritables amis des sciences , aiguisent l'esprit , l'animent et le portent à des recherches
et à des travaux qui tournent toujours à l'avantage de l'instruction.

Sans cette diversité d'opinion , le plus vif et
le plus actif des aiguillons contre une sorte de
paresse naturelle à l'homme , je n'aurais peut-
être pas donné moi-même autant de suite , et mis
autant de constance dans l'étude des corps marins ,
et dans celle des animaux terrestres vivants , pour
les comparer aux restes de ces mêmes animaux
fossiles , si la voix de quelques naturalistes instruits , ne s'était d'abord élevée contre l'opinion
que j'émis dans cette enceinte , lorsque j'annonçai
pour la première fois , que loin de considérer
tous les fossiles sans analogues connus , je les re-
gardais au contraire , du moins en partie , comme
ayant encore leurs semblables , soit sur la terre ,
soit dans les mers ; j'appuyai , vous le savez , cette
assertion d'un grand nombre de faits et d'objets
comparatifs qui fixèrent votre attention , et pi-
quèrent vivement votre curiosité.

Au reste , il n'était pas étonnant que ceux qui
n'avaient pas été à portée de voyager et de voir
les objets importants que je fis passer en revue
devant vous , fussent d'un sentiment opposé au
mien : cela devait être ainsi , du moins relativement aux coquilles et aux madrépores , à une
époque où l'ouvrage systématique de Lamark ,

sur cet objet, n'avait pas vu le jour. D'ailleurs
cette grande question relative à l'existence des
analogues, une des plus remarquables et des plus
importantes pour la Géologie, n'avait pas encore
été approfondie ; et comme l'on connaît en effet
un grand nombre de coquilles, et d'autres corps
organisés fossiles, qu'on ne saurait rapporter à
aucune des espèces vivantes que l'on a été à
portée d'examiner jusqu'à présent, il était naturel de croire que ces dépouilles de l'antique
Océan, devaient avoir appartenu à des individus
dont les races avaient disparu à la suite de quelques grands événements dignes des recherches
et de l'attention des naturalistes philosophes.

Si l'on était parvenu en effet à démontrer la
vérité d'une telle assertion sur les races perdues,
il est évident qu'elle nous renvoyait à un état
de choses bien différent de celui qui a lieu dans
l'ordre actuel du globe, et un aussi grand épisode
dans l'histoire des révolutions de la terre, ne
pouvait échapper à l'œil attentif du génie ; aussi
l'illustre Buffon s'en empara-t-il avec une sorte
d'enthousiasme, pour en former une des bases
de son système sur le refroidissement graduel
de la terre.

Nous pouvons donc dire à présent, avec une
sorte de certitude, qu'il existe des dépouilles
d'animaux marins et même d'animaux terrestres,
non seulement à une grande profondeur dans la

terre, mais sur le sommet des montagnes, qui se rapportent à des espèces connues, dont la plupart vivent à présent dans des mers ou sur des plages lointaines, et même sous des régions brûlantes. Depuis que l'éveil a été donné à ce sujet, et que plusieurs savants s'occupent de cette importante partie de l'histoire naturelle, nous voyons la liste de ces analogues s'accroître, pour ainsi dire, de jour en jour.

Nous devons dire aussi, avec la même franchise, qu'il existe des dépouilles d'animaux terrestres et d'animaux marins, fossiles, qui nous sont absolument inconnus ; cela peut tenir à ce que nos recherches sur ces animaux sont encore trop peu avancees ; à ce que plusieurs habitent des contrées qui n'ont pas été visitées, ou que certaines familles de Coquilles et de Madrépores, se plaisent dans les abîmes les plus profonds de la mer. Il est possible aussi que cela dépende de quelque fait caché qui se dérobe à nos regards, et sur lequel il n'est ni sage, ni prudent de tirer des conjectures jusqu'à ce que la géographie physique des animaux ait été complètement épuisée ; mais c'est un grand pas que celui qui nous met à portée d'établir qu'il existe des analogues qu'on ne saurait plus contester.

Je rappèle ici ces détails, parce qu'ils servent à nous transmettre la marche exacte et actuelle des connaissances géologiques, dont on ne saurait trop simplifier les données, et dont nous allons continuer de suivre les progrès dans les diverses parties du monde savant.

La Russie, créée par le Czar, éclairée par Catherine, est une preuve frappante de ce que peut le génie, lorsqu'il sait tourner sa force et son activité vers les grands objets d'utilité publique. Les sciences, les lettres et les arts, accoururent à la voix d'une princesse qui les appela auprès d'elle, parce qu'elle savait les apprécier, et qui les honora et les combla de faveurs, parce qu'elle en sentait tout l'avantage, et qu'elle les cultivait elle-même. Elle immortalisa son nom, et éleva, comme par miracle, son empire au rang des premières puissances de l'Europe : tel est le grand pouvoir des lumières, lorsqu'une main habile sait les diriger.

Catherine appela Pallas, le fit voyager dans la Sibérie, dans l'intention d'y recueillir non seulement tous les objets qui pouvaient intéresser l'exploitation des mines diverses, dont ces contrées désertes abondent ; mais elle recommanda specialement, à son attention, la recherche de ces dépouilles d'éléphants, de rhinocéros et d'autres animaux des pays chauds, qui sont ensévelis par l'effet de la plus étonnante révolution, comme sous les débris d'un ancien monde, et dans une région polaire, couverte de glaces et de frimas.

Il résulta du voyage et des savants travaux de

Pallas, des découvertes si importantes et même
si étonnantes pour la Géologie, que si le cabinet
d'histoire naturelle de Pétersbourg, où les objets
sont déposés, n'en attestait l'existence, on aurait
pu les révoquer en doute ; mais ces richesses se
sont encore accrues par de nouveaux voyages ;
et divers cabinets de l'Europe, notamment les
galeries de notre Muséum, les partagent du moins
en partie, graces à Catherine, qui crut digne
d'elle d'en faire hommage à la France. Ainsi,
la Russie a payé un des plus grands tributs à
la Géologie, en lui ouvrant le plus vaste champ
d'observations dans l'étendue de ses immenses
possessions, et en ayant accueilli dans son sein
un savant d'un si grand mérite, qu'on peut avec
raison, l'appeler le Buffon du Nord.

L'Allemagne, dans l'étendue de laquelle je
comprends l'Autriche, la Prusse et tous les Cer-
cles électoraux, est par excellence, et depuis
long-temps, le pays où les sciences sont le plus
généralement cultivées, et où le commerce et
la circulation des livres sont le plus étendus. J'en
appèle à tous ceux qui ont voyagé en observateurs, dans ces diverses contrées trop peu connues en général des Francais, sous le point de
vue de l'instruction, et ou les plus heureuses
institutions forment une des principales branches
de la prospérité publique. Je pourrais en citer
cent exemples, parmi lesquels celui de Gottin-

gue, dans l'électorat d'Hanovre, devrait tenir un des premiers rangs : là, tous les hommes destinés à occuper des places dans la diplomatie, dans l'art militaire, dans la magistrature, dans l'église, enfin dans toutes les branches d'instruction et d'enseignement public, vont puiser des connaissances propres à en faire des hommes distingués. La réputation justement méritée de cette savante école, les facilités qu'on y trouve, la grande célébrité des professeurs, y attirent des sujets de toute l'Allemagne, de l'Angleterre, de la Suède, du Danemarck et jusques de la Russie.

C'est d'après des moyens si efficaces d'instruction que l'Allemagne a produit des hommes si marquants dans les sciences et dans la littérature ; elle a dans la chimie, des Klaproth ; dans la minéralogie, des Werner, des Widman, des Emerling, des Estner, des Reuss, et tant d'autres que je pourrais citer dans les diverses branches d'histoire naturelle, si je ne devais porter ici ma principale attention sur ceux qui consacrent spécialement leurs veilles aux progrès de la Géologie. L'Allemagne doit s'honorer d'avoir dans cette partie un savant aussi distingué que laborieux, Blumenbach, à qui toutes les parties d'histoire naturelle sont familières, et qui en a donné tant de preuves par la bonté et la diversité de ses ouvrages.

La ville de Brunswick renferme aussi dans son

sein, un savant qui portera très-loin l'étude de l'anatomie comparée applicable à la Géologie, M. Wiedemann, naturaliste qui consacre ses recherches à l'histoire naturelle des animaux, et à leur anatomie comparée, et qui a voyagé pour cet objet en Allemagne, en Hollande, en Angleterre, en France, en Suisse et en Italie, pour y visiter et y étudier les grandes collections en ce genre, le crayon à la main, et la tête meublée de tous les faits et de toutes les connaissances méthodiques publiées sur cette matière; c'est ainsi qu'en reunissant, dans un même cadre, la plus grande partie des richesses zoologiques, dispersées sur plusieurs points, l'on acquiert l'habitude de marcher d'un pas ferme et assuré dans la route des connaissances positives, qui conduisent tôt ou tard à de grandes découvertes.

M. de Buch, savant minéralogiste prussien, s'occupe, de son côté, de recherches locales qui tiennent a la structure du globe; il a étudié le Vésuve, et fait beaucoup d'observations sur la constitution physique des environs de Rome; et quoique je diffère d'opinion avec lui, sur la nature du sol au milieu duquel cette antique métropole du monde est bâtie, et que je le considère avec Fortis, avec Ferber, Dolomieu, Saussure, Breislack, et tant d'autres naturalistes très-exercés dans l'examen des pierres, comme ayant été ravagé à des époques très-anciennes, par

l'action des feux souterrains , je n'en rends pas
moins justice au zèle de M. de Buch , et à l'exactitude de ses observations topographiques. Les
principes *neptuniens*, dont il a été imbu dans
ses premières études , ne sauraient être effacés
si subitement, et quoique les phénomènes du
Vésuve, dont il a été témoin, lui ayent prouvé
l'identité de la plupart des laves des volcans
éteints, avec celles de ce volcan brûlant, il
semble tenir encore un peu sur quelques points
au sentiment de son illustre maître Monsieur
Werner; mais comme en fait d'opinion scienti-
fique, ainsi qu'en matière de religion, on ne
saurait trop respecter la croyance des hommes
de bonne-foi, c'est au temps seul, et aux progrès
de la raison et des lumières, à nous mener tôt
ou tard vers la vérité; quant à celui qui aime à
croire sans examen, et qui semble se complaire
dans son erreur, il serait inutile de perdre son
temps à le tirer d'une chimère qui fait son bonheur, sur tout lorsqu'elle ne nuit à personne.

M. Raspe a reconnu et décrit dans un temps,
les volcans éteints de l'Habischwaldt, près de
Cassel; M. Clipstein, ceux de la Bohême; M.
Schaub (1), ne s'est pas trompé sur la nature des

_____

(1) Description minéralogique du Meissner dans le
Landgraviat de Hesse-Cassel, par M. Schaub, docteur,

pierres noires, dures, souvent irrégulières, quelquefois prismatiques, qui couronnent le mont *Meissner* dans le pays de Hesse, et recouvrent des mines de charbon, formées par d'immenses dépôts de bois passés à l'état de bitume, sans qu'ils ayent perdu leurs organisations végétales; il a tres-bien reconnu que là, les produits d'un grand incendie volcanique ont recouvert directement les produits d'une antique alluvion de la mer, qui a arraché de leur lieu natal, des forêts d'abres exotiques, gissant depuis lors sous des amas énormes de véritables laves, qui ont été tenues dans un état de fusion, à une époque où la submersion de ces bois les défendait nécessairement de l'action dévorante du feu.

J'ai visité la même montagne avant que Monsieur Schaub en eût publié la description; j'apportai d'autant plus d'attention et de soin à mes recherches, que je savais que M. Werner avait fait un voyage lithologique sur cette montagne de la Hesse, qui jouit d'une grande célébrité parmi les naturalistes de l'Allemagne; le résultat de mes remarques locales, et l'étude des pierres que j'ai été à portée d'examiner, m'ont déterminé à considérer l'espèce de manteau

---

etc.; professeur à Cassel. In-12, fig. Cassel, 1800, écrite en Allemand, et dont la traduction Française, encore manuscrite, a été faite par M. Simon.

noir, hérissé de prismes, dont le dôme du mont
Meissner est en quelque sorte recouvert, comme
le produit et le reste d'un grand incendie volcanique, à une époque où les feux souterrains ont
mis en fusion les pierres de cette montagne,
qui, dans leur état présent, ne diffèrent en aucune
manière de celles que nous voyons sortir, de nos
jours, des flancs embrâsés de l'Etna, du Vésuve ou du Mont-Hécla.

L'impulsion donnée à la Géologie, a été si
forte, qu'elle a comme entraîné dans un voyage
de long cours, le baron de Humbold, savant
doué de beaucoup de connaissances, et qui,
dans l'âge des plaisirs et des passions, a su les
dédaigner pour se livrer à des travaux pénibles; déjà il a parcouru en tout sens les déserts et les solitudes de l'Amérique; déjà il a
traversé les plus hautes chaînes de l'équateur pour
se former une idée exacte de la marche et des
opérations de la nature, lorsqu'elle agit dans le
grand, sans s'occuper des dangers et de tous les
genres de périls qui environnent des entreprises
aussi hardies. Faisons des vœux pour que ce
voyage, qui dure deja depuis plus de six ans,
ait le terme le plus prompt et le plus heureux,
et rende bientôt aux sciences et a l'admiration
publique, un homme doué d'une grande force
d'esprit, et d'un amour passionné pour tous les
genres de connaissances.

La Suède, cette patrie des Cronstedt, des Vallerius, des Bergman, a plusieurs minéralogistes très-éclairés, parmi lesquels MM. Schumacker et Suedenstierna ; mais, soit que la guerre ait interrompu nos correspondances, soit que les savants de cette partie du Nord n'ayent rien publie en Géologie, il paraît que cette branche importante des sciences naturelles, n'est pas dans ce moment en grande activité dans un pays où les montagnes offrent cependant tant de variétés et de si beaux faits, et où l'exploitation des mines a donné lieu à des excavations qui pénètrent à de grandes profondeurs dans le sein de la terre.

Le Danemarck, qui a dans sa dépendance, d'une part, l'Islande et le volcan brûlant de l'Hécla, les îles de Féroë d'ou les premières zéolites connues et les plus belles calcédoines ont été tirées; de l'autre, les roches si singulières et si variées de la Norwege, a son Muller aussi savant minéralogiste, qu'habile Géologue, MM. Manthey, Wats, et tant d'autres que je pourrais citer (1).

_____

(1) Je ne dois pas oublier le jeune *Neergaard* qui a voyagé avec Dolomieu sur le St.-Plomb, et qui parcourt dans ce moment l'Espagne, pour en étudier la minéralogie. Le zèle qu'il met dans ses recherches, et les collections qu'il forme, doivent le conduire nécessairement à faire de grands progrès dans l'histoire naturelle.

Les deux révolutions politiques que la Hollande a éprouvées, pour ainsi dire coup sur coup, n'ont certainement amélioré ni son commerce, ni les sciences; l'instruction publique n'a pu que souffrir beaucoup du choc des opinions, et du long séjour des armées dans ces belles et industrieuses provinces, dont les paisibles habitants vivaient autrefois dans l'opulence et le bonheur, sans s'écarter de l'économie et de la sobriété.

La grande fondation teylorienne, dirigée par les soins actifs de Vanmarum, est une de celles qui ont le moins souffert; ses riches collections en instruments de physique, en minéraux, en quadrupèdes, et en productions de la mer, la belle et rare suite des fossiles de la montagne de Maestricht, ont été religieusement respectées, et cette magnifique institution unique en Europe, puisqu'elle est essentiellement fondée dans l intention de faire ou de répéter en grand des expériences importantes que la fortune des particuliers ne leur permet pas de tenter, a repris son activité et toute sa premiere splendeur.

A Leyde, le professeur de l'université, Brugman, fait espérer depuis long-temps des observations intéressantes sur l'anatomie comparée, dont la Géologie pourrait tirer un grand parti; mais son silence, trop prolongé, ne peut qu'affliger les véritables amis de la science, et lorsque l'on a vu sa riche collection et les ressources qu'elle présente, l'on regrette plus que jamais d'être privé du fruit de ses importants travaux. Le second des fils de Camper, qui a hérité du goût et du cabinet de son père se propose de publier les ouvrages posthumes de cet illustre naturaliste, et il vient de nous prouver qu'il est bien en état de travailler sur son propre fond, par quelques mémoires qu'il a déjà fait paraître.

L'Angleterre, cette métropole des arts utiles, de l'industrie et du commerce, (car il faut être juste envers tous), doit être considérée, relativement à l'état des sciences, sous trois aspects relatifs à sa division territoriale, l'Angleterre proprement dite, l'Ecosse et l'Irlande. Quoique régis par une même autorité, ces trois peuples ont un caractère prononcé qui les distingue, et qui tient probablement à leur origine première, dont les traces ne sont pas encore entierement effacées, à leur manière de vivre, à leurs mœurs ou à leur éloignement des affaires.

A Londres, les mouvements continuels du commerce, les discussions politiques, agitent un trop grand nombre d'hommes, et les dirigent dans un sens opposé aux sciences; il faut à celles-ci du calme, du loisir, et de longues méditations dans le silence.

L'étude qui est la plus en faveur dans cette immense ville, est celle de la medecine qui s y exerce d'une manière très-distinguée ; et cela

Tome I.ᵉʳ 2

doit être ainsi au milieu d'une si vaste réunion
d'hommes dans l'opulence et dans le luxe, qui
entourés de tous les moyens physiques et mo-
raux d'altérer leur santé, sont forcés de s'occuper de tous les moyens possibles de la réparer.
Cette science, plus avancée là qu'ailleurs, doit
ses progrès et son principal lustre aux besoins
qu'on a d'elle, a la masse des richesses qui cir-
culent dans cette ville, à la considération dont
jouissent les personnes qui exercent cet état,
et ne parvienent à acquérir de la réputation et
de la faveur, qu'apres des études préliminaires,
longues, coûteuses et soutenues, mais qui les
conduisent ensuite à tous les titres de distinction
et de fortune.

La chimie semble aussi prendre un nouvel
essor dans l'Angleterre proprement dite, et
parmi les savants qui s'en occupent, les uns
cherchent à en faire des applications utiles aux
arts, d'autres à l'économie animale.

Quant à l'histoire naturelle, on compte quelques riches cabinets particuliers : tels que ceux
du lord Greville, du chevalier Hume, de Messieurs Cripps et Clarke, deux jeunes voyageurs
qui ont parcouru, avec beaucoup de fruit, une
partie de la presqu'île de l'Inde ; qui sont allés de
la par la mer rouge, en Égypte, et ensuite à Cons-
tantinople, d'où ils sont revenus en France, pour
reprendre la route de l'Angleterre, avec de riches

et nombreuses moissons d'histoire naturelle et d'antiquités.

Le Muséum britannique, dont il serait si facile de former un superbe monument national, propre à devenir une source inépuisable d'instruction, n'est pas à beaucoup près, malgré qu'on s'occupe à y mettre un peu plus d'ordre, digne d'un peuple qui a d'aussi grandes ressources dans tous les genres, et qui est doué en général d'une aussi noble émulation.

Quant à l'histoire naturelle, applicable à la théorie de la terre, cette Angleterre qui découvrit par l'organe de son Newton, un des plus grands et des plus difficiles secrets de la nature, elle qui nourrit autrefois dans son sein, les Burnet, les Woodward, les Wiston, qui consacrerent leurs savantes veilles à des recherches sur les causes des révolutions de la terre, ne compte que très-peu de naturalistes, livrés à ces grandes parties de l'histoire de la nature. Je ne connais, dans ce moment, si je ne me trompe, que l'ouvrage de M. Philippe Howard, qui a cherché à concilier l'histoire de la terre et des hommes, avec la narration du législateur Hébreu, sur la création et le déluge. Le livre de M. Howard est aussi riche en érudition sur l'histoire et la chronologie des hommes, qu'il est faible sur la partie des grands monuments de la nature, dont il faut avoir fait de longues et profondes études,

2.

pour attaquer avec avantage et avec des armes
égales, des savants qui ont passé la moitié de leur
vie à étudier sur les lieux l'organisation et la
structure du globe, et qui s'appuyent sur une
multitude de faits matériels, que M. Howard,
dont je respecte le savoir et les intentions, ne
connaît que d'une manière trop superficielle.

On se demande souvent pourquoi, dans un
siècle, et à une époque où les sciences naturelles ont fait un si grand pas, et ont acquis une
marche méthodique, qui se dirige exclusivement
vers les faits, quelques naturalistes, doués d'ailleurs de beaucoup de mérite et de connaissances
solides, tels que Messieurs Delucs, et quelques
autres, s'efforcent avec tant de peines, et une
sorte d'obstination, à trouver dans les livres de
Moïse, les phénomènes de la création et l'histoire naturelle d'une des plus grandes catastrophes du globe.

La mission toute divine du législateur du peuple
juif, lorsqu'on veut en étudier les motifs sans
prévention, paraît exclusivement consacrée à
diriger un peuple dont la conduite difficile lui
était confiée   et qu'il était utile de frapper par
de grands exemples. Ce but était sans doute bien
au-dessus de celui d'apprendre à un peuple igno-
rant et avide de superstition, l'histoire de l'origine d'un monde physique, et les phénomènes
exacts d'une inondation diluvienne qui submergea

toute la terre, qui n'a pas été l'unique, si les faits ne sont pas trompeurs, et dont les phénomènes sont dans l'ordre de la nature, et tiènent peut-être à ce que notre petite planette, se trouvant dans un système où des globes errants traversent son orbite, doit éprouver avec le temps, et à l'approche de ces grands corps, des dérangements de plus d'un genre, suivis d'une grande perturbation dans le système de ses mers.

Mais si quelqu'un s'effarouchait injustement d'une assertion qui ne tient ni à la morale, ni au culte, je lui dirais, en empruntant les expressions d'un homme célèbre, « qu'en bonne » philosophie la nature n'est autre chose que » Dieu lui-même, agissant ou selon certaines » lois qu'il a établies très-librement, ou par l'ap- » plication des créatures qu'il a faites et qu'il » conserve........ On ne doit donc pas trouver » mauvais que les philosophes s'en tiennent à la » nature, autant qu'ils peuvent; car, comme Plu- » tarque l'a fort bien remarqué au sujet de Pé- » riclès et d'Anaxagoras, la connaissance de la » nature nous délivre d'une superstition pleine » de terreurs paniques, pour nous remplir d'une » dévotion véritable et accompagnée de l'espé- » rance du bien (1).

_____

(1) Bayle, histoire des Comètes.
L'on pourrait ajouter à ce passage de Bayle, celui de

Revenons a notre sujet. Je ne parlerai point
de la théorie de la terre, du docteur Hutton
d'Edimbourg, parce que, ne devant traiter ici
que de l'état présent de la Géologie, je réserve
la discussion de ce système pour d'autres temps;
mais je ne dois pas laisser ignorer qu'un de ses
disciples, qui semble devoir marcher à grands pas
dans cette science, sir James Hall, est auteur d'une
théorie de la terre qui differe de celle de son
maître, en ce que pour expliquer l'état actuel
de nos continents et l'excavation des vallées, il
admet le déplacement subit et violent des eaux de
la mer, se précipitant du haut des montagnes dans
les plaines, avec la force et les phénomenes qui
ont dû résulter de la pesanteur et de la vîtesse d'un
fluide qui tombe de plusieurs milles de hauteur.

C'est à cette épouvantable chûte d'eau qu'il
attribue le sillonnement de la terre, ainsi que le
déplacement et le transport de tant de corps
étrangers, qui attestent ce grand accident de la
nature, entierement étrangers aux différents de-

Bacon. « L'étude de la nature est comme la fabrique des
» arts et des sciences. Si elles ont été des siecles entiers
» en proie à la barbarie, il faut s'en prendre au despo-
» tisme des théologiens, qui avaient renversé tous les
» principes du raisonnement; le moyen d'avancer avec
» un voile sur les yeux, et des chaînes aux pieds ! »
Analyse de la philosophie du chancelier Bacon, tom. 1.
pag. 46.

luges, réels ou supposés, partiels ou généraux,
dont les auteurs anciens ont fait mention. Je dé-
velopperai, lorsqu'il en sera temps, cette théorie
dont les bases reposent sur beaucoup de faits,
et dont Saussure, Dolomieu et moi, avons recueilli et donné plus d'une preuve, il y a déjà
plus de vingt ans, sans néanmoins nous être
expliqués sur la cause qui a pu déterminer de si
grands déplacements des eaux de la mer, parce
que nous étions unanimement d'avis, qu'avant de
pouvoir embrasser avec fruit une théorie, il était
absolument indispensable de laisser grossir la
masse des faits, de les discuter, de les analyser
pour ainsi dire un à un avant de les admettre,
et que ces faits devaient être mis ensuite en réserve comme autant de matériaux de choix destinés au grand édifice d'une théorie, faits qui
viendraient se ranger naturellement eux-mêmes
à la place qui leur était destinée, et se serviraient
respectivement d'appui.

Cette marche qui paraît être strictement la meilleure, est moins agréable sans doute pour ceux
qui sont impatients de jouir ; elle mene à moins de
gloire, et à une réputation moins brillante et moins
flatteuse que celle qu on peut obtenir momenta-
nément par les prestiges d'une imagination vive,
et par l'éclat des tableaux qu'elle peut enfanter ;
mais elle est fondée sur une longue et difficile
étude de la nature sur les lieux, sur l'examen

attentif et souvent réitéré des objets , sur leur
analyse, leur connaissance intime, leurs éléments
simples ou composés et sur leur classification ;
elle suppose , en un mot , le véritable amour de
la science , puisqu'elle environne de privations
celui qui se destine à la suivre ; enfin, cette marche
pénible se trouve en rapport , jusqu'à un certain
point , avec ces antiques et sévères initiations ,
dans lesquelles il n'était permis de pénétrer qu'a-
près les plus longues , les plus dures et les plus
terribles épreuves , qu'on était obligé de supporter avec une grande patience et un courage
au-dessus de tout.

Mais elle présente un but plus noble et plus
utile , puisqu'au milieu des jouissances de la vérité et des recherches qu'elle nécessite , elle
agrandit le domaine des connaissances , et dé-
gage l'esprit humain des préjugés et des erreurs
qui le fatiguent et le tourmentent ; elle élève l'ame
en même temps , et la rend digne de mieux apprécier la puissance et la majesté de celui qui
commande à toute la nature.

L'Ecosse semble être depuis long-temps une
terre classique, qui se plaît à produire les hommes
les plus distingués dans les lettres , dans les
sciences et dans les arts. Cullen , Black , Monro,
Hutton , Hockard, Anderson, Benjamin Wat,
lord Dundonald , Knox et tant d'autres y ont ho-
noré , et y rendent recommandables encore , la

médecine, la chimie, l'anatomie, l'histoire naturelle, la minéralogie et les arts utiles ; David
Hume, Smith, Robertson, ont annobli l'histoire,
la philosophie et les lettres.

L'Irlande a aussi ses Kirwan, ses Percival,
ses Hamilton, et beaucoup d'autres qui mar-
chent avec succès dans les routes de la physique,
de l'histoire naturelle, de la chimie et de la
géologie ; et quoique M. Kirwan tiène peut-
être encore un peu à l'école des *neptunistes*, ou
plutôt qu'il ait imaginé un système mixte et intermédiaire, qui peut concilier, jusqu'à un certain point, les deux opinions contraires, ses
grandes connaissances en physique et en chimie,
sa bonne-foi et la candeur de son caractère, le
ramèneront tôt ou tard, à considérer les volcans
éteints qui bordent la côte d'Irlande, et s'étendent
sous la mer, jusques aux îles Hébrides, et même
jusques vers quelques parties du nord de l'Ecosse,
comme le résultat de plusieurs grands incendies
souterrains ; si ce savant distingué veut prendre
la peine d'aller étudier l'Etna, le Vésuve, ou le
volcan brûlant de l'Islande, et de comparer les
produits de ces bouches embrâsées, avec ceux
de l'Irlande, de l'Ecosse, de l'Auvergne, du Vivarais, du pays de Hesse-Cassel, de la Bohême et
autres semblables, il ne doutera plus certainement
de leur identité et de leur origine commune. C'est
de la diversité d'opinion, je le répète, que naît

tôt ou tard la vérité , et si l'on est malheureusement
obligé de perdre un temps qui fuit trop rapidement
pour parvenir à ce but , l'on en est amplement
dédommagé par la certitude et la stabilité des
principes qui en résultent à la longue. (1)

L'Italie a perdu son Spallanzani , un des savants qui a porté le plus loin le génie de l'observation , dans toutes les parties des sciences
naturelles : cet homme extraordinaire s'était livré

----

(1) Le docteur Richardson qui a embrassé avec chaleur
l'opinion des anti-volcanistes , prétend que les laves
prismatiques de la côte d'Antrim , sont l'ouvrage de
Neptune et non de Vulcain , parce qu'il croit avoir
trouvé des cornes d'ammon dans un véritable Basalte ;
mais ce prétendu Basalte des environs de Port Rusch, dont
je possède un échantillon avec une ammonite , et que je
tiens de M. Pinkerton , célèbre géographe, et amateur
de minéralogie, n'est qu'une pierre siliceuse noire qui
a du rapport avec le Basalte par la couleur seulement;
mais qui n'a aucun de ses principes constituans , ainsi
que je le ferai voir par une analyse très-exacte que Vauquelin s'occupe à faire de cette pierre avec une attention
scrupuleuse. M. le docteur Richardson n'en est pas moins
un homme très-estimable, qui accueille , d'une manière
aussi affable que distinguée, les naturalistes voyageurs;
son zèle pour l'histoire naturelle est tel , que je ne crains
pas de le mettre au nombre de ceux qui rendront un
jour de grands services à la géologie, en approfondissant
la minéralogie volcanique de l'Irlande , sur laquelle Monsieur Hamilton nous a déjà donné de très-bonnes observations.

depuis quelque temps avec une grande ardeur
a tout ce qui tient à l organisation de la terre.
Son voyage dans les royaumes de Naples et de
Sicile, ses savantes recherches faites au sommet
de l'Etna, son courage, et ses longues stations sur
les bords embrâsés et bouillonnants du volcan de
Stromboli, où les guides les plus intrépides du lieu
n'osèrent le suivre, sont autant de témoignages
qui prouvent combien son esprit facile et avide
de connaissance savait se plier à tout, et combien les plus grands obstacles étaient peu faits
pour l'arrêter, et pour diminuer en rien son zèle.

Cette belle Italie, de tout temps la pépinière des
savants, des hommes de lettres, et des personnes
les plus distinguées dans toutes les classes des
beaux arts, possède dans ce moment des naturalistes très-éclairés et très-célèbres qui consacrent toutes leurs veilles aux progrès des connaissances géologiques.

Albert Fortis, (et mon attachement pour lui ne
saurait m'aveugler,) est un de ces hommes rares,
qu'une nation doit se glorifier de posséder ; son
esprit facile, son jugement sain, son ame sensible, sa tête forte et riche des faits qui tiennent
à l'histoire de la nature, lui ont procuré tous les
moyens de pouvoir s'élever au-dessus des autres.
Ses voyages en Dalmatie, ceux qu'il a faits dans
les royaumes de Naples et de Sicile, dans la
Campanie, la Stirie, le Tyrol, l'Allemagne et

la France, lui ont donné une grande prépondé-
rance sur les naturalistes qui ne s'exercent que
dans les livres et dans les cabinets.

Pinni, le scrutateur et l'historien du mont
St. Gothard ; Breislak, celui du Vésuve et des
volcans éteints des environs de Naples et de
Rome ; Gazzola, ce possesseur de la plus nombreuse et de la plus riche collection des poissons
et des plantes fossiles du Mont-Bolca(1) ; Soldani,
cet infatigable observateur, qui a fait un recueil
étonnant de toutes les coquilles microscopiques,
fossiles et naturelles, qu'il a pu se procurer,
dans la vue de les comparer et d'en enrichir la
Géologie ; Fabroni, ce savant aussi modeste
qu'instruit, à qui toutes les parties de l'histoire naturelle sont familières ; Félix Fontanna, Scarpa,
Mascagni et tant d'autres qui devraient augmenter
cette liste, sont des preuves incontestables du
goût qu'ont les Italiens pour l'étude de la nature.

L'Espagne, plus à portée que tout autre pays

_____

(1) Bonaparte fit l'acquisition de la collection de Gazzola, et l'envoya au Muséum national d'histoire naturelle
de Paris ; elle en fait un des principaux ornements;
en même temps que par le nombre, la grandeur, la
variété et la belle conservation des poissons presque tous
exotiques dont elle est composée, elle forme une des bases
importantes de la Géologie. Gazzola, depuis cette epoque,
s'est procuré de nouveaux objets en ce genre, dus à
son zèle et à ses infatigables recherches.

de tirer un parti avantageux de l'histoire naturelle, et d'en avancer les progrès par de nouvelles
découvertes, dans ses vastes possessions des
Indes orientales, et particulièrement dans la haute
et riche chaîne de ses Cordilières, n'est cependant pas encore au niveau de la France, de l'Allemagne, de l'Angleterre, de la Hollande et de
l'Italie, pour cette science.

Notre objet n'étant pas d'en rechercher les
causes, nous nous contenterons de dire que cela
ne tient, ni au caractère, ni à l'esprit de ce
peuple, capable d'exécuter avec succès tout ce
qu'il desire vivement; cependant le goût de la
botanique, grace aux travaux de Cavanille et aux
ouvrages qui en sont le fruit, semble y prendre
un certain essor : la Flore du Pérou et du Chili,
qu'on publie dans ce moment à Madrid, est une
magnifique collection des plantes rares, et un
beau monument élevé à la botanique. (1)

La cour d'Espagne fait voyager, depuis quelque

(1) Le botaniste Dombey, qui avait fait un long séjour
au Pérou, et en avait rapporté la plus belle et la plus
nombreuse collection de plantes, déposées dans les her-
biers du Muséum d'histoire naturelle de Paris, partagea
tout ce qu'il avait recueilli dans cet important voyage,
avec l'Espagne : quelques circonstances malheureuses l'em-
pêchèrent de publier ses plantes, et la mort vint le sur-
prendre, lorsqu'il aurait pu s'en occuper.

temps , en Allemagne , en Saxe , en Stirie et
dans le Tyrol , des jeunes gens qui se consacrent
à la minéralogie , et s'ils font autant de progrès
que les frères d'Elluyart en avaient fait en Suède ,
où le gouvernement les avait envoyés, l'Espagne
sera bientôt sur la même ligne que les autres
nations , pour les sciences naturelles. (1)

La Géologie , nous pouvons le dire , sans vouloir offenser cette estimable nation , est encore
dans l'enfance en Espagne , et cependant l'Espagne a fait le plus rare et le plus magnifique
présent à la Géologie ; je parle du squelette de
l enorme quadrupède fossile, trouvé en fouillant la
terre dans le Paraguay , à une grande profondeur,
au milieu du sable , et que l'on a transporté dans
le cabinet d'histoire naturelle de Madrid , dont
il fait un des plus beaux ornements.

Cet animal , dont on ne connaît pas l'analogue,
a été très-bien décrit et gravé avec soin en Espagne , ce qui prouve que le savoir ni le talent n'y

---

(1) Le cabinet d'histoire naturelle , de Madrid , s'en-
richit de jour en jour ; la chimie , grace à Proust , fait
des progrès , et rend des services aux arts et à l'histoire
naturelle. M. Orthéga, Don Rubin de Cœlis, Codon, etc.,
cultivent depuis long-temps, et avec succès , la minéralogie ; et M. d'Azzara, frère de l'ambassadeur en France,
la zoologie ; l'ouvrage qu'il vient de publier sur le Paraguay , est plein de faits curieux.

manquent pas. Il est à présumer qu'il est le même
que celui dont les restes ont été trouvés dans
l'Amérique septentrionale, dont M. Jefferson
a publié la description, et qu'il a appelé *Mé-
galonyx*. Cuvier, dans un mémoire particulier
sur celui du Paraguay, lui a donné le nom de
Mégatherium; il a reconnu, d'après un examen
comparatif, qu'il avait beaucoup de rapport avec
les quadrupèdes connus sous la dénomination de
paresseux, dont celui-ci devait former une espèce
gigantesque.

En France, la Géologie touchait au moment
de faire les progrès les plus rapides, tant l'impulsion que le génie de Buffon lui avait donnée
était forte. Cet homme, justement célèbre, avait
annobli cette science, par la grandeur de ses
conceptions, la hardiesse de ses vues, et la majesté
de son style; c'est ainsi qu'en électrisant ses lecteurs, il les rendait passionnés pour cette belle
étude.

Depuis cette époque mémorable, la minéralogie aidée de la chimie, ayant acquis un degré
de précision qu'elle n'avait pas auparavant, quelques hommes, qui sont à de grandes distances
de lui pour le talent, l'ont critiqué avec une sé-
vérité et une sorte d'amertume qui donne la mesure de leur insuffisance, comme si quelques
erreurs, qui tenaient au temps, pouvaient diminuer en rien la juste réputation et la *gloire de*

cet illustre naturaliste , et affaiblir les grands
tableaux et les vues philosophiques , que son
génie avait enfantés.

Deja Desmarest s'occupait des volcans éteints
de l'Auvergne; il publia un mémoire géologique
sur les diverses époques ou ces incendies souterrains paraissaient s'être manifestés.

Saussure et Dolomieu ouvrirent la carriere en
grand; le premier s'empara, si l'on peut s'ex-
primer ainsi, de toutes les hautes Alpes , et fit
voir, par ses pénibles recherches et ses immenses
travaux, qu'il était digne de les avoir dans son
domaine ; le second parcourut , d'un œil observateur , les Pyrénées, fit un long séjour dans
la Sicile, et plus d'une course sur l'Etna, visita
plusieurs fois le Vésuve, décrivit les îles Ponces,
celles de Lipari , et voyagea dans le Tyrol; les
volcans éteints de la France fixèrent long-temps
son attention et ses goûts : plus d'une fois nous
les avons visités ensemble , et ils lui devinrent
tres-familiers.

La Metherie publia une Théorie de la terre,
dans laquelle on trouve de beaux faits, des connaissances minéralogiques étendues, et des vues
hardies; mais, je le répète , nous ne sommes
pas encore assez avancés dans la science des
faits ; il nous manque un trop grand nombre de
données, pour pouvoir établir à présent un système général , qui puisse résister aux objections

aux objections que beaucoup d'hommes instruits sont en état de faire depuis que les sciences exactes sont devenues plus genérales, et forment une des bases de l'instruction publique.

Lamanon, passionne pour la Géologie, en eût reculé sans doute les bornes, si, victime de son zèle et de son amour pour tout ce qui tenait a l histoire naturelle du globe, il n eût péri dans le voyage autour du monde, dirigé par Lapeyrouse, et dont l'expédition fut si malheureuse et si funeste.

Patrin, qui s'était principalement appliqué à l'étude des minéraux, pour les considérer dans leurs rapports avec la Géologie, entreprit un voyage propre à honorer son amour pour cette belle partie des connaissances de la nature ; il parcourut l'Asie Boréale, depuis la Russie jusqu'au fleuve Amour, les monts Ourals, dont la chaîne se prolonge au sud, depuis la mer glaciale jusques vers la mer caspienne ; il visita aussi en observateur les monts Altaï, entre l'Irtich et les sources de l'Ob, la Daourie et toutes les autres parties remarquables de la Sibérie. Dix années de fatigues et de jouissances furent employées à ces utiles voyages, et la belle collection qui en a été le fruit, a répandu beaucoup de lumières sur la minéralogie de ces contrées désertes et reculées ; elle nous a fait connaître des substances nouvelles, des minéraux

rares et des pierres-gemmes de diverses formes
et de couleurs variées.

Lapeyrouse, ce naturaliste instruit, qui a parcouru plusieurs fois les Pyrénées avec Dolomieu, et qui réunit des connaissances botaniques,
à d'autres parties des sciences naturelles, a tres-
bien étudié la structure des montagnes, et s'est
occupé de la recherche des corps organisés,
fossiles; son ouvrage sur les Orthocératites, est
un beau présent fait à l'histoire naturelle. (1)

Dietricht, quoique livré plus spécialement à
tout ce qui pouvait concerner l'exploitation des
mines, réunissait à cette partie utile la connaissance des roches, et celle de la marche qu'adopte
la nature dans la disposition des couches et dans
les filons : ses recherches sur les *gites des mi-*
nerais, offrent une masse de faits instructifs, dont
le géologiste peut tirer de grands avantages. (2)

---

(1) Description de plusieurs nouvelles espèces d'orthocératites et d'ostracites, par M. Picot de Lapeyrouse, à
Erlang, 1781, petit in-fol. fig. coloriées; et à Paris,
chez Didot.

(2) Comme mon but est de m'attacher spécialement
ici, à ce qui concerne la Geologie, et que ce discours
devait avoir des bornes 'fixes, j'ai été privé par-là de
rappeler les noms de savants très-instruits dans diverses
branches d'histoire naturelle, et qui ont publié des ouvrages
ou des mémoires particuliers, utiles à cette science; mais
je ne saurais m'empecher de rappeler, et ceci rentre

Tel était à-peu-près l'état de la Géologie en
France, ou beaucoup de circonstances concou-
raient à la favoriser, lorsque la révolution, semblable à une de ces tempêtes désastreuses, qui
déplacent tout, qui entraînent tout, vint fondre
sur la plus belle partie de l'Europe, et la jeter
dans l'anarchie et la désolation.

---

plus particulièrement dans le plan de ce discours, qu'il
paraît que très-anciennement, en France, l'histoire naturelle des coquilles et autres corps marins fossiles, avait
fixé l'attention de plusieurs personnes, qui ne voyaient
pas sans étonnement ces productions de l'antique Ocean,
exister en masses dans l'intérieur des pierres, et former
pour ainsi dire des montagnes dans des parties du continent, souvent très-éloignées de la mer ; ils cherchaient
tous à deviner la cause d'un phénomène aussi extraordinaire, et quelques-uns d'entre eux, osant franchir la
route battue, arrivèrent droit au but, guidés par la force
de la vérité et le pouvoir de l'analogie. Tel Bernard
de Palissy, cet homme extraordinaire, qui, de simple
potier de terre, devint un des scrutateurs de la nature
le plus étonnant, au milieu d'un siècle où l'on s'égorgeait
pour des opinions religieuses, et ou les questions théolo-
giques avaient toute faveur ; il ouvrit un cabinet et un
cours public d'histoire naturelle ; tous les hommes instruits y accoururent, et là il osa soutenir publiquement
que les antiques dépouilles de la mer, répandues avec
tant de profusion sur divers points de la France, ne pouvaient pas être le résultat d'une submersion passagère,
mais l'ouvrage du long séjour des eaux, qui nourrissaient
alors cette multitude de coquilles.

3.

Buffon, Lamanon n'étaient plus; la Metherie, Sage, Lapeyrouse, furent jetés dans des prisons ; Saussure, attaqué d'une maladie grave, ne dut peut-être son salut qu'à l'état malheureux dans lequel ses pénibles travaux l'avaient plongé; mais sa fortune, si utilement et si honorablement employée pour l'avancement des sciences, éprouva le plus terrible échec.

Dolomieu, persécuté, fut obligé de changer fréquemment d'asyle; et pour comble d'infortune, son illustre et vertueux ami Larochefoucault, fut assassiné pour ainsi dire dans ses bras ; Dietricht et quelques autres savants illustres perdirent la vie, d'autres leurs places, plusieurs la liberté, et quelques-uns, pour éviter une mort certaine, furent forcés de quitter leur malheureuse patrie; les sciences, les lettres et les beaux arts, en deuil, devinrent la proie de la barbarie, et les citoyens les plus estimables furent en butte à la plus affreuse persécution. Je m'arrête, j'aurais meme évité de rappeler de si douloureux souvenirs, si je n'avais eu à parler d'hommes qui furent les victimes de cet horrible état de choses.

Je dois dire cependant, à la gloire de la Géologie et des sciences naturelles en général, que ceux qui en faisaient leur occupation principale, ou l'objet de leur simple délassement, restèrent toujours purs d'intention et de faits, au milieu de cette violation de tous les principes.

C'est à l'histoire à dire, et à la philosophie à en rechercher les causes, si toutes les classes de sciences donnèrent un exemple aussi moral de leur respect et de leur amour pour l'humanite souffrante.

Après de longs malheurs et de grandes pertes, un ordre plus tranquille règne ; la reconnaissance publique en a senti tout le prix, et a dû en faire hommage à celui qui a retiré la France de l'abîme dans lequel des monstres l'avaient précipitée ; mais, comme au milieu de tant de travaux réparateurs, la plupart des détails, qui tiennent au développement de tant de grandes vues et de si belles conceptions, ne peuvent regarder que les autorités secondaires, le temps et l'expérience pourront seuls nous apprendre si les nouveaux changements qu'on se propose d'opérer dans l'instruction publique, si souvent et si long-temps tourmentée, la régénèreront enfin, ou lui porteront quelque nouvelle atteinte.

Mais en attendant, il est à desirer que l'autorité première sache, et elle ne pourra qu'en être affectée, que des savants et des hommes de lettres recommandables par de longs et honorables travaux, obligés par les circonstances de se déplacer et de se livrer à l'enseignement dans les écoles centrales, vont se trouver une seconde fois sans état, peut-être même sans moyens d'existence, perspective douloureuse, et même effrayante pour

celui qui approche du terme d'une longue carriere, et qui se voit séparé tout-a-coup de ses
habitudes et de ses goûts les plus chéris.

Vainement lui donnera-t-on l'espérance d'obtenir de l'emploi dans le nouveau mode d'enseignement : plus il aura d'expérience et de savoir,
moins il aura de confiance à de telles promesses ;
la chose dont il sera le plus certain, c'est que le
mérite éminent est modeste, et que la médiocrité
toujours active, ambitionne tout, envahit tout.

Depuis long-temps l'on a dit que les républi-
ques etaient ingrates ; mais s'il est de leur essence
de n'être pas généreuses, il est de leur devoir,
osons le dire, d'être justes et reconnaissantes
envers des hommes paisibles et laborieux, qui
ont consacré leurs veilles et leurs sueurs à
adoucir les mœurs publiques par les bienfaits
de l'instruction.

La Géologie avait fait, ainsi qu'on l'a vu, de
grandes pertes en France, par la mort de Buffon,
de Lamanon, de Lavoisier et de quelques autres
naturalistes ; mais ces pertes furent considérablement augmentées, par celle de Saussure, et par
la mort plus récente et plus prématurée de Dolomieu, enlevé comme par un coup de foudre aux
sciences, dans toute la force de l'âge, et au milieu
des plus riches moissons de faits, qu'il venait
d'augmenter encore ; la nature a laissé couper
trop tôt le fil de la vie de ce célèbre géologue,

comme si elle eût craint que Dolomieu ne fût à la
veille de lui dérober ses secrets. Je devrais sans
doute à l'amitié et à la justice, de rappeler ici
et les talents et les qualités personnelles de ce
savant illustre; mais je réserve pour des mémoires particuliers, ce que j'ai à dire de la vie
de ce savant.

Tant de pertes faites en France, nous ont sans
doute bien appauvris ; mais nous laissent-elles
sans espérance? Je suis éloigné de le croire; cependant qu'on veuille bien me permettre d'observer que ceux qui sont animés du desir de suivre
cette difficile et noble carrière, ou qui cherchent
à y entrer, doivent se convaincre avant tout, que
dans une science qui exige une application constante, des voyages fréquents, et la connaissance
de presque toutes les branches d'histoire naturelle, le moyen le plus assuré de réussir, est de
se livrer exclusivement à ce seul objet; car celui qui, dirigé par d'autres vues, chercherait à
réunir des places étrangères au genre d'étude
qu'il a adopté, se serait certainement trompé
dans le choix de sa vocation, et il serait facile
de lui prédire d'avance qu'il n'opérera, dans
aucun cas, le bien réel de la science, ni celui de
l'utilité publique, parce qu'on ne saurait acquérir
en peu de temps, ce qui est le fruit d'une longue
habitude, et d'un genre d'éducation particulière.

La France a donc encore de grands moyens

qui lui sont propres ; elle possède des hommes
habiles dans presque toutes les parties de l'histoire naturelle, et la Géologie peut trouver dans
la reunion de tant de lumières, des sources d'instructions abondantes, et des points d'appui propres à assurer sa marche, et à donner une grande
stabilité à ses principes ; car toutes les sciences
naturelles concourent au même but, et se servent
respectivement de soutien, toutes les fois sur-
tout que les résultats conduisent à de grandes
vérités.

J'entends en général, par sciences naturelles
propres à accélérer les progrès de la Géologie,
l'astronomie, la physique, la chimie, la minéralogie et la connaissance des êtres vivants.

La Grange, Laplace, Lalande, Coulomb,
Delambre, Prony, Monge, dans l'astronomie et
la haute physique ; Fourcroy, Bertholet, Guiton,
Vauquelin, dans la chimie générale et particulière ; Sage, Besson, Haüy, Monet, la Metherie,
Patrin, Chereber, Gilet, Brochant, etc., dans
la minéralogie ; Lacépède, Cuvier, Lamarck,
dans la zoologie, et tant d'autres que je pourrais
nommer si je n'étais obligé de me restreindre ici,
prouvent combien nos ressources sont grandes,
et nos espérances certaines.

Quant à nos collections, elles offrent dans ce
moment un choix de faits matériels, d'autant plus
avantageux que plusieurs de ces savantes réunions

d'objets de la nature sont classées d'une maniere méthodique.

La premiere et la plus importante, sans doute, est celle du Muséum national d'histoire naturelle, qui, riche dans tous les genres, est ouverte à toutes les nations ; ce qui est bien digne des libéralités d'un grand peuple, et d'un gouvernement qui sait apprécier les sciences.

Le Muséum de la Monnaie, créé par Sage, et rendu public à l'époque où il devint le fondateur de l'école des mines, offre une collection savante, étalée avec autant de goût que de richesse.

Les galeries du conseil des mines, sont doublement instructives, en ce qu'elles réunissent la classification des objets, d'après différentes méthodes connues ; et celle de Werner, qui y occupe une place distinguée, nous fait connaître la doctrine de ce grand maître, ainsi que les nomenclatures Allemandes.

Il est malheureux que ce bel établissement, qui rendait de si grands services à la minéralogie, en propageant le goût de cette science utile, ait été démembré et presqu'anéanti dans le moment meme de son plus bel éclat, et à l'époque où la France venait d'augmenter le domaine de ses mines, et qu'il lui en restait tant à découvrir.

Le cabinet de Dedrée, beau-frère de Dolomieu, est un dès plus remarquables, par le nombre, le choix, et la beauté des objets. Cette collection deviendra certainement une des plus instructives de la France, si celle de Dolomieu s'y trouve un jour réunie ; c'est dans le cabinet de Dedrée, qu'on voit deux morceaux rares, propres à intéresser la Géologie ; l'un est la tête pétrifiée et parfaitement conservée d'un *tapir*, qui ne differe de celui d'Amérique que par la forme des dernieres dents molaires ; le second est une autre tête pétrifiée, d'une grandeur presque égale à celle de l'éléphant, dont la forme ne diffère guère non plus de celle du tapir; si l'assertion de Cuvier à ce sujet est jamais démontrée, celle-ci aurait appartenu à un animal gigantesque de cette espèce.

La collection de Besson, de Paris, ainsi que celle de Lecamus, sont remarquables par le beau choix et le luxe des minéraux; celle de Gillet réunit le cabinet de Rome de l'isle, à celui qu'il a formé lui-même.

Tout ce qui tient aux formes régulières et géométriques des minéraux, se trouve dans le cabinet d'Haüy, et l'instruction s'y montre à côté de l'affabilité et de la complaisance.

Les collections de Was, de Pech, de Lamarck, de Richard, de Montfort, de Solier, pour les coquilles; celles de Defrance, de Montfort, de Rossi, pour les corps marins fossiles, et tant d'autres beaux cabinets qui existent à Paris, offrent à tous ceux qui se livrent à l'étude de l'histoire naturelle, de grands moyens d'instruction, et les fruits utiles des plus longues et des plus dispendieuses recherches, réunies dans une seule et même cité, où, grace à l'urbanité de ceux qui cultivent les mêmes sciences, les communications deviennent aussi faciles qu'instructives.

L'on voit, d'après cet apperçu rapide, que si celui qui consacre ses veilles à la Géologie, est fortement animé du desir de faire de grands progrès dans cette belle étude, il est assuré, au retour des incursions fréquentes qu'il ne saurait dans aucun cas se dispenser de faire, de trouver dans la capitale de la France, ou plutôt dans la Métropole de toutes les sciences et de tous les arts, la réunion la plus nombreuse, et les suites les plus méthodiques de tous les objets de la nature, qui ont fait le sujet de ses recherches et de ses méditations.

De si puissants moyens doivent ranimer sans doute, en France, le goût de la Géologie, de cette étude qui tient directement à l'histoire naturelle du globe, appréciée par les hommes instruits, mais qui exige tant d'application, et est environnée de tant de peines, qu'il faut un grand courage pour oser s'y livrer.

Cependant, que ne peuvent des hommes aussi actifs qu'intrépides, qui, depuis plus de dix ans, ont développé sans relâche, et dans toutes les parties du monde, tous les genres de courage,

de force, de bravoure, de patience et d'intelli-
gence, avec un zèle, une constance et une
fermeté dont les annales des peuples de l'antiquité ne nous fournissent aucun exemple.

Et, si jamais une nation d'une trempe aussi
extraordinaire, dirigée par l'homme plus extraordinaire encore qui est à sa tète, au lieu de tourner
cette masse de puissance et de moyens, pour
ébranler et renverser tout ce qui lui opposait de
la résistance, eût porté la même énergie, les
mêmes efforts et la même constance à élever aux
sciences, aux arts, et à toutes les connaissances
exactes qui mènent à la vérité et font le bonheur
ou la consolation de l'homme, un monument
digne de sa gloire, le monde entier, au lieu de
pleurer tant de pertes, la féliciterait des miracles
qu'elle est capable d'opérer ; la reconnaissance
publique la bénirait, et le temple de l immortalite
serait à jamais ouvert devant elle.

CHAPITRE PREMIER.

DES COQUILLES FOSSILES.

Vues générales.

La terre que nous habitons, est une planete semblable a celles qui roulent dans le cercle de notre systême; elle dépend du soleil qui la vivifie; c'est un solide sphérique, dont la géométrie, aidée de l'astronomie, est parvenue à déterminer le diamètre et la pesanteur, avec un degre d'exactitude qui honore l'esprit humain. Il restait au naturaliste a étudier les corps vivants, varies a l'infini, qui animent pour ainsi dire cette terre, et dont la mort et la destruction augmentent la masse de la matiere solide.

Le minéralogiste devait un jour faire connaître les divers métaux, que l'art a ensuite appliques a

l'avantage, et plus souvent encore au malheur et
à la destruction de l'espèce humaine.

Le lithologiste, ou celui qui s'est occupé à séparer d'apres des caractères précis, les diverses
pierres dont le globe est composé, est parvenu à
les classer dans un ordre assez méthodique, pour
qu'on puisse, sans équivoque et sans confusion,
les distinguer les unes des autres.

Le géologue, c'est-à-dire, celui qui tire des
conséquences philosophiques résultantes de l'ordre,
de la disposition et de l'arrangement de toutes
ces masses d'objets divers, pour remonter jusqu'à
un certain point vers leur origine, a ouvert le
champ le plus grand, le plus noble, à l'entendement humain, puisqu'il est possible par-là d'arriver,
de fait en fait, de conséquence en conséquence,
à des temps pré-existants, à des époques immen-
sément reculées, qui nous retracent en caractères
indélébiles, les diverses révolutions, les periodes
de calmes ou les temps de désastres que notre
planette a éprouvés et peut éprouver encore. Ceux
qui ne sont pas encore inities dans ces etonnantes
vérites qui valent bien un cours de morale, puisqu'elles élèvent, par des faits, l'ame et le cœur vers
celui qui régit, ordonne et opère tant de mer-
veilles, diront peut-être : est-il possible de jamais
débrouiller un chaos en quelque sorte aussi impé-
nétrable ? Je répondrai que l'homme qui s'effa-
rouche d'abord de ce qui est nouveau pour lui, se
rassure lorsqu'il a la volonté ou la force de voir

les objets de plus près. Ce qui d'abord l'épouvan
tait devient souvent pour lui un objet de charme
et d'attrait propre a multiplier ses plus nobles
jouissances, et celles-ci doivent être considérées
comme d'autant plus pures, qu'elles ne sont trou-
blées , ni par les inquiétudes de l'ambition, ni
par les autres passions de tous les genres qui affli-
gent l'humanité , et troublent l'ordre social.

C'est par la méthode seule, c'est par la manière
dont nous devons diriger nos premiers pas dans
cette carrière des sciences naturelles , que nous
éviterons beaucoup d'embarras et d'epines.

Jetons d'abord un premier regard sur les principales matières dont notre terre est composée. Il
est moins nécessaire, dans ce premier apperçu,
d'adopter une marche sévère et systématique,
que de parcourir et d'examiner en grand les masses
principales , afin d'essayer, en quelque sorte, de
sonder nos goûts et de consulter nos forces.

C'est ainsi, par exemple, qu'un savant qui aime
à lire dans les monuments antiques de l'Egypte ou
de la Grèce, arrivé sur les ruines de Thèbes ou
de Palmire, en parcourt d'abord avec avidité tous
les débris, admire les matériaux , leur grandeur ,
leur solidité , et cherche à se familiariser avec les
objets, avant de s'occuper de reconnaître la disposition des plans, la marche de l'architecte, et
les détails d'exécution.

Cette méthode qui peut s'appliquer ici du petit
au grand est peut-être la plus simple et la plus

naturelle, celle qui semble s'accommoder le mieux
a la faiblesse de notre entendement et aux difficultés qu'il y a de saisir d'un seul regard un grand
ensemble de faits, si ces faits ne nous sont pas
extrêmement familiers.

C'est à force de voir, d'abord d'une manière
rapide, mais fréquente, ensuite avec plus d'attention, et enfin dans tous ses détails, un objet qui a
de l'attrait pour nous, qu'il se grave dans notre
mémoire, que notre esprit s'en empare et en devient pour ainsi dire le maître.

Adoptons donc cette marche, et portons nos
premiers regards sur cette multitude immense de
coquilles fossiles ou pétrifiées, dont la terre paraît,
pour ainsi dire, jonchee depuis le bas des vallées
jusques sur le sommet des hautes montagnes.

§. I.

Les coquilles, les madrépores et autres productions des différentes mers, se trouvent en grande
abondance sur les continents de l'un et de l'autre
hémisphère.

§. II.

Quelquefois de vastes plaines en sont jonchées,
ou plutôt entièrement couvertes à plusieurs toises
d'épaisseur. (1)

_____

(1) Les Faluns de Touraine.

§. I I I.

On en a reconnu à de grandes profondeurs, en faisant des fouilles dans la terre. (1)

§. I V.

Des collines entières en sont absolument composées, et de hautes montagnes n'en sont pas toujours dépourvues. (2)

§. V.

On les trouve dans les marbres et dans les pierres calcaires les plus dures, dans les craies les plus tendres et les plus friables, dans les marnes, dans les glaises, dans les. sables quartzeux, dans des couches pierreuses ou terreuses,

---

(1) En Pologne, dans les mines de Wiliska; en Angleterre et ailleurs.

(2) Don Ulloa et Dombey en ont trouvé au Pérou, à plus de deux mille toises d'élévation; j'en ai reconnu, à 8 cents toises de hauteur, sur la montagne d'Ancelle, du côté de Gap, parmi des amas de petites numismales de formes lenticulaires, qui ont valu à la partie de la montagne, dans laquelle on trouve ces corps marins, le nom de *montagne des lentilles* : Lapeyrouse, Ramond, ont trouvé des corps marins sur le Mont-Perdu.

Tome I.er   4

si riches en fer, que ces coquilles peuvent être considérées comme formant de véritables mines, propres à être exploitées (1). On trouve beaucoup moins fréquemment qu'ailleurs des coquilles, dans les schistes argileux de la nature de l'ardoise, et lorsqu'il y en a, la matière testacée a presque toujours disparu, et l'empreinte seule des coquilles est restée ; mais, je le répète, les schistes argileux de la nature des ardoises, n'en présentent que rarement (2) ; jamais l'on en a trouvé dans les granits, ni dans les gneiss, ni dans les porphyres.

§. VI.

On trouve les coquilles fossiles en couches diverses, plus ou moins épaisses, qui alternent, tantôt avec des lits d'argiles, tantôt avec des sables ou des grès, tantôt avec des cailloux roulés ou galets, sans que la gravité spécifique de ces différentes matières se remarque dans ces lits divers,

---

(1) Les mines de fer que Buffon faisait exploiter dans les environs de Montbart, n'étaient qu'un amas d'ammonites.

(2) On trouve un peu plus fréquemment dans ces schistes des poissons, comme dans ceux d'Asfelt; mais ils sont presque tous pyriteux, et très-souvent on n'y distingue que l'empreinte. Il en est de même dans les ardoises de Glaris ; le bel Enchrinite, du cabinet de Manheim, n'offre non plus qu'un simple moule d'une conservation à la vérité parfaite.

de manière que tantôt les coquilles, quoique plus
légères que les galets, se trouvent au fond, d'au
tres fois au-dessus, ce qui suppose nécessairement
que ces couches diverses n'ont point eu lieu simul-
tanément dans ces circonstances, mais ont été
formées dans des espaces de temps différents.

§. V I I.

Il existe aussi quelquefois des collines, et même
des montagnes, qui ne sont presqu'entièrement
composées que de coquilles, confondues pêle et
mêle les unes avec les autres ; elles ont été ainsi
accumulées par des terribles courants de mer
qui les ont froissées, réduites en éclats, en ont arrondi les angles, et les ont déposées d'une manière
tumultueuse et confuse avec des sables, des argiles,
et souvent avec des galets ou cailloux roulés.

§. V I I I.

Dans l'étude locale des coquilles, il est bien
important d'examiner avec soin leur position ; car
on peut en rencontrer quelquefois des espèces qui
ne vivent qu'en familles, restent constamment
attachées à des places fixes, et dans les lieux qui
les ont vues naître ; on les trouve encore dans le
même état à présent, quoique la mer ait abandonné
depuis tant de siècles les lieux où elle a fait autrefois
de si longs séjours, et où ces races vivaient, et for-

4.

maient des bancs de plusieurs lieues de longueur,
entièrement composés des mêmes coquilles.

Je pourrais citer cent exemples de ces familles
de coquilles réunies , particulièrement dans la
classe des huitres, dont les espèces sont si nombreuses et si multipliées : on les trouve a de grandes
distances de la mer , formant encore des amas
de plusieurs toises d'épaisseur , et occupant des
lieues entières ; et ce qu'il y a de plus digne de
remarque , c'est que la plupart de ces huîtres
ont appartenu à des mers différentes de celles qui
baignent nos continents actuels.

§. I X.

Saussure, dans son *Agenda* ou *Tableau général des observations et recherches , dont les
résultats doivent servir de base à la théorie de
la terre*, a énoncé, dans le chapitre 17 , n°. 7 ,
les propositions suivantes : « constater s'il y a des
» coquillages fossiles, qui se trouvent dans les mon-
» tagnes les plus anciennes , et non dans celles
» d'une formation plus récente , et classer ainsi, s'il
» est possible, les âges relatifs , et les époques des
» apparitions des différentes especes. »

Cette question est grande , mais difficile à résoudre dans l'état actuel de nos connaissances sur
les coquilles fossiles, comparées aux coquilles naturelles. C'est une étude qui commence, et ce n'est que
depuis qu'on a senti tout le parti que la science pouvait tirer de ces corps organisés, qui sont là comme

autant de témoins de grands évènements , qu'on
s'en occupe avec zèle ; mais la connaissance exacte
et positive de ces beaux faits , ne peut s'acquérir
qu'avec le temps. Les recherches en ce genre sont
si difficiles, elles exigent un si grand concours de
circonstances, tant de voyages , tant de dépenses,
qu'il n'y a qu'un très-petit nombre d'hommes passionnés pour cette science, qui ayent eu le courage
de s'y livrer, et ce ne sera que lorsqu'on aura épuisé
la minéralogie , que les regards du plus grand
nombre se porteront sur cette masse de faits, que
je considère comme un des leviers les plus puissants de la Géologie. C'est alors qu'il sera possible
peut-être de donner une solution heureuse du pro-
blême proposé par Saussure.

Mais un fait qui rentre dans les mêmes vues,
et que chaque naturaliste peut vérifier, est celui
qui tient à la structure des montagnes calcaires,
formées de pierres dures, et dans l'intérieur desquelles on trouve des cornes d'ammon , des nautiles et des térébratules, ou du moins les noyaux
bien caractérisés de ces divers corps marins , qui
paraissent habiter la profondeur des mers.

Eh bien, quelques - unes de ces montagnes ont
leurs bancs percés par des pholades , et souvent
par le *mytilus litofagus LINN*., vulgairement *la
dáte de mer* : or , comme les molusques rongeurs,
qui habitent ces coquilles, se nichent de préférence
dans les pierres les plus dures, et jamais dans
les sables ou dans les vases, il paraît évident que

les rochers, qui en sont percés, existaient nécessairement en masses dures et solides , avant l'é-
poque où ces pholades et ces *dâtes* les ont criblés
de trous.

Mais comme ces montagnes calcaires à couches
dures renferment des ammonites, des nautilites et
autres corps marins dans les masses pierreuses
dont elles sont formées, il est évident que leur origine première, sous les eaux de la mer, date d'une
époque bien antérieure à celle où les moules et les
pholades ont pu les corroder ; de manière que l'on
voit ici trois époques bien distinctes et bien caractérisées ; premierement , le séjour de la mer, d'une
durée assez considérable pour permettre l'accumulation de toutes les matières qui ont pu former des
montagnes calcaires, dont quelques-unes , percées
par les dâtes de mer , s'élèvent à plus de six cents
toises ; secondement, le reculement des eaux qui ont
laissé ces montagnes à sec, et leur ont permis de se
solidifier, et enfin le retour des mers à des périodes
sans doute très-éloignées , où les pholades et les
moules ont pu percer ces pierres calcaires dures et
y établir leur demeure : il faudrait sans doute se
refuser au témoignagne de ses sens , si l'on voulait
réunir, dans une seule et même époque, des faits
d'une nature si différente.

CHAPITRE II.

Des Coquilles fossiles avec leurs analogues.

L e s coquilles fossiles ou pétrifiées, si abondamment répandues sur presque tous les points du globe, ont-elles des rapports directs avec celles qui vivent à présent dans les mers connues, ou, les différences qui se trouvent entre les unes et les autres, sont-elles assez tranchantes et assez caractéristiques pour ne pas permettre de les ranger sur la même ligne?

Cette question touchait de trop près à l'histoire naturelle des révolutions du globe, pour n'avoir pas fixé sérieusement, mais peut-être un peu vaguement, l'attention des naturalistes; le plus grand nombre semblait se plaire à croire, qu'il n'existait point de véritables analogues, ni dans les coquilles, ni dans les autres animaux marins, non plus que dans les quadrupèdes terrestres, dont on trouve les dépouilles ensévelies quelquefois à de grandes profondeurs.

J'ai osé soutenir l'opinion contraire depuis longtemps, et j'ai écrit que nul fait, que nulle analogie ne pouvait nous faire présumer que la nature, qui semblait avoir épuisé toutes les formes dans l'organisation et la structure de ces brillantes habitations des molusques, en eût détruit les premiers types, pour se copier ensuite elle-même d'une manière inexacte, en négligeant quelques-unes de ces formes qu'elle ne faisait plus reparaître.

Sans rappeler ici toutes les causes qui peuvent faire douter qu'il y ait des familles perdues parmi les animaux de la mer, je dirai seulement qu un des principaux motifs qui établissait cette différence remarquable dans les opinions, c'est qu'en général, on s'entendait mal sur la désignation des espèces, et que les caractères génériques n'étaient pas établis, ou portaient sur des bases trop incertaines ou trop variables.

J'ai dit dans un autre ouvrage (1), que ce n'est que depuis que Bruguyère avait heureusement adopté la marche systématique de Linné, et avait augmenté le nombre des genres des coquilles, qu'on avait pu commencer à s'entendre; mais j'ai annoncé en même temps que le beau travail de Lamarck, qui a porté d'un seul trait les genres au nombre de plus de cent cinquante, nous mettait à portée de marcher d'un pas plus assuré dans cette carrière difficile. Nous pouvons en effet, par ce moyen, comparer avec exactitude les coquilles fossiles avec les coquilles vivantes, et nous en-

_____

(1) Histoire naturelle de la montagne de St. Pierre de Maestricht, in-4°, papier nom de jésus, avec soixante planches; Paris, Déterville, rue du Battoir.

tendre à de grandes distances, en rapportant les caractères et les phrases méthodiques qui les cons-tituent. (1)

Je dois ajouter que depuis la publication de son livre, Lamarck a fait de nouvelles recherches, et s'est procuré des matériaux propres à perfec-tionner encore ces genres, et à en augmenter le nombre. L'ouvrage de Denys Monfort, sur l'histoire naturelle des molusques, est propre aussi à ré-pandre des lumières sur quelques genres de coquil-les, tels que les *argonautes* et les différentes es-pèces de nautiles dont il a fait connaître les ani-maux (2). Ce même naturaliste s'occupe, dans ce moment, d'un travail très-important sur les am-monites, et il faut attendre de ses lumières et de son activité, qu'il débrouillera cette partie difficile de l'histoire des fossiles, et s'efforcera de la présenter avec autant de méthode que de clarté.

L'on voit, d'après ce que je viens de dire, que l'histoire naturelle des coquilles va reposer enfin sur des bases certaines., et que le fond de ses richesses ayant été considérablement augmenté par les voyages et les découvertes faites dans les mers du Sud, l'on sera plus à portée que jamais, de faire des recherches comparatives sur cette grande

(1) Lamarck, système des animaux sans vertèbres ; Paris 1801, in-8°.
(2) Histoire naturelle générale et particulière des molusques ; Paris, Dufar, in-8°., 4 vol. fig.

quantité de coquilles que nous possédons, avec la quantité plus considérable encore de celles que la terre recèle dans l'etat fossile.

L'on ne désapprouvera donc pas dans ce moment, que je rapporte ici les noms d'un certain nombre de ces coquilles, dont j'ai reconnu les analogues ; je cite avec soin les genres de Linné et de Lamarck, et j'indique les cabinets ou se trouvent les coquilles fossiles qui m'ont servi d'objet de comparaison , et que les naturalistes seront à portée par-là de vérifier. J'ai eu recours plus d'une fois, dans ce travail difficile, aux lumières de Lamarck et de De- nys Montfort, et comme les regards des savants se portent sur cette belle partie de l'histoire naturelle , qui semble prendre un grand essor , je ne doute pas que le nombre des analogues ne s'accroisse de jour en jour.

Coquilles fossiles dont les analogues connus existent actuellement dans différentes mers.

Coquilles univalves.

N°. 1. *Buccinum achatinum ,* le Buccin Agate, Lamarck, genre 37 ; Gmelin , dans l'édition de Linné , l'a confondu avec le *Buccinum vitatum.* Lister , *conch.* tab. 977. fig. 53.

Des mers du Sénégal.

Du cabinet de Maugé , qui a accompagné le capitaine Baudin dans le voyage autour du monde. Cabinet de Denys Montfort.

N°. 2. *Buccinum ascanias*, Buccin ascagne, Bruguyère, *encyclopédie méthodique*, 42; Gualtieri, tab. 44. fig. N. de l'Océan d'Europe , et des mers d'Italie et de Barbarie, fossile de Courtagnon près de Rheims; cabinet de Faujas.

N°. 3. *Dolium perdrix*, Lamarck, genre 40, vulgairement la perdrix, *Buccinum perdrix*, Linn. syst. nat. sp. 3.
Gualtieri, tab. 51. fig. F. Dargenville, pl. 17. lettre A. fig. peu exacte.
Des mers de l'Amérique, fossile de Grignon; cabinet de Faujas.

N°. 4. *Ciprœa pediculus* , Linn. syst. nat. sp. 93; Lamarck, genre 35, vulgairement le pou de mer, Dargenville, pl. 18. fig. L. des côtes d'Angleterre , de la Méditerranée et des mers de l'Amérique.
Fossile dans les Faluns de Touraine ; cabinet de Faujas.

N°. 5. *Cassidea echinophora*, le casque tuberculé, Bruguyère, n. 19, *cassis echinophorus*, Lamarck, genre 42 ; *Buccinum echinophorus*. Linn. syst. nat. sp. 9. Dargenville, pl. 17. fig. P. des mers d'Afrique et d'Amérique.
Fossile de Grignon; cabinets de Faujas, de Denys de Montfort et de Maugé ; se trouve aussi

dans les environs de Rheteuil , près Villers-cote-
rets ; cabinet de Lamarck.

N°. 6. *Strombus gallus* , syst. nat. sp. 11.
Lamarck , genre 43; vulgairement l'aîle d'Ange ,
seba. thes. tom. III. tab. 62. fig. 1 , 2 , des mers
de l'Amérique.

Fossile de Champagne ; cabinet de Richard ,
professeur de botanique à l'école de médecine de
Paris.

N°. 7. *Strombus lentiginosus*, Linn. sp. 8. Dargenville , conch. t. 15. fig. C; vulgairement la tête
de dragon des marchands.

Des mers d'Asie et d'Afrique.

Fossile du Vicentin à l'état de spath calcaire ;
cabinet de Montfort.

N°. 8. *Rostellaria pespelecani*, Lamarck ,
genre 45. Strombus pespelecani, Linn. syst. nat.
sp. 2. Gualtieri , tab. 53. fig. B. C. vulgairement
la patte d'oie. Dargenville, pl. 14. fig. M. dans
presque toutes les mers.

Fossile de Touraine et des environs de Florence ;
cabinets de Denys Montfort et de Faujas.

N°. 9. *Fasciolaria trapezium*, Lamarck, genre
49. *Murex trapezium*, Linn. syst. nat. sp. 99.
Gualtieri , tab. 46. fig. B; vulgairement la robe
de perse , Dargenville , pl. 10. fig. F. des côtes
d'Amboine. Fossile de Chaumont.

N°. 10. *Murex brandaris*, Linn. syst. nat.
sp. 4, Lamarck, genre 46; vulgairement la massue
d'Hercule. Gualtieri, tab. 3o. fig. E. des côtes
d'Afrique.

Fossile de Grignon; cabinet de Faujas, se trouve
aussi dans les environs du Havre, mais à l'état
de pétrification ; cabinet de Denys Montfort.

N°. 11. *Murex cornutus*, Linn. syst. nat. sp.
3, Lamarck, genre 46; vulgairement la grande
massue d'Hercule. Gualtieri, tab. 3o. fig. D. des
mers d'Afrique.

Fossile du Val Dandona en Piémont ; cabinet
de Denys Montfort; cabinet de Faujas.

N°. 12. *Murex trunculus*, Linn. syst. nat.
sp. 5, Lamarck, genre 46 ; Martini conch. Kab.
3. tab. 109. fig. 1018 et 1019, de la Méditerranée
et des mers d'Amérique.

Fossile du Val Dandona; cabinet de Faujas.

N°. 13. *Murex lotorium*, Lamarck, genre 46;
vulgairement la Baignoire. Gualtieri, tab. 5o. fig.
C. Lister, tab. 941. fig. 37. des mers d'Afrique.

Il est utile de prévenir, afin d'éviter erreur,
que le *Murex lotorium* de Linn. comprend la sy-
nonymie de l'espèce qui va suivre, et non de
celle-ci.

Fossile de Champagne; cabinet de Montfort.

N°. 14. *Murex femorale*, Lamarck, genre 46;
vulgairement la Cuisse. Dargenville, pl. 10. fig.
D. Rumph. tab. 26. fig. B. de l'Océan Asiatique.
Fossile de Champagne et de Grignon; cabinet
de Lamarck et de Denys Montfort.

N°. 15. *Murex anus*, Linn. *syst. nat.* sp. 38,
Lamarck, genre 46; vulgairement la Grimace.
Dargenville, pl. 9. fig. H. des mers Asiatiques.
Fossile de Grignon; cabinet de Richard.

N°. 16. *Murex lampas*, Linn. *syst. nat.* sp.
26, Lamarck, genre 46; Gualtieri, tab. 5o. fig.
D. de la mer Méditerranée.
Fossile de Grignon; cabinet de Faujas.

N°. 17. *Murex tripterus*, Linn. *syst. nat.* sp.
21, Lamarck, genre 46; de Born-mus, tab. 10.
fig. 18 et 19; vulgairement pourpre triangulaire
aîlée; d'Avila, pl. 16. fig. K. Martini, conch.
Kab. III. tab. 1633. fig. F. de l'Océan Atlantique
et des mers des Indes.
Fossile de Grignon et de Courtagnon du Hamp-
tonshire en Angleterre; cabinets de Lamarck, de
Faujas, etc.

N°. 18. *Murex ponderosus*, Lamarck, *purpura
triquietra ponderosa*. Martin, conch. 3. pag. 347.
tab. 110. fig. 1030. *Adriatici maris purpura*,
Bonani, Muséum Kirch. n°. 277.

Fossile du cabinet de Lamarck, sans désignation de lieu.

N°. 19. *Murex perversus*, Linn. sp. 72. Blumenbach, Abbildungen, 3. des mers d'Afrique. Fossile de l'île Cheppy en Angleterre ; il y en a deux variétés.
Cabinets de Faujas, de Lamarck et de Montfort.

N°. 20. *Murex lapillus*, Linn. des mers de l'Océan, on le trouve en quantité à Grignon.

N°. 21. *Purpura lapillus*, Lamarck, genre 56. *Buccinum lapillus*, Linn. *syst. nat.* sp. 53. Adanson, Sénégal, tab. 7. fig. 4. se trouve dans presque toutes les mers, à Halifax, etc.
Fossile de Courtagnon; cabinet de Faujas, et dans beaucoup d'autres collections.

N°.22. *Pyrula ficus*, Lamarck, genre 48. *Bulla ficus*, Linn. syst. nat. sp. 14 ; vulgairement la figue. Dargenville, pl. 20. fig. O. de l'Océan Indien.
Fossile de Courtagnon et de Grignon ; cabinets de Denys Montfort et de Faujas.

N°. 23. *Trochus conchiliophorus*, Linn. syst. nat. sp. 110. Trochus agglutinans, Lamarck, genre 54; vulgairement la fripière. Chemnitz, conch. tab. 172. fig. 1688, 90, de l'Amérique australe.

N°. 24. *Trochus granulatus*, Lamarck, genre

54. Cette coquille a été confondue par Linné et par Gmelin, avec le *Trochus ziziphinus*, *syst. nat.* sp. 80. Chemnitz, conch. 5. tab. 166. fig. 1595 et 96 ; des mers d'Europe et de celles d'Afrique.

Fossile des environs du Havre ; cabinet de Denys Montfort.

N°. 25. *Natica canrena*, Lamarck, genre 79. Nerita canrena, Linn. syst. nat. sp. 1. Gualtieri, tab. 67. fig. V et X. Dargenville, pl. 7. fig. A. des mers d'Asie et d'Afrique.

Fossile des bords de l'Arno ; cabinet de Montfort.

N°. 26. *Natica albumen*, Lamarck, genre 76. *Nerita albumen*, Linn. *syst. nat.* sp. 5. Seba thes. 3. tab. 41. fig. 9, 10, 11, des mers d'Asie.

Fossile dans les argiles à brique, des environs de Cliou, à une demi-lieue de St.-Fond, département de la Drôme ; cabinet de Faujas.

N°. 27. *Scalaria clathrus*, Lamarck, genre 59. *Turbo clathrus*, Linn. *syst. nat.* sp. 63. Lister, tab. 588. fig. 51, de la Méditerranée, de l'Atlantique et des mers des Indes.

Fossile des argiles à poterie, de Cliou, département de la Drôme ; cabinet de Faujas.

N°. 28. *Turbo rugosus*, Linn. *syst. nat.* sp. 14. Gualtieri, test. tab. 63. fig. C. de la mer Adriatique des environs de Nice, et autres lieux de la Méditerranée.

Fossile de la Chartreuse de Mondieu, près de Sédan, au Muséum national d'histoire naturelle.

N°. 29. *Crepidula fornicata*, Lamarck, genre 22. Patella fornicata, Linn. *syst. nat.* sp. 75, des côtes d'Afrique.

Fossile de Courtagnon et de Grignon ; cabinets de Lamarck, de Montfort et de Faujas.

N°. 30. *Argonaute de Janus Plancus, de conchis minus notis*, pag. 18. chap. 11. tab. 1. fig. 1. A.B.C.
L'argonaute de Rimini, de Denys Montfort ; hist. nat. des poulpes, tom. 3. pag. 380.

Lamarck a fait le genre 84. pag. 99. *Argonaute, argonauta sulcata*, qu'il a séparé avec raison des nautiles, quoique les argonautes soient appelés vulgairement nautiles papiracés.

Le petit argonaute, que la mer rejète parmi le sable de la plage de Rimini, est très-bien figuré dans Plancus.

Denys Montfort, en parcourant les landes désertes qui existent entre Anvers, Breda et Bois-le-Duc, a reconnu à une demi-lieue de cette première ville, du côté du faubourg de Borgerhout, des arpents sablonneux ayant une profondeur indéterminée, presqu'entièrement formés de cette petite coquille qui s'y trouve mélangée avec des *trochus niloticus* Linn., des fragments de *Venus erycina*

Tome I.er   5

et autres coquilles d'Amérique. L'argonaute fossile
des environs de Bois-le-Duc, est absolument le
même que celui de Rimini, et son véritable analogue. *Vid.* ce que Montfort a écrit à ce sujet,
pag. 382 et suiv., et 383 pour démontrer cette
vérité.

Cet argonaute est le seul jusqu'à présent dont
on connaisse l'analogue.

Univalves cloisonnées.

N°. 31. *Nautilus pompilius*, Linn. *syst. nat.*
sp. 1, Lamarck, genre 85; vulgairement le nau-
tile chambré. Dargenville, tab. 5. fig. F des mers
Indiennes et de celles d'Afrique.

Fossile de Courtagnon, ayant encore sa belle
nacre; cabinet de Faujas, superbe exemplaire.
On en voit de moins considérables et du même
lieu, à Rheims, dans le cabinet de Drouet, acquéreur de celui de madame de Courtagnon, et
des fragments brillants et nacrés à Grignon; l'on
en trouve aussi en Angleterre, près de Richemont,
de très-remarquables, en ce que l'intérieur est
rempli d'une concrétion noirâtre très-dure; tandis
que le tect de la coquille, et particulièrement des
cloisons transverses, est resté à l'état fossile de
couleur blanche faiblement nacrée; l'on en voit
un semblable d'un assez gros volume, et dans
un bon état de conservation, dans le cabinet de
Montfort. On trouve aussi des nautilites qui se

rapportent au nautilus pompilius, dans les environs de Turin. *Vid. Allioni Oryctographia Pedemontana*, ainsi qu'entre le Havre et Rouen, et sur la montagne de Ste. Catherine, près de Rouen; au Mont de la Lune, entre Ste.-Ménéhould et Rheims. *Vid.* Montfort, hist. nat. des molusques, tom. 4. pag. 160 et suiv.

N°. 52. *Planulites torulosa*, Lamarck, genre 88. Nautilus Beccarii, Linn. *syst. nat.* sp. 4. Plancus de conchis minus notis, tab. 1. fig. 1, de la mer Adriatique, se trouve également sur le limitocorton ou coralline de la mer de Corse, où le naturaliste Sionnet de Lyon, très-exercé dans l'étude et la connaissance des coquilles microscopiques, l'a reconnu le premier, ainsi que d'autres jolies petites coquilles attachées à cette production de la mer, d'usage en médecine; on peut se procurer facilement et en abondance ces petits corps marins qui se détachent de cette coralline, et qu'on trouve en assez grande quantité dans le fond des boëtes, chez les droguistes.

Cette coquille fossile se trouve dans les sables de Grignon et de Courtagnon.

N°. 53. *Nautilus rugosus*, Linn. *syst. nat.* sp. 7, Lamarck, genre 88, de l'Océan austral, de l'Adriatique et de la mer de Corse.

Fossile de Champagne, des Faluns de la Touraine et de Grignon; cabinet de Faujas.

Coquilles bivalves.

N°. 34. *Arca antiquata*, Linn. *syst. nat.* sp.
16, Lamarck, genre 106; Adanson, Sénégal,
tab. 18. fig. 6. des mers de l'Inde, de l'Afrique
et de l'Amérique.

Fossile des Faluns de la Touraine et de Grignon;
cabinets de Montfort et de Faujas.

N°. 35. *Arca Noë*, Linn. *syst. nat.* sp. 2, Lamarck, genre 106; Adanson, Sénégal, tab. 18. fig.
6. Dargenville, tab. 23. fig. G. des mers de l'Inde,
de l'Amérique et de la Méditerranée.

Fossile de Grignon; cabinets de Maugé et de
Faujas.

N°. 36. *Solen vagina*, Linn. *syst. nat.* sp. 1,
Lamarck, genre 128; vulgairement le manche de
couteau. Dargenville, tab. 24. fig. K. Rumph.
mus. tab. 45. fig. M. se trouve dans presque toutes
les mers.

Fossile de Courtagnon; cabinets de Faujas et
de Drouet de Rheims.

N°. 57. *Pecten pleuronectes*, Lamarck, genre
145. *Ostrea pleuronectes*, Linn. *syst. nat.* sp.
6; vulgairement la sole. Dargenville, pl. 24. fig.
6. de l'Océan Indien et des mers de la Chine.

Fossile des environs de Bagnol, département
du Gard, dans une argile grise employée pour

la poterie; cabinet de Faujas. Dans les argiles de Cliou ; cabinet de Blancard, à Loriol , département de la Drôme.

N°. 38. *Isocardia globosa*, Lamarck, genre 112. *Chama cor.*, Linn. *syst. nat.* sp. 1 ; vulgairement le cœur de bœuf, le bonnet de fou. Bruguyère, encyc. pl. 222. de la mer Adriatique. Fossile des environs du Havre ; cabinets de Montfort et de Faujas.

N°. 39. *Nucula margaritacea*, Lamarck, genre 104. *Arca nuclea.* Linn. *syst. nat.* sp. 38. Chemn., 7. tab. 58. fig. 574. a. b. encyclop. tab. 311. fig. 3. de l'Océan septentrional et des Antilles. Fossile de Courtagnon et de Grignon ; cabinets de Lamarck, de Fortis, de Montfort, de Faujas.

N°. 40. *Pectunculus pilosus*, Lamarck, genre 105. *Arca pilosa,* Linn. *syst. nat.* sp. 36. Lister, tab. 240. fig. 77. dans presque toutes les mers.

Fossile au Weissenstein, près de Hesse-Cassel, sur une colline des beaux jardins du Land-Grave, au pied des volcans éteints de l'Habischwald ; cabinet de Faujas.

La même coquille fossile se trouve à Courtagnon, à Grignon , à Chaumont en Vexin ; cabinets de Fortis , de Dedrée , beau-frère de Dolomieu , de Lamarck.

N°. 41. *Mitilus smaragdinus*, Linn. *syst. nat.*

sp. 29. Chemn. conch. 8. tab. 83. fig. 745; vulgairement l'opale, se trouve sur la côte du Tran-
quebar.
Fossile de Grignon ; cabinet de Faujas.

N°. 42. *Mitilus modiolus*, Linn. *syst. nat.* sp.
14. Chemn. tom. 8. pl. 182 et 183. tab. 85. fig. 758
et 759 ; vulgairement la moule des papous. Dargenville, tab. 22. fig. C. de la Méditerranée, de
l'Océan septentrional, des mers de l'Amérique et
des Indes.
Fossile de Grignon ; cabinet de Faujas.

N°. 43. *Tellina maculosa*, Lamarck; vulgairement la pince de chirurgien. Chemn. conch. tom. 6.
pl. 84. tab. 8. fig. 75. Favanne, conch. pl. 49.
fig. F. 1.
Fossile de Grignon ; cabinet de Faujas.

N°. 44. *Venus inominata.* Ce n'est pas la came-
bretonne : coquille rare du Golphe-Triste, der-
rière les Antilles.
Fossile de l'Arno ; cabinet de Montfort.
Fossile des environs de Beauvais ; cabinet de
Cambry.

N°. 45. *Venus Islandica.* Linn. *syst. nat.* sp.
15, Lamarck, genre 121. *Pitan*, Adanson, Sénégal, tab. 16. fig. 7. se trouve dans presque toutes
les mers.

Fossile au Wesseinstein, près de Hesse-Cassel, dans un sable ferrugineux, recouvert par des matières volcaniques ; cabinet de Faujas.

N°. 46. *Pecten jacobeus*, Lamarck, genre 135. *Ostrea jacobea.* Linn. *syst. nat.* sp. 2 ; vulgairement la pélerine. Gualtieri, tab. 99. fig. E. de la Méditerranée.

Fossile des environs de Bordeaux ; cabinet de Montfort.

N°. 47. *Pecten maximum*, Lamarck, genre 135. *Ostrea maxima*, Linn. *syst. nat.* sp. 1 ; vulgairement le grand peigne. Lister, tab. 163. fig. 1. tab. 167. fig. 4. des mers Européennes.

Fossile de la Touraine, du pays d'Anjou, de Grignon, de Dax, des environs de Saint-Paul trois châteaux, de la montagne dite des Coquilles, sur la route de Crêt à Montélimar ; cabinets de Dedrée, de Montfort, de Faujas.

N° 48. *Tellina cuspidata*, Olivi zoologia adriatica, pl. 4. fig. 3. pag. 101 ; espèce nouvelle de la mer Adriatique, très-rare, du fond de la mer.

Fossile de Grignon : à l'état de pétrification des environs de Namur ;. cabinets de Faujas et de Denys Montfort.

N°. 49. *Anomia cepa*, Linn. sp. 4, vulgairement *la pelure d oignon.* ; fossile de Grignon.

L'analogue vit dans la Méditerranée, et dans les mers d'Amérique ; elle est ordinairement attachée aux huîtres; cabinets de Faujas et de Monfort.

N°. 5o. *Chama lazarus*, Linn. *Gâteau feuilleté* des marchands ; des mers de la Méditerranée, de l'Océan Américain, de la Jamaïque, des grandes Indes.

Pétrifiée et d'une belle conservation, près de Lonjumeau; cabinets de Defrance et de Faujas.

N°. 51. *Mitylus afer*, Linn. sp. 28. Chemn. conch. 8. t. 83. fig. 739, 741; des mers d'Afrique. Trouvée fossile avec sa belle nacre dans des rognons de pierres calcaires dures, à la profondeur de plus de quinze pieds, en creusant le canal de Basingstore en Angleterre ; cabinet de Faujas.

Je possède un bel échantillon qui renferme plus de vingt de ces moules qui ne sont pas bien grosses. Je les tiens des bontés de M. Pinkerton, célèbre géographe anglais.

N°. 52. *Cucullœa auriculifera*, Lamarck, genre 107, pag. 116, encyclopédie, tab. 3o4 ; vulgairement le capuchon de moine; des mers du Nord et de celles d'Amérique.

Fossile d'un volume considérable, des environs de Saint-Paul trois châteaux ; cabinets de Faujas et de Montfort.

N°. 53. *Placuna novae Zelandiae*, grande et belle placune de la Nouvelle Zélande, rapprochée de la *Vitre Chinoise*.

Anomia placenta Lin. , dont Lamarck a formé son genre placune , genre 194; mais qui en diffère par divers caractères. Cette belle placune de la Nouvelle Zélande, nous offre l'analogue d'une coquille pétrifiée absolument semblable , apportée depuis peu par les naturalistes français, qui étaient dans l'expédition d'Egypte. Montfort a, le premier, reconnu l'identité de cet analogue avec la coquille pétrifiée , trouvée près de Sienne en Egypte. Cabinets de Montfort et de Lamarck.

N°. 54. *Crenatula* mytiloïdes , *genus novum.* Lamarck se propose de former un nouveau genre de cette coquille, qui a été apportée de la mer rouge, et qu'on trouve quelquefois sur des éponges de cette mer. On prendrait, au premier aspect, cette coquille pour une moule ; mais elle a des espèces de crénelures près de la charnière , ce qui détermine Lamarck à la mettre en réserve , pour en former un nouveau genre, sous le nom de *Crenatule* mytiloïde.

La pétrification , très-bien conservée de cette coquille, se trouve dans les environs du Havre, où elle est souvent à l'état pyriteux. Cabinets de Lamarck et de Montfort.

N°. 55. *L'huître épaisse* de la Manche , vulgairement appelée, à Boulogne , *pas de cheval :* cette huître , quoique connue , n'a pas encore été décrite. Elle est plus grande que l'ordinaire.

On la trouve pétrifiée et en abondance, avec des huîtres Indiennes de la grande espèce, à une très-petite distance du village de Grane, département de la Drôme.

Elle se trouve aussi en Angleterre, dans l'état fossile, près de Réading en Berkshire, à plus de cinquante milles de la mer, où elle est déposée en bancs, de plus de trois pieds d'épaisseur, dans un sable marin qui recouvre les belles mines de terre à foulon, qui ont une si grande réputation en Angleterre, pour la fabrication des draps, et dont l'exportation est si sévèrement prohibée. Cette terre à foulon ne se tire absolument que des environs de Réading, quoique plusieurs minéralogistes en fassent mention dans leurs ouvrages, comme existant dans une province d'Angleterre, différente de celle-ci.

N°. 56. *Natica elephantina*, vulgairement l'oreille d'éléphant ; coquille de la Nouvelle Zélande.

Fossile du Piémont et de quelques autres parties de l'Italie ; cabinet de Faujas.

Nota. On ne doit plus ranger parmi les coquilles ordinaires, la *bulla lignaria*, Linn. *syst. nat.* sp. 11, vulgairement l'oublie, figurée par Lister, tab. 714, fig. 71, et qu'on trouve fossile à Courtagnon, parce qu'on a reconnu que ce corps, qui a néamoins une grande ressemblance avec une coquille, appartient à un molusque, qu'on avait d'abord rangé parmi les *laplisies*, et dont Lamarck a fait un genre particulier sous le nom de *Bullea*, voyez genre 9 de son *systéme des animaux;* mais ces coquilles particulières, ou plutôt ces corps en forme de coquilles, ne paraissent pas avoir la même destination que les autres, car au lieu de servir d'habitation à l'animal, elles se trouvent au contraire renfermées, tantôt dans son écusson, tantôt autour de son estomac.

Voyez à ce sujet, dans le tome 11 des transactions de la société Linnéenne, un excellent mémoire de M. Georges Humphrey, sur les pièces testacées intérieures du molusque, des *bulla lignaria*, bulla *aperta*, bulla *patula*, lu à cette société, le premier décembre 1789, et accompagné d'excellentes figures. Il est à présumer que les naturalistes français, qui avaient eu l'honneur de cette découverte, n'avaient pas connaissance du mémoire du naturaliste anglais : *Transaction of the Linnean society.* London, 1791 et suiv. in-4°. fig.

EXPLICATION

DE LA PLANCHE I.

Fig. I. *Solen vagina*, Linn. sp. 1, vulgairement le *manche de couteau.* Lamarck, genre 128, pag. 125.

Ce bel individu fossile, et d'une parfaite conservation, est figuré de grandeur naturelle, et adhérent encore à la pierre qui lui sert de gangue, et qui est un mélange de detritus de coquilles, de terres calcaires et de sables quartzeux; il vient de Courtagnon, et m'a été donné par M. Drouet, acquéreur du cabinet de Madame de Courtagnon, et qui possédait plusieurs individus de la même espèce. La coquille est parfaitement conservée, elle est même luisante, et n'a perdu que ses couleurs; mais en soufflant dessus, elle répand cette odeur terreuse, qui émane de toutes les coquilles fossiles, lorsque l'air chaud et humide de la bouche les frappe.

Fig. II et III. Murex tripteris, Linn. syst. nat. sp. 21. Lamarck, genre 46.

Fossile de Grignon, de la plus parfaite conservation, malgré la délicatesse et la fragilité des ailes ou appendices placés vers la bouche de cette coquille, gravée sur ses deux faces et de grandeur naturelle. L'analogue est dans l'Océan atlantique et dans les mers de l'Inde. Cette coquille est chère, lorsqu'elle est d'une belle conservation.

Fig. IV et V. Rostellaria pes pelecani, Lamarck, genre
45. Strombus pes pelecani, Linn. syst. nat. sp. 2 ; vulgairement *la patte d'oie.* Dargenville, planche 14.
fig. M.

Fossile des environs de Grignon, du Vicentin, etc.
L'analogue existe dans les mers d'Afrique, dans la
Méditerranée, et même dans les mers du Nord.

Fig. VI et VII. Murex fossile de Courtagnon, de grandeur naturelle, vu en dessus et en dessous.

L'analogue existe dans la Méditerranée, particulièrement auprès des côtes de Barbarie. Cette coquille
n'est pas nommée par les naturalistes.

EXPLICATION

DE LA PLANCHE II.

Murex de grandeur naturelle , et d'une parfaite conservation, trouvé à Grignon. Je ne crois pas qu'on en ait
recueilli d'autres , sur-tout de ce volume, au milieu de
cet amas de coquilles de tant d'espèces , réunies dans les
mêmes petites collines , qui forment le territoire de
Grignon.

Celle-ci est l'analogue du murex lampas , Linn. syst.
nat. sp. 21. Lamarck, genre 46. Gualtieri , tal . 5o. fig.
D. qui se trouve dans la Méditerranée.

CHAPITRE III.

Des Fistulanes, des Tarets et des Siliquaires, tant naturels que fossiles.

J'AI trouvé parmi les amas nombreux des coquilles fossiles de Grignon, de véritables fistulanes qui se rapportent exactement à des analogues connus de la même espèce; ce lieu m'a offert aussi une belle siliquaire, dont l'analogue très-rare existe dans la mer d'Amboine, et a été décrit par Rumph; enfin, on trouve, dans la montagne de Saint-Pierre de Maestricht, ainsi que dans d'autres lieux, des bois siliceux percés de tarets parfaitement caractérisés, que l'on peut rapporter a des espèces actuellement existantes; mais comme les caractères de ces molusques en forme de vers, et dépourvus de tête, ne sont pas suffisamment développés dans l'ouvrage de Lamarck, qui a pour titre *systême des animaux sans vertèbres*, les naturalistes verront, peut-être avec quelque intérêt, les nouveaux développements de ces genres; je desire qu'ils puissent répandre un peu de jour sur un sujet difficile qui touche de si près à l'histoire naturelle des corps fossiles.

Le véritable caractère des fistulanes était d'autant moins aisé à déterminer, que ces sortes de corps

marins sont en général peu communs et d'un prix
élevé, ce qui ne permet guère de les sacrifier
pour étudier leur structure intérieure ; l'on soup-
çonnait bien que leur cavité renfermait un corps
libre, testacé, qui se manifestait par le bruit qu'on
entendait dans ces coquilles tubulées, lorsqu'on les
agitait ; mais l'on ignorait si ces corps intérieurs
appartenaient directement au molusque de la fistulane.

Une circonstance particulière me mit dans le
cas de faire, à ce sujet, des recherches satisfai-
santes et instructives ; un corps testacé, en forme
de petit flacon, ou plutôt de retorte à distiller, me
fut apporté de Grignon, avec d'autres coquilles ;
celle - ci fixa mon attention, et j'y trouvai un si
grand rapport avec une coquille assez rare, connue
sous le nom de *fistulana lagenula*, (encyclopédie, pl. 167, fig. 23), que je me déterminai à
l'ouvrir, pour examiner quels étaient les corps
intérieurs qui rendaient un son semblable à celui
d'un corps dur et sec, lorsqu'on remuait cette
espèce de fistulane.

M. Defrance, qui s'occupe avec zèle, et même
avec une sorte de passion bien estimable, des fossiles
de Grignon, se trouva chez moi lorsque j'exami-
nais la coquille en question, que je comparais à
une fistulane ; il fut non seulement de mon sentiment, mais, comme il a beaucoup de dextérité,
et une grande habitude de manier les fossiles les
plus délicats, il voulut bien se. charger d'ouvrir

cette coquille dans la partie la plus bombée, et
d'en retirer les corps qui y étaient renfermés, sans
altérer la forme de la fistulane.

Il y réussit parfaitement, en usant avec mé-
nagement un des côtés bombés de la coquille, sur
une pierre à rasoirs, dont le grain fin et mordant
ronge, à l'aide du frottement, et en mouillant la
pierre avec un peu d'eau, les corps marins les
plus délicats, sans les altérer. A peine l'ouverture
fut elle faite, qu'on retira une petite coquille, libre,
composée de deux valves, égales entre elles.

J'avais dans ma collection de corps marins naturels, une concrétion de la grosseur du poing et de
forme irrégulière, qui avait l'apparence d'un tuf
spathique calcaire blanc, et comme criblé de pores
très-rapprochés les uns des autres, entièrement
lardée de fistulanes configurées en petits flacons,
ventrus et à col étroit ; j'en cassai quelques-unes,
et je trouvai dans toutes sans exception, les deux
petites valves coquillières égales, libres et res-
semblant à une petite moule extrêmement mince :
ces fistulanes étaient naturelles et non fossiles.

D'un autre côté, M. Denys Montfort m'apporta
la valve d'une grosse coquille de la famille des
Venus, recouverte en dedans et en dehors de
fistulanes, en forme de bouteilles, mais qui diffé-
raient des précédentes, en ce que leurs foureaux
ou enveloppes étaient recouverts à l'extérieur,
de grains de sable coquillier, et de très-petites
Serpules qui environnaient le tout, et lui don-
Tome I.er   6

nent de la solidité ; nous en ouvrîmes plusieurs,
et les deux valves internes, égales et libres , se
trouvèrent toujours dans l'intérieur. Ces valves ,
avaient la même configuration que les autres ;
elles étaient seulement un peu plus allongées , ce
qui paraît tenir à l'espèce.

Enfin, ne voulant rien négliger pour la détermination de ce genre , je crus devoir sacrifier
à l'instruction deux autres fistulanes , que j'avais
dans ma collection de coquilles naturelles ; l'une ,
la fistulane, *massue de Ceylan*, *fistulana clava* :
Lamarck, encyclopédie, planch. 167, fig. 17 , 22 ;
l'autre , la *fistulana gregata* , fistulane de l'encyclopédie, planche 167 , fig. 6 , 16, celle que
Guettard , tom. 3 , planche 70 , fig. 6 , 7 et 9 , a
appelée *campulote* sans dire d'où elle vient ; je
les ouvris, et elles renfermaient, ainsi que les précédentes , une coquille non adhérente et à deux
valves, un peu plus ou un peu moins allongées ;
je le répète , en raison des espèces : tel est le caractère bien remarquable des fistulanes.

Il ne faut donc pas considérer ces corps marins
du côté de leur enveloppe testacée, mais relativement aux deux valves égales, renfermées dans
l'intérieur, et qui appartiènent exclusivement au
molusque cylindrique et sans tête , dont elles forment en quelque sorte l'armure , et l'on ne doit
plus regarder le foureau ou enveloppe testacée
que comme l'habitation , ou l'espèce de fort qui
met ce molusque délicat à l'abri des attaques de

ses ennemis ; il est d'autant mieux garanti sous cet
abri, qu'il n'a qu'une ouverture vers la partie grêle
de son enveloppe testacée , au lieu que les *tarets*,
qui ont quelques rapports avec les fistulanes , ont
constamment deux ouvertures, une en bas et l'autre
vers le haut, et sont comme elles renfermées dans
un foureau cylindrique testacé.

Il existe une fistulane beaucoup plus grosse que
les autres qu'on trouve fossile dans la Champagne ; elle est longue , épaisse et de forme arrondie par le bout , avec quelques protubérances
qui rappèlent , jusqu'à un certain point , l'idée
d'un masque. C'est la *fistulana personata* , dont
Lamarck se propose de former une espèce nouvelle , lorsqu'il publiera son *spécies*, car il n'a
pas cité celle-ci dans son genre *fistulana*, où il
parle de plusieurs autres.

Je ne fais mention de cette fistulane, que parce
que je crois avoir reconnu son analogue, non seulement dans la figure qu'en a publiée Rumph, mais
encore dans la description que ce savant observateur en a donnée dans le texte de son ouvrage,
dont voici le passage traduit du Hollandais :

« *Solen arenarius* (est le nom latin qu'il lui a
» donné), en Flamand, *zandpyp*, en Malais, *cap-*
» *pang bezaar*, en Hollandais, *koedarm*, (boyau
» de vache) : cette coquille ressemble en quelque
» sorte à un intestin de la grosseur du doigt , elle
» est très forte au plus gros bout , chambrée par
» des cloisons fermées de la largeur du doigt ,

6.

» on en voit de grosses de la longueur de
» deux ou trois pieds; il en est peu qui soient
» droites, presque toutes ont des inflexions. La
» coquille, qui est blanche, renferme un animal
» mou, qu'on peut manger en le faisant cuire;
» il a le goût des meilleures moules. La bouche
» du molusque est garnie en avant de deux osselets
» qui se joignent en manière de mitre, et qui
» ne sont pas adhérents à la coquille, mais à
» l'animal. On les trouve dans les bayes de *Keram*
» et de *Boero*, enfoncés dans le gravier et dans
» le sable, et entre les racines de Mangliers.
» Leur chair est aphrodisiaque ; du bout fourchu
» et supérieur de chaque tuyau, sort un appen-
» dice charnu qui sert à l'animal pour prendre
» sa nourriture. Quand on s'en approche, celui-ci
» les retire et lance de l'eau à une brasse de haut.
» Les habitants d'Amacheij emploient cette co-
» quille, en forme de trompette, pour appeler
» le peuple au temple, et les enfants aux écoles.

Rumphius, curiosités d'Amboine, planche
XLI. fig. D. E. pag. 124. Edition Hollandaise,
in-folio.

Il résulte des faits ci-dessus, que le genre fistulane pourrait être défini de la manière suivante:

Tuyau, testacé, ou foureau recouvert de petits
fragments de coquilles, de sables, ou autres
corps pierreux, renflé vers le bas, plus ou moins
allongé en forme de massue, de bouteille ou de
retorte, ouvert à l'extrémité grêle, par un canal :

simple, quelquefois double et fourchu, renfermant un molusque vermiforme, sans tête, et portant une petite coquille à deux valves égales.

La fistulane est rapprochée du *taret* dans l'ordre naturel ; il avait été anciennement confondu avec lui, et il en diffère cependant, en ce que le tuyau du taret est ouvert par les deux bouts, et que les deux valves dont il est armé sont en dehors et vers l'extrémité postérieure, tandis que la fistulane est constamment fermée par le gros bout ; mais, comme dans l'un et dans l'autre de ces molusques, le tuyau n'est en quelque sorte que l'étui dans lequel l'animal est renfermé ; les deux valves seules doivent être considérées comme formant la véritable coquille.

Voici comment je détermine les espèces de fistulanes connues jusqu'à ce jour.

Espèce I. Fistulane, *massue de Ceylan* : fistulana clava, encyclopédie, planche 167. fig. 17, 22.

Espèce II. Fistulane, *trompette de Triton* : fistula tuba Tritonis ;

En Flamand, *zandpyp*, *Tritons-hoorn solen arenarius*, Rumphii, planche XLI. pag. 124.

C'est à cette seconde espèce que je rapporte la fistulane fossile, dont le gros bout est en forme de masque, qu'on trouve en Champagne, et qui, d'après la description du savant naturaliste Hollandais, paraît être son véritable analogue.

Espèce III. *Fistulane en forme de flacon* : fis-

tulana lagenula, Lamarck. Encyclopédie, planche
167. fig. 23. où l'on voit cette fistulane mal repre-
sentée sur l'intérieur de la valve d'un peigne.

Je rapporte, à cette dernière, la fistulane fossile
de Grignon, que j'ai fait figurer.

Espèce IV *Fistulane tarrière : fistulana teredo.*

Cette fistulane est courte, ventrue, de forme
oblongue, surmontée d'un tuyau court, et habite
dans les madrépores, et les coquilles épaisses qu'elle
perce, ainsi que les pierres calcaires lorsqu'elles
ne lui opposent pas une trop forte résistance.

Espèce V. *Fistulane conglomérée* et vivant en
famille.

Fistulana gregata, Lamarck, pag. 129. Guettard, mém. tom. III. tab. 70. fig. 6, 9. encyclopédie, planche 167. fig. 6.

Il me reste à faire mention d'un genre de coquilles auquel on a donné le nom de *siliquaire*,
dont il existe une très-belle espèce fossile à Grignon,
d'autant plus digne d'attention, qu'il y a lieu de
croire que l'analogue se trouve dans la mer d'Amboine, ainsi que nous allons le voir par la description et la figure que Rumph a donnée de ce
corps marin.

Mais je dois faire connaître auparavant la phrase
caractéristique de Lamarck, sur laquelle j'ai quelques observations à faire. Voici de quelle manière
ce naturaliste a déterminé ce genre dont il a fait
le LXXXI de son *système des animaux sans
vertèbres*, pag. 98.

Siliquaire, *siliquaria*, « coquille tubuleuse.,
» contournée en spirale à son origine, irrégulière
» et divisée latéralement sur toute sa longueur, par
» une fente étroite.
» *Siliquaria anguina*, N. Davila, catal. vol. 1.
» planch. 4. fig. E. »

Comme je possède dans ma collection plusieurs
siliquaires de Grignon, d'une belle conservation,
et que j'en ai comparé plusieurs, voici le résultat
de mes observations; on pourra les comparer avec
celles de Rumph, sur la siliquaire vivante des
environs d'Amboine, et juger de leur rapprochement et de leur analogie.

La siliquaire fossile de Grignon, est tubuleuse,
contournée en spirale, qui part du petit bout
fermé, et se développe en s'élargissant et en gros
sissant à mesure que ses contours augmentent; le
test est fragile, et comme papyracé dans le plus
grand nombre de ces fossiles, quelques-uns cependant ont plus d'épaisseur.

L'extérieur est garni de plusieurs rangs rapprochés de petites stries un peu protubérantes, et
recouvertes d'arêtes ou aspérites grenues; quelquefois en crochets, plus ou moins obliterés, qui se
prolongent et courent dans le sens et la longueur
de la spirale.

Une petite fente étroite, plus ou moins fine,
ouverte, un peu dentelée vers les bords, et commu-
niquant dans l'intérieur, occupe toute la longueur
et les circonvolutions de la siliquaire; mais cette

espèce de fissure est remplacée quelquefois par de
petites ouvertures étroites, d'une ligne de lon-
geur environ, rapprochées les unes des autres,
et séparées par des points d'interception.

Rumph a figuré dans la planche XLI, lettre
H, de son savant ouvrage sur les curiosités d'Amboine, un corps testacé du même genre, ainsi qu'on
peut en juger par la figure qu'il faut consulter,
et par la description dont je joins ici la traduction
littérale.

« *Solen anguinus;* en Malais, *cappand of*
» *bia ular*, est un tuyau mince et presque pa-
» pyracé, contourné sur lui-même, comme une
» couleuvre ; blanc à l'extérieur ; recouvert de pro-
» éminences anguleuses; l'animal est intérieur,
» mou ; sa bouche est munie d'une petite mitre
» testacée ou coquille dentelée ; il ne se tient ni
» dans le bois, ni dans la vase, mais s'attache
» aux rochers qui sont poreux, et s'y fixe par
» sa bouche ; on le trouve rarement, et il est
» rangé parmi les plus grandes raretés.

Rumph, curiosités d'Amboine, pag. 125, de
l'édition Hollandaise, et planche XLI, lettre H.

Cette description est assez d'accord avec celle
que j'ai donnée de la siliquaire fossile de Grignon, pour que nous puissions être fondés à considérer ces deux corps marins comme analogues;
je sais que l'on pourrait objecter que Rumph
n'a pas fait mention, dans les détails descriptifs
qu'il a donnés de cette coquille, de la petite fente

longitudinale et étroite qui règne le long du tube,
et en suit la direction; mais outre que cette fissure
est quelquefois suppléée par des trous oblongs, et
qu'elle disparaît même souvent à mesure que la
coquille s'allonge et grossit, en augmentant ses
contours en spirale ; c'est que le dessin fait avec
beaucoup de soins, ainsi que tous ceux du même
ouvrage, semble indiquer cette fente étroite.
Quant à l'animal intérieur, *dont la bouche est
munie d'une petite mitre testacée*, d'après la
description du savant naturaliste Hollandais, l'on
comprend que ce fait ne saurait être vérifié dans
le fossile, dont l'animal est détruit depuis bien des
siècles; et comme la siliquaire est construite en
sens inverse de la fistulane, c'est-à-dire que le gros
bout du test est ouvert, tandis qu'il est fermé dans
la fistulane; il en résulte que la petite mitre testacée de la siliquaire a dû échapper, tandis que
les deux petites valves intérieures de l'animal de
la fistulane n'ont pû sortir, même dans l'état fossile, l'ouverture étant infiniment moins grande
que les deux valves qui s'y trouvent emprisonnées.
  Mais un fait qui n'avait encore été remarqué
par aucun naturaliste, et qui avait même échappé
à Rumph, ce qui, au reste, n'est pas étonnant,
parce que la siliquaire vivante dont il fait mention,
était fort rare, et qu'il ne crut pas devoir la rompre
pour observer sa structure intérieure, c'est que
la plupart des siliquaires fossiles de Grignon, je
dirais presque toutes celles qui n'ont pas souffert,

sont intérieurement cloisonnées, c'est-à-dire fermées de distances en distances par de petites calotes minces, demi-sphériques, de la même matière que la coquille.

Une chose digne d'attention, c'est que ces cloisons concaves, non seulement ne sont pas toujours à des distances égales, mais quelquefois elles sont fixes, et comme soudées aux parois du tube intérieur, sans syphon, ni communication d'aucune espèce; tandis, au contraire, que d'autres fois elles ne sont pas adhérentes, et qu'on peut les détacher avec facilité; elles semblent n'être placées alors que comme une sorte de fermeture mobile.

Lorsqu'on a étudié, avec un peu d'attention, la manière dont les molusques testacés déposent et façonnent les sédiments calcaires qui servent à la construction de leurs demeures, on voit combien de moyens sont employés, en raison des formes et de la variété de ces molusques; l'on comprend très-bien, par exemple, que ceux dont la forme est cylindrique, tels que les serpules contournées dont il s'agit, à mesure qu'ils acquièrent de la grosseur, et qu'ils allongent leur *test* par le haut, à l'aide du collier ou manteau qui leur sert à déposer la matière calcaire qui en exsude, sont dans la nécessité de quitter le bas de leur habitation qui devient pour eux une prison trop étroite.

Les molusques testacés ont, dans ce cas, deux façons de retirer l'extrémité inférieure de leur corps qui est trop à la gêne; l'une, à l'aide d'une progression lente et insensible; l'autre, d'une manière brusque, par secousses, et comme par sauts. Dans le premier cas, la coquille prend seulement un peu plus d'épaisseur dans la partie que l'animal abandonne, parce qu'à la suite des efforts graduels et lents qu'il fait pour avancer, il laisse échapper, par tous les pores de son corps les plus gênés, une sorte de *mucus* calcaire.

Si, au contraire, il se retire par secousses, à certaines époques, l'extrémité libre de son corps exhalant, par une sorte de transpiration, une humeur crétacée, celle-ci doit, à la longue, se fixer, se consolider, former une cloison concave ou convexe, plate ou conique, en raison de la forme inférieure du corps de l'animal. Mais l'accroissement du molusque continuant d'avoir lieu, et quittant son fond par secousses, il établit bientôt une nouvelle cloison dans la partie où il cherche à fixer son corps, et qu'il abandonne de même.

Il me semble qu'on peut expliquer de cette manière ces cloisons étroitement fermées et sans issues, qu'on voit dans certaines coquilles; car, sans cette considération, elles présenteraient une énigme indéchiffrable.

Le lecteur voudra bien excuser les longeurs dans lesquelles cette discussion m'a entraîné; mais elle m'a paru nécessaire et utile, pour éclaircir les difficultés qui peuvent embarrasser la route du naturaliste, lorsqu'il cherche à comparer les coquilles

fossiles avec celles qui peuplent les mers. La géologie, peut tirer aussi un grand parti de la connaissance exacte et positive de cette multitude de corps
organisés, qu'on trouve à des distances immenses
des mers, en les comparant à ceux qui vivent
à présent sous des zones différentes, et dans des
Océans lointains. On ne saurait donc trop se livrer
à ces recherches comparatives, qui doivent conduire à de grandes vérités.

C'est pour venir à l'appui de ce que j'ai avancé
ci-dessus, que j'ai fait figurer une des fistulanes
de Grignon, ainsi que la siliquaire du même lieu,
avec leurs développements, afin qu'on puisse les
comparer avec plus de certitude aux analogues,
avec lesquels je crois qu'ils ont les plus grands
rapports.

EXPLICATION

DE LA PLANCHE III.

Fistulane et Siliquaire fossiles.

Fig. I. Est une fistulane de grandeur naturelle, fossile de *Grignon*; on voit l'ouverture pratiquée pour retirer les deux valves intérieures qui y étaient renfermées, et que le molusque y avait laissées en mourant : cette ouverture fait voir en même temps l'épaisseur du test, qui est trois fois plus forte dans cette partie que vers le haut.

L'on peut considérer cette fistulane isolée, comme la *fistulana lagenula*, Lamarck, genre 133, pag. 129, encyclop. planch. 167. fig. 6, 16.

Fig. II. Les deux petites valves égales, de grandeur naturelle, vues en dessus.

Fig. III. Les mêmes, figurées du côté intérieur.

Fig. IV. Les deux mêmes valves grossies à la loupe; vues sur leurs faces intérieures.

Fig. V. Grossies à la loupe, et vues du côté convexe.

Fig. VI. Siliquaire fossile de grandeur naturelle, de *Grignon*; l'on voit vers la partie ouverte, une des petites cloisons bombées, qui a l'apparence d'un opercule, mais qui n'en est pas un. Sa situation annonce même que le tube se prolongeait, et a été rompu dans cette partie, sans quoi l'animal n'aurait point eu de place pour se loger.

Fig. VII. Une portion du tube de la même espèce de siliquaire, contourné, usé et ouvert, ce qui permet de voir ses concamérations intérieures. En démontrant le fait que j'ai avancé, ces cloisons peuvent servir à donner quelques lumières sur la manière dont le mollusque des siliquaires ferme les vuides inférieurs de sa coquille, à mesure qu'il grossit, qu'il s'allonge, et se retire en avant d'une manière prompte, et comme par sauts.

APPENDIX.

DES MADRÉPORES.

JE me suis essentiellement attaché à démontrer qu'il existait des coquilles fossiles, dont les analogues vivent à présent dans telle ou telle mer; j'ai déterminé avec le plus de soin que j'ai pu, les diverses espèces dont j'ai fait mention, en citant les synonymies des auteurs systématiques les plus connus, et notamment celles de Linné, de Bruguyère et de Lamarck; il ne saurait d'après cela y avoir ni doute, ni équivoque, au sujet des coquilles naturelles dont j'ai fait mention. J'ai désigné les mers dans lesquelles habitent celles que j'ai considérées comme de véritables analogues, et j'ai cité en même temps les cabinets particuliers de Paris, où l'on pouvait avoir la facilité d'examiner les coquilles fossiles qui m'ont servi d'objets de comparaison; j'ai porté l'attention, ainsi que je le devais, jusqu'a indiquer les lieux ou ces coquilles fossiles avaient été trouvées, afin que les naturalistes pûssent fixer leur attention et leurs recherches sur les mêmes lieux.

D'après tous ces témoignages de ma bonne volonté, et du désir bien sincère qui m'anime pour l'avancement de cette partie si intéressante de l'histoire naturelle , qui n'avait été traitée jusqu'à ce jour que d'une manière vague , incertaine , et j'ose dire, peu satisfaisante, j'espère que l'on voudra supporter , avec quelque indulgence , les détails techniques, et naturellement secs et arides , dans lesquels je n'ai pû me dispenser d'entrer , afin d'exposer les faits que j'avais à faire connaître d'une manière non équivoque ; je ne demande cette faveur qu'à ceux qui, doués d'ailleurs de lumières et de bonne volonté , ne seraient pas encore assez exercés dans la langue de la science , toujours un peu embarassante dans le commencement ; mais qui abrège bien des longueurs, et sert à fonder l'étude et l'observation sur des bases directes et solides.

Quant aux savants de profession, qui pourront, au contraire, me reprocher d'avoir été un peu trop sobre sur les mots nouveaux qui nous arrivent par cohortes, j'ai une autre faveur à leur demander, c'est celle de ne faire grace à aucune de mes opinions, si les leurs sont beaucoup mieux établies ; ils trouveront en moi un écolier docile et reconnaissant, toutes les fois qu'en combattant mes erreurs, ils m'ouvriront le chemin de la vérité.

Je pourrais à présent, en suivant la même marche que j'ai adoptée pour les coquilles, m'occuper de l'examen comparatif , de cette suite si nombreuse de madrépores de tant d'espèces, qui accompagnent si souvent les coquilles fossiles , et qui forment quelquefois des montagnes entières, ainsi autour des îles de la mer du sud, et dans l'immense contour de la Nouvelle Hollande, l'on voit à présent des polypes du même genre, construire sans interruption des remparts de madrépores et de coraux, qui se prolongent à de grandes distances sous les eaux, et nous montrent par-là la marche semblable de la nature, lorsque les continents que nous habitons, servaient de lit et de bassin à l'antique Océan.

Les rapports entre ces productions vivantes, ouvrages de tant d'espèces de polypes, et les productions mortes de plusieurs de nos montagnes changées en marbres, et où tant de madrépores reconnaissables se trouvent enchaînés par les liens de la pétrification, sont constants. Les polypes fossiles, que l'on voit dans des sables à de grandes distances des mers, et qui n'ont perdu ni leurs rayons, ni leurs cellules, ni leurs réseaux, ni la richesse et la variété de leurs formes, nous offrent les mêmes rapports, les mêmes rapprochements analogiques que les coquilles; j'ai donc lieu de croire, d'après le travail que j'ai fait pour mon instruction particulière, que nous trouverions, malgré que l'état actuel de nos connaissances et de nos recherches soit encore si peu avancé, beaucoup plus de madrépores fossiles, dont les analogues vivent à présent dans les mers lointaines, que nous n'avons reconnu de coquilles.

Mais, comme je craindrais que des détails pareils ne fatiguassent trop l'attention du lecteur, et qu'il

*Tome I*er   7

comprendra très-bien que s'il existe, ainsi qu'on ne peut en douter, des analogues parmi les coquilles, il ne saurait y avoir de raisons valables pour qu'il ne s'en trouve pas parmi les polypiers, je m'arrêterai ici, et je me contenterai de donner un seul exemple d'un madrépore pétrifié très-remarquable, dont l'analogue est connu, afin qu'on ne m'accuse pas d'avoir trop négligé cette partie. Voyez la figure I, planche IV.

EXPLICATION

DE LA PLANCHE IV.

Madrépore pétrifié, dont l'analogue existe.

Ce madréporite, figuré de grandeur naturelle, est d'une parfaite conservation, quoique changé en pierre calcaire grise, dure, et susceptible de recevoir le poli. Cet exemplaire a été trouvé en Bourgogne, où il en existe de la même espèce sur les collines calcaires qui sont entre Dijon et Nuits.

La même espèce se trouve en plus grande abondance encore, dans les carrières des environs de l'ancienne abbaye de bénédictins de Molesme, près de Rissey, du côté de Bar-sur-Aube, ainsi que dans les champs voisins où l'on en voit quelques beaux échantillons isolés; mais la matière en est moins dure que dans le madréporé de Bourgogne.

Cette espèce se rapporte parfaitement au *madrepora favosa* d'Ellis et de Solander. Voyez ce bel ouvrage, tab. 50. fig. 1.

APPENDIX.

DES ALCYONS.

Les alcyons sont l'ouvrage des polypes. Ils sont composés d'une substance fibreuse, roide, quelquefois un peu cornée : leur forme et leur texture varient en raison des espèces diverses de polypes, qui sont les architectes et les constructeurs de ces habitations singulières.

L'exterieur des alcyons est recouvert et enduit d'une espèce de chair plus ou moins épaisse, si l'on peut appeler ainsi une substance coriacée, percée de trous, plus ou moins rapprochés, plus ou moins caractérisés, plus ou moins réguliers, qui servent, comme autant d'issues aux polypes, pour prendre leur nourriture, ou pour se mettre à l'abri des attaques de leurs ennemis.

Lorsque les alcyons sont hors de l'eau, et se trouvent exposés à l'air, ou à l'ardeur des rayons du soleil, ils se dessèchent sans perdre leur forme, et leur substance devient alors assez semblable à celle d'un bois vermoulu très-sec, qui céderait néanmoins a la compression, et conserverait encore un peu d'élasticité.

C'est sur des coquilles, des madrépores, ou sur

des coraux que se fixent ordinairement les alcyons. On les trouve quelquefois à plusieurs lieues en mer, et les pêcheurs en enlèvent souvent avec leurs filets ; c'est dans les pêches qui se font par les gros temps, à l'aide de tartanes et autres bâtiments de pêche de forts échantillons qu'un zoologiste zélé devrait aller étudier les alcyons, et plusieurs espèces de molusques, qui sont ensuite rejetés à la mer comme objets inutiles et embarrassants pour les pêcheurs, qui nous fourniraient certainement des découvertes très-importantes pour l'histoire naturelle des productions marines.

Nous pouvons dire, avec vérité, que nos recherches, en ce genre, ne se sont encore portées jusqu'à présent que sur les rivages, car les navigateurs, que l'histoire naturelle intéressait un peu, (et ils n'ont jamais été en grand nombre,) se sont plutôt attachés à des coquilles variées de forme et belles de couleurs, qu'à des productions marines moins éclatantes, mais qui auraient pu répandre un grand jour sur une multitude de corps organisés fossiles, dont on regarde les espèces comme perdues. Je dois faire ici une exception juste et honorable en faveur de Bougainville, ce hardi et savant navigateur qui a enrichi l'histoire naturelle de très beaux faits. Les seules *terébratules*, qu'il a reconnues et recueillies dans le détroit de Magellan, et dont on ne connaissait encore que deux espèces dans la Méditerranée, démontrent que rien ne lui échappait.

D'après cela il est probable qu'on en trouvera d'autres espèces dans différentes mers ; alors nous ne regarderons plus, comme des espèces perdues, le grand nombre et la diversité de celles que nous trouvons, pour ainsi dire, en famille et dans l'état fossile au milieu des bancs calcaires les plus anciens. Forster, qui accompagnait le capitaine Coock, a rendu aussi des services à la science, et nous avons lieu d'attendre du capitaine Baudin d'abondantes récoltes de faits nouveaux relativement aux productions de la mer, non-seulement parce qu'avant son départ il a très bien senti que cette partie avait été négligée, mais il a avec lui des naturalistes pleins de zèle, tels que le zoologiste Maugé, qui doivent s'occupper essentiellement de cette partie.

Les alcyons pétrifiés sont très-nombreux dans certains pays, où l'on en trouve de plusieurs espèces ; le plus grand nombre est changé en silex ; l'on en voit aussi dans la pierre calcaire : mais, je ne sache pas que jamais il en ait existé dans l'état purement fossile, comme les madrépores et les coquilles de Grignon. La très-grande porosité de ces espèces de polypiers, l'état de friabilité, que la dessication opère sur eux, en est probablement la cause ; tandis que la matière siliceuse, ou la terre calcaire, en s'introduisant dans les pores dont ces corps sont, pour ainsi dire, criblés, leur ont donné de la consistance, et la solidité requise pour conserver les formes diverses qui en caractérisent les espèces.

Ces espèces sont très-nombreuses et très-variées
dans la Touraine, ainsi que dans la Normandie
du côté de St.-Himer, de Bayeux, et ailleurs.
Guettard en a figuré plusieurs dans le tom. 3 de
ses mémoires ; voyez aussi Davila, tom. 3, pag. 58.
J'ai cru devoir faire mention de ces polypiers,
parce qu'on en reconnaît incontestablement un qui
a son analogue, ce qui doit nous faire présumer
que les autres espèces existent peut-être dans les
fonds encore inconnus de quelques mers.

Celui dont je veux parler est *l'alcyonium ficus*
Linn. sp. 10; Olivi *zoologia adriatica*, pag. 240 :
voici ce qu'en dit cet excellent observateur.» Abita,
» verso l'extremità australe della *fossa*, ov'essa
» termina dirimpetto al porto di volana in 120 piedi
» di profondita, a 30 e più miglia di distanza dal
» lido : ivi abbonda talmente, che i pescatori ne
» riempiono le reti : negli altri siti eraro ordina-
» rimente sta attaccato quasi con un peduncolo
» della stessa sostanza al *turbo terebra*, Linn.»

L'on voit que les polypiers existent en famille
dans ce fond de mer particulier, éloignés de plus
de trente milles de la terre, et à une profondeur
de cent vingt pieds ; mon confrère et mon ami
Desfontaines, professeur de botanique au Muséum national d'histoire naturelle, a trouvé il y a
dix-sept ans ce même alcyon dans la mer de Tunis,
où les pêcheurs l'amènent souvent dans leurs filets. Il m'en a donné un exemplaire attaché à une
branche de corail d'un beau rouge.

En comparant cet alcyon avec la pétrification appelée *ficoïde*, l'on voit que c'est absolument le même, c'est-à-dire, celui qui ressemble à une figue, et qui n'a pas un trop long pédicule. J'en ai fait scier et polir plusieurs qui étaient à l'état siliceux, et ils m'ont tous présenté la même forme et la même contexture que l'*alcyonium ficus*, naturel de l'Adriatique et de la mer de Tunis.

CHAPITRE IV.

Des Poissons fossiles.

LES poissons fossiles sont infiniment plus rares que les coquilles et les autres productions de la mer.

Leur délicatesse , la facilité extrême qu'ils ont à se décomposer , et à entrer promptement en pu-tréfaction après leur mort ; l'espèce de guerre ouverte qu'ils se font pendant leur vie , et où les plus forts dévorent les plus faibles ; les grands cétacés qui habitent le même élément , et qui absorbent et engloutissent des milliers de ces poissons , pour ainsi dire , à chaque instant , sont autant de causes qui ont concouru à diminuer le nombre des poissons fossiles.

Il en reste cependant assez sur divers points de nos continents , et même sur des parties de montagnes élevées , pour que leur existence , d'accord avec celle des coquilles fossiles , ne permette pas aux hommes les plus incrédules de révoquer en doute le long séjour des eaux de la mer sur la partie sèche du globe que l'homme habite actuellement.

Rien ne serait aussi propre aux progrès de la géologie qu'un tableau exact , et fait avec soin , des lieux divers où l'on trouve des *ictyolites.* Ce

travail difficile manque absolument à la science ;
c'est après en avoir senti l'indispensable besoin ,
que j'ai fait mes efforts pour réunir, dans un même
tableau , tout ce que j'ai pu me procurer de plus
exact à ce sujet , d'après mes voyages et mes
propres recherches, ainsi que d'après celles de
plusieurs naturalistes de mes amis , et d'après
l'examen des plus belles collections en ce genre.
Mais la marche que la nature semble avoir
adoptée dans cette réunion, en quelque sorte disparate, de corps organisés qui ont peuplé autrefois
l'antique Océan, et qui se trouvent, dans quelques
circonstances, confondus avec des poissons d'eau
douce et des plantes terrestres, deviendrait à jamais inexplicable , si l'on ne s'attachait préalablement à saisir, avec scrupule, tous les caractères
qui peuvent nous mettre sur la voie de reconnaître
et de suivre, jusqu'à un certain degré, les différents
modes employés par la nature ; tantôt dans des circonstances qui retracent à nos yeux des périodes
de calme, tantôt dans celles qui portent l'empreinte
du bouleversement et des catastrophes.
Il est donc important, pour dévoiler en quelque
sorte ces mystérieuses opérations de la nature,
de s'attacher à toutes les circonstances locales et
positives qui peuvent répandre quelques lumières
sur cet objet.
Ainsi, la position tranquille ou tourmentée des
poissons qui ont péri à la suite de quelques évènements , les empreintes qu'ils ont formées ou le

squelette entier de leur corps qui s'est conservé,
les êtres divers de la famille des insectes ou des
vers, ou des plantes qui les accompagnent, la disposition et la qualité des matières qui les renferment,
l'élévation à laquelle ils se trouvent au-dessus du
niveau des mers actuelles les plus voisines, les
couches variées qui les recouvrent, leur nombre,
leur épaisseur, etc., sont autant de témoignages
particuliers et instructifs, dont un naturaliste habile
peut tirer parti, soit dans ses recherches, soit dans
ses méditations.

Ainsi, par exemple, les poissons de *Vestena-
nova*, plus particulièrement connus sous le nom
de poissons de Bolca, ceux d'Aix en Provence, et
d'autres lieux que je pourrai citer, démontrent,
par leur position et la situation tranquille et horizontale de leur corps, qu'un accident les a comme
asphixiés subitement au milieu de leurs habitudes
les plus usuelles.

L'on peut se former une idée de cette vérité,
en observant la position du bel *ezox* qui est déposé dans le Muséum d'histoire naturelle, et fait
suite à la riche et nombreuse collection des poissons
fossiles de Vestena-Nova dans le Véronais ; ce
poisson féroce a été frappé de mort à l'instant
même où il avalait le corps d'un poisson de son
genre, plus faible que lui, et dont on voit une
partie du corps dans le fond de sa gueule, de manière qu'il est impossible de considérer cet effet
comme une circonstance due au hasard.

L'on trouve aussi dans l'estomac de quelques-
uns de ces poissons, d'autres petits individus qui
leur avaient servi de nourriture, et que l'on peut
très-bien distinguer par la position qu'ils occupent
dans ce viscère ; car la rupture des pierres qui
renferment ces poissons, s'opère quelquefois d'une
manière si heureuse, qu'en se partageant régulièrement en deux, elle met souvent à découvert les
parties intérieures du corps de ces poissons ; enfin,
dans d'autres circonstances, l'on voit sur quelques-
unes des pierres fissiles de Vestena-Nova, qui se
détachent en grandes tables, des poissons d'une
belle conservation, qui paraissent suivis par de très-
petits poissons de la même espèce, comme si leur
mère les conduisait ; ceux qui ont été à portée de voir
ces beaux objets d'histoire naturelle, reconnaissent
qu'il n'y a point d'illusion, ni aucune circonstance
due au hasard qui ait pu donner lieu à des phénomènes si remarquables ; l'on sait d'ailleurs que la
conservation de ces poissons est telle, que Fortis a
préféré de leur donner le nom de *momie de poissons, de poissons momifiés*, à tout autre. J'insiste sur cet objet, parce qu'il tend à démontrer
d'une manière évidente, et même convaincante,
que les poissons de Vestena-Nova ont terminé leur
vie d'une manière très - prompte, et pour ainsi
dire instantanée ; tandis que dans d'autres circonstances l'on ne saurait révoquer en doute que les
poissons fossiles n'ayent souffert, et n'ayent été
tourmentés avant leur mort ; la position convul-

sive dans laquelle on les trouve démontre cette
vérité.

§. I⁺ʳ.

Poissons de Vestena-Nova dans le Véronais.

La montagne de Vestena-Nova, connue sous la
dénomination impropre de Mont Bolca, est volcanique et élevée de mille pieds au-dessus de la
carrière calcaire, dans laquelle on trouve tant de
squelettes de poissons.

Cette carrière fut achetée autrefois par le savant
Scipion Maffei, qui la visita très-souvent et y fit
de nombreuses recherches, avec son ami et son
utile compagnon de voyage le célèbre Seguier,
qui y recueillit cette suite admirable de poissons
qui faisaient l'ornement de son cabinet à Nismes,
et qui sert à présent à l'école centrale du département du Gard, Seguier ayant légué honorablement ses riches collections et la maison qui les renfermait ainsi que le jardin attenant où il cultivait
des plantes, à la ville qui l'avait vu naître.

Le comte de Gazzola, de Vérone, naturaliste
zélé, qui n'a pas craint de faire des dépenses considérables, pour acquérir les collections existantes
avant lui à Vérone, et qui les a considérablement
augmentées par les recherches qu'il ne cesse de
faire lui-même, possédait la plus nombreuse et là
plus étonnante réunion d'objets fossiles trouvés
dans la carrière de Vestena Nova. Il se proposait

de la publier, et déjà il avait fait graver avec un
soin extrême un assez grand nombre de poissons
de sa collection, dont trois livraisons avaient paru,
format grand in-folio.

La guerre, qui change la destinée des choses et
des hommes, ayant attiré les armées françaises
dans le Véronais, où l'étendard de la victoire flot-
tait entre leurs mains, les collections de Gazzola
furent non seulement respectées, mais Bonaparte,
se concerta avec ce savant, pour acquérir de gré à
gré ce cabinet unique, un des plus instructifs qui
ait jamais existé. Ainsi la France a, dans ce moment, d'une part, le fruit des longues recherches
de Seguier, dans le cabinet de l'école centrale du
département du Gard; de l'autre, dans le Muséum national d'histoire naturelle, la riche et nombreuse collection du comte de Gazzola, dont les
savants et le public sont à portée de jouir.

La pierre de Vestena-Nova, dans laquelle on
trouve les squelettes, ou pour me servir des expressions du savant géologue Fortis, les momies de tant
de poissons; (car ils y sont en effet avec leurs matières cartilagineuses et leurs arrêtes) est feuilletée,
ou en petites couches plus ou moins épaisses, calcaire, mêlée d'un peu d'argile et de substance
bitumineuse; cette pierre est quelquefois tendre et
comme un peu terreuse; d'autres couches sont
dures et même un peu sonores.

On y trouve des poissons de toute grandeur et
de tout âge, depuis un pouce jusqu'à trois pieds

et demi de longueur, et chose digne de remarque,
ils sont tous étendus à plat dans la direction des
couches et jamais ployés, ce qui démontre qu'ils
ont éprouvé une mort très-prompte, et non
convulsive; le fait est confirmé par une circonstance aussi étonnante qu'inexplicable, celle de plusieurs de ces poissons, dont les uns, tels que certains ezox, poissons voraces, ont été frappés de
mort dans le moment où un de ces poissons avait
déjà avalé la tête de son adversaire; d'autres
paraissent conduire leurs petits; d'autres enfin
ont succombé, ayant dans leur estomac de petits
poissons qu'ils avaient avalés, et qui n'avaient
pas encore été digérés, puisqu'on les retrouve
dans quelques morceaux, assez heureusement
séparés en deux parties pour permettre de voir
l'intérieur de leurs viscères..

On trouve aussi, parmi les poissons fossiles de
Vestena-Nova, plusieurs espèces de crabes entiers
et comprimés, dont le tect est crayeux; des empreintes de fougères, d'algues marines et beaucoup
d'autres plantes qui ont conservé une partie de
leurs fibres. On reconnaît parmi les poissons de
Vestena-Nova;

1°. Une fistulaire du Japon.

2°. Un pégaze des mers de l'Inde et du Brésil.

3°. Trois chétodons de l'Inde.

et selon Lacépède, pag. 54, de son discours préliminaire du tome 2 de l'Histoire Naturelle des
Poissons, plus *de trente espèces de l'Asie*, de

l'Afrique, ou des rivages les plus chauds de l'Amérique. Voici ce que m'écrivait, il y a deux ans,
mon illustre ami Fortis, au sujet des poissons de
Vestena-Nova, dont il a visité plusieurs fois les
carrières.

« Les rapprochements que j'ai pu faire de ces
» poissons avec les figures de ceux d'Ottaïthi, pu-
» bliés par Broussonnet, m'ont mis en état d'être
» convaincu que c'est absolument dans cette mer
» éloignée qu'il faut chercher les descendants ac-
» tuellement vivants, de l'ancienne génération, qui
» s'est *momifiée* dans la carrière de *Vestena-Nova*.
» Comme c'est dans ces mêmes parages qu'on trouve
» les originaux de presque tous les testacés pétrifiés
» des montagnes du Véronais et du Vicentin, les
» squelettes des plantes qu'on y trouve, sont éga-
» lement exotiques, et probablement leurs analo-
» gues se trouveront un jour dans les terres situées
» sur les zones australes. »

§. I I.

Poissons de Schio *dans le Vicentin.*

C'est à cent pas environ de la petite ville de Schio
qu'on trouve de grandes couches calcaires d'une
pierre grisâtre, mêlée d'argile et de sable quartzeux; ces couches renferment de gros noyaux sphé-
roïdes comprimés, qui contiènent des oursins et
autres coquilles marines pétrifiées; on y a trouvé
quelquefois des poissons; on en voit un dans le

cabinet du naturaliste Berettoni, qui a neuf pouces de longueur sur sept pouces de largeur, du genre des *chétodons*. *Bandouillère* de Gouan ; il est placé dans toute sa longueur au milieu d'une de ces boules.

§. III.

Poissons de Monteviale, *à une heure et demie de distance de Vicence.*

Les poissons de ce lieu furent découverts par le célébre Harduino, qui, le premier, donna l'impulsion à l'étude de la géologie dans l'état de Venise ; on les trouve dans un schiste brun-bitumineux argilo-calcaire, attenant à une mine de charbon non exploitée ; de grands amas isolés de madrépores sont au-dessus et au-dessous des couches schisteuses où sont ces poissons. Ceux-ci sont petits et du genre des chétodons. D'anciens volcans sont dans le voisinage.

§. IV.

Poissons de Salzeo *dans le Vicentin.*

Au pied de la partie des Alpes qui s'attache aux montagnes du Tyrol, et à vingt milles au nord de Vicence, est situé le village de *Salzeo*, sur une éminence élevée de cent toises au-dessus d'une plaine, dont le sol et les materiaux qui le composent

Tome I.er 8

sont volçaniques. Cette éminence entourée, pour
ainsi dire de toutes parts, des produits du feu, est
intacte, et les parties qui sont à découvert offrent,
vers le haut, des dépôts d'un schiste feuilleté,
bleuâtre, dur, de la nature des ardoises, dont les
feuillets pleins d'impressions parfaitement conservées d'algues marines, de polypodes et de bois comprimés, sont presque convertis en charbon fossile.

A ces couches de schistes fissiles succède une couche de huit pieds d'épaisseur environ d'un schiste
noir, pyriteux, fragile, se détachant par feuillets,
et très-semblable à celui qui adhère à certaines
mines de charbon. C'est dans cette couche schisteuse qu'on trouve des poissons semblables à ceux
de *Monteviale*, dont les plus grands n'ont que
trois pouces de longueur.

§. V.

Poissons de Tolmezzo, *bourgade du Frioul.*

Les poissons qu'on trouve près de Tolmezzo,
sont petits et dans une pierre fissile semblable a
celle de *Vestena-Nova*, ṣ. I. Les volcans éteints
ne sont pas éloignés de là.

§. V I.

Poissons de Cérigo *dans l'Archipel, ancienne*
île de Cythère.

Ces poissons sont dans une gangue analogue à

celle de *Vestena-Nova* et de Tolmezzo ; ils sont
petits et furent découverts par le père *Vico*, naturaliste vénitien , qui en fit une collection intéressante , acquise ensuite par le lord Buth , qui
l'envoya en Angleterre. L'on sait qu'il y a quelques
îles de l'Archipel qui sont volcanisées.

Il est à observer qu'on trouve aussi à Cérigo,
des amas d'ossements semblables à ceux de Gibraltar, et des restes d'éléphants.

§. VII.

Poissons d'*Alessano* , *province d'Otrante*, *à
l'extrémité de la pointe de l'Italie*, *vis-à-vis
de Corfou.*

Ces poissons sont petits , et comme pétris dans
une sorte de vase calcaire très-blanche ; c'est de
la blancheur de cette espèce de pierre crayeuse
que le cap *Leuca* a pris son nom, tiré de celui
de *Leucite*, mot grec qui signifie pierre *blanche*.

§. VIII.

Poissons de l'île de Lesina *dans la Dalmatie.*

On trouve ces poissons dans une pierre calcaire
rougeâtre , feuilletée, dure et sonore; ils sont longs
et minces, et offrent un caractère remarquable ;
car , malgré leur état fossile, on y distingue la

8.

couleur nacrée de leurs écailles. Albert Fortis a fait mention, dans son voyage en Dalmatie, de ces singuliers poissons.

§. IX.

Poissons de Scappezzano *et de* Monte-Alto, *dans le duché d'Urbin.*

C'est dans une argile à demi-pierreuse et un peu calcaire, placée entre des bancs de gypse, qu'on trouve ces poissons, qui sont petits et couchés en long.

§. X.

Poissons du promontoire de Focara, *dans le duché d'Urbin.*

Ces poissons sont de différentes grandeurs, mêlés et confondus sans ordre, et comme pétris avec diverses plantes, dans une argile bleuâtre, durcie. Un fait digne de remarque, c'est que les dépôts dans lesquels on trouve ces poissons, offrent çà et là de véritables laves poreuses, arrondies, et comme roulées, quoique les volcans éteints soient à plus de trente lieues de là. Fortis est le premier qui ait observé ce beau fait.

§. XI.

Poissons de Pietra-Roya, *dans la Campagnie.*

Grands poissons de diverses espèces, étendus à

plat, et formant une sorte de relief dans une
pierre calcaire fissile, extrêmement dure. Les
écailles et les arrêtes de ces poissons sont changées
en matière siliceuse, qui jète des étincelles lorsqu'on la frappe avec l'acier. Cette carrière est
dans le voisinage des volcans.

§. XII.

Poissons fossiles de Stabia, *dans le lieu appelé
la* tour *de* Roland, *à l'ouest de Castellamare.*

Le savant Scipion Breislack a visité et décrit,
avec son attention ordinaire, le lieu où l'on trouve
ces ictyolites, dans son intéressant voyage physique et lythologique dans la Campagnie. Tom. I,
pag. 3o.

» Les poissons fossiles de Stabia, dit Breislack,
» sont dans la pierre calcaire fissile qui se trouve
» au bord de la mer à *la tour Roland*, qui n'est
» point l'antique Stabia, et en est même assez
» éloignée. Cette pierre a la dureté et le grain
» ordinaire de celle de l'Apennin ; ayant fait jouer
» la mine dans cette masse calcaire, je n'ai, dans
» tous les éclats qu'elle produisait, jamais trouvé
» que la seule impression du petit poisson nommé
» a Naples, *sbaraglioni (sparus guarracinus)*,
» et le peu d'échantillons que j'en ai vus, dans
» diverses collections, n'en renferme pas d'une
» autre espèce. »

§. X I I I.

Poissons de Gifon *, dans le royaume de Naples.*

On trouve à Gifon, dans la principauté de Sa-
lerne, des poissons très-bien conservés, étendus
dans une pierre fissile noire qui recouvre une mine
de charbon.

§. X I V.

Poissons du mont Liban.

C'est entre Baruth et Gibel, qu'on trouve dans
une pierre calcaire, un peu argileuse, ordinairement blanche, mais quelquefois brune, des poissons d'espèces différentes et d'un petit volume.

§. X V.

Poissons de Eisleben *, dans le comté de Mansfeld.*

Ces poissons sont dans un schiste argileux, dur,
très-noir, mêlé d'un peu de matière charbonneuse ;
ils sont tantôt à plat, et dans toute leur longueur,
tantôt arqués, quelquefois pyriteux ; les schistes
qui les renferment, recouvrent des mines de
charbon.

§. X V I.

Poissons d'Eichstadt, en Bavière.

Ceux-ci sont dans une pierre calcaire qui se dé-

lite par lames de couleur blanche tirant sur le
jaune; cette pierre est un peu moins dure que
celle d'Oéningen ; les poissons sont en général petits,
bien marqués, et quelquefois entourés de dendrites
ou ramifications ferrugineuses. On y trouve aussi
quelques étoiles de mer.

§. X V I I.

Poissons d'Oéningen, *près du lac de Constance.*

Ces poissons sont dans une carrière, à une heure
de distance du village d'Oéningen.

Voici la disposition des couches, d'après les observations exactes de Saussure.

1°. Petite couche d'un grès quartzeux, gris, tendre, à grain fin. Epaisseur, 1 pouce.

2°. Argile, mêlée de parties calcaires, 4 pouces.

3°. Argile marneuse feuilletée, 2 pieds 2 pouces,
avec quelques linéaments bitumineux.

4°. Schiste calcaire d'un gris jaunâtre, entremêlé de feuillets argileux, un peu bitumineux,
1 pied.

5°. Schiste fissile en feuillets minces en partie
calcaire, et alternant avec des couches d'argile
tendre, friable, 8 pieds.

6°. Pierre calcaire dure, de couleur fauve,
formée en dalles planes, et en couches plus ou
moins épaisses, mais très-minces dans quelques
parties, et dont les divisions sont distinguées par

des linéaments fins , d'une matière brune , qui répand une odeur d'asphalte lorsqu'on la jète sur
des charbons ardents. Epaisseur , 12 pieds.
    C'est là qu'on trouve en divisant ces feuillets ,
1°. Des empreintes de feuilles.
2°. Quelques coquilles.
3°. Des insectes.
4°. Quelques amphibies de petite espèce.
5°. Des poissons.

§. XVIII.

Poissons de Pappenheim.

Ceux-ci ressemblent beaucoup à ceux d'Oéningen , et la pierre est à-peu-près la même.

§. XIX.

Poissons des carrières d'Aix *en Provence.*

A trois quarts de lieue environ de la ville d'Aix ,
et sur la route de Lambesc , on exploite une carrière à plâtre , dans laquelle on peut descendre par
des marches jusqu'à la profondeur de cinquante-
six pieds , du moins à l'époque où je l'ai visitée ;
les fouilles , anciennement faites pour ouvrir cette
carrière , donnèrent lieu à la découverte de beaux
poissons fossiles qu'on y trouve , et qui ont de
grands rapports , par leur conservation et leur

volume, avec ceux de Vestena-Nova, dans le Véronais. Voici la disposition des couches; 1°. une marne schisteuse à feuillets minces, et de plusieurs pieds d'épaisseur, sert de toît à la carrière.

2°. Pierre blanche calcaire tendre, assez compacte, contenant environ un quart d'argile d'un gris foncé.

3°. Couche calcaire assez dure, appelée par les ouvriers *pierre froide*; sa surface est terreuse, à cause de l'argile qui est entrée dans sa composition.

4°. Marne schisteuse, semblable à celle du toît n°. 1, et qui n'en diffère que parce qu'on y trouve quelques cristaux rhomboïdaux de gypse.

5°. A la couche très-épaisse du n°. 4, succède une pierre fissile, mélangée de calcaire, d'argile et d'un peu de bitume; cette pierre, d'un gris blanc plus ou moins jaunâtre, se détache en feuillets de quatre à cinq lignes d'épaisseur, avec de très-belles empreintes de poissons en relief d'un côté, en creux de l'autre; ces poissons sont en général bien conservés lorsqu'on les détache avec soin; il y en a depuis six pouces jusqu'à un pied et demi, et même deux pieds de longueur; ils sont étendus à plat, et paraissent avoir péri sans convulsion.

La pierre gypseuse qu'on exploite est au dessus du banc qui renferme ces poissons. Les volcans éteints de Beaulieu et autres, ne sont qu'à la distance de trois lieues.

§. X X.

Poisson de Grandmont, à quatre lieues de Beaune en Bourgogne.

Ce magnifique poisson, entièrement en relief, et qui fait un des ornements géologiques du Muséum d'histoire naturelle de Paris, fut découvert, il y a environ 3o ans, sur la pente méridionale de la petite montagne de Grandmont, au pied d'une carrière de pierre calcaire grise et dure, et dans un bloc oblong et détaché qu'on brisa.

Ce bloc qui se trouvait dans la partie terreuse de la carrière, c'est-à-dire dans une couche où la pierre était de mauvaise qualité, se détacha, naturellement, par l'effet des pluies ou des gelées; il fut peut-être tiré par la main des ouvriers pour découvrir le bon banc, c'est ce qu'on ignore; mais on sait qu'il embarrassait la route des voitures qui allaient charger des pierres. Voyez pl. VIII.

§. X X I.

Poissons de Montmartre près Paris.

L'on voit, dans le Muséum d'histoire naturelle de Paris, un bloc pesant douze à quinze livres environ, d'une pierre marneuse, d'un gris jaunâtre, s ur laquelle on distingue des empreintes bien ca-

ractérisées de petits poissons, dont la grandeur
moyenne n'excède pas trois pouces de longueur, sur
un pouce de largeur dans la partie du milieu du
corps. J'en ai vu quelques échantillons semblables
dans d'autres cabinets de Paris : ces poissons sont
couchés à plat ; il est difficile d'en déterminer l'espèce avec certitude, parce qu'ils n'ont pas de caractères assez saillants, qui permettent de les placer
dans tel ou tel genre.

La pierre marneuse qui les renferme est au-
dessus des carrières à plâtre ; mais ces poissons
fossiles ne s'y trouvent que rarement et en petite
quantité, leur longueur n'excède jamais trois pouces
et demi à quatre pouces.

§. XXII.

Poissons de Nanterre près Paris.

Les ouvriers qui travaillaient dans une des carrières de Nanterre, trouvèrent, sur la fin du mois
de mai 1800, à une profondeur de dix-sept pieds,
et dans le massif d'un banc de pierres, un poisson
étendu à plat, qui avait dix pouces six lignes de
longueur, depuis le bout du museau jusqu'à l'extrémité de la queue, et trois pouces de largeur
vers le milieu du corps.

Il est nécessaire de donner ici une explication
de ce que les carriers, des environs de Paris,
entendent par le terme d'épaisseur de carrière.

Iis donnent ordinairement à la pierre marneuse, tendre et de mauvaise qualité, le nom de *terre*, et celui de *masse* aux bancs inférieurs formés de pierres dures propres à être taillées.

Or, lorsque les ouvriers de Nanterre m'apportèrent ce poisson, ils eurent l'attention de me dire qu'il avait été trouvé à dix-sept pieds de profondeur, dont sept de *terre* et dix de *masse*; je vérifiai ce fait, il était exact; le massif de pierre dans lequel il est renfermé est compacte, et même sonore lorsqu'on le frappe avec un corps dur.

Cette circonstance est d'autant plus digne de remarque, que les poissons fossiles de *Vestena-Nova* dans le Véronais, ceux des environs d'*Aix*; d'*Oéningen*, de *Pappenheim*, d'*Asfeld*, de *Glaris*, etc., sont dans des couches fissiles, marneuses et un peu bitumineuses, ou dans des schistes feuilletés, argileux, noirs, semblables à ceux qui recouvrent les mines de charbons, où dans de véritables ardoises.

Nous ne connaissions guères, jusqu'à présent, que le beau poisson de Grandmont qui ait été trouvé dans une pierre dure, et dans une carrière à grand banc; encore pourrait-on dire en rigueur, que ce poisson, véritablement pétrifié, est moins dans une véritable couche, que dans une masse sphérique ou plutôt oblongue, qui s'est formée autour de son corps, lorsque la matière pierreuse était en état de vase liquide, et la pierre, quoique dure, est néanmoins un peu argileuse; en un mot, on doit

considérer ce poisson comme ayant servi de noyau
à une géode solide, qui s'est trouvée encastrée dans
les bancs supérieurs un peu argileux de la carrière de Grandmont près Beaune.

Quant au poisson de Nanterre, il est incontestablement dans la partie la plus solide du banc,
dans le centre et le massif d'une pierre entièrement calcaire, formée de grains un peu spathiques,
fortement agglutinés, de manière qu'il en est résulté un tout solide, dur et sonore ; en un mot,
une véritable et bonne pierre de taille, dont on
tire des masses de plus de quatre pieds d'épaisseur,
sur sept à huit de longueur. Telle est la pierre de
Nanterre dans laquelle a été trouvé ce poisson ;
elle n'est pas coquillière comme celle du faubourg
Saint-Marceau ou celle de *Montrouge.* J'insiste sur ces détails, parce qu'ils tendent à démontrer un fait géologique qui ne se rencontre pas
souvent, puisque c'est le premier poisson connu
qu'on ait encore trouvé dans cette carrière.

Quoique ce poisson ait souffert par le coup de
marteau violent qui a partagé en deux la pierre
dans laquelle il était renfermé, et qu'une des
contre-parties ait été brisée, celle qui reste offre
en entier les parties de tout le corps fortement
moulées, sans en excepter la queue ; il y reste outre
cela quelques portions osseuses dans l'état fossile,
particulièrement vers la tête ; deux dents à côté de
la mâchoire supérieure sont parfaitement conservées ; elles sont osseuses, de forme conique, un peu

obtuses, luisantes et comme vernies dans la partie
de l'émail ; elles ont deux lignes de longueur et
une ligne et demie de largeur.

En étudiant avec soin la forme de ce poisson ,
le nombre et la disposition de ses nageoires , sa
queue, et les autres caractères qui peuvent servir
à en déterminer le genre, l'on voit que sa place
la plus naturelle, doit se trouver parmi *les co-
ryphènes* de Lacépède, quatre-vingtième genre de
l'Histoire naturelle des poissons , tom. 3.

Quant à l'espèce, le savant dont je viens de
citer l'ouvrage, et que je me suis empressé de consulter, croit qu'on pourrait considérer le poisson
de Nanterre comme très-voisin du Coryphène *hypurus* (*coryphœna hypurus*) ou du coryphène
doradon (*coryphœna aurata*), ou enfin du coryphène *chrysurus* (*coryphœna chrysurus*), trois
espèces qui se suivent dans le tableau systématique de Lacépède.

Mais, comme le poisson de Nanterre paraît
n'avoir eu qu'un rang de dents, à en juger par ce
qui reste, et que le coryphène *hypurus a plus
d'un rang de dents à chaque machoire*, (Voyez
Lacépède, pag. 178 du tom. 3 ,) tandis que le coryphène *chrysurus n'a qu'un seul rang de dents ,*
(Voy. pag. 186 du même livre,) je préférerais
de le placer à côté de ce dernier ; il est possible
même qu'il soit l'analogue de celui de Nanterre ;
mais, comme dans ces sortes de cas on ne saurait

être trop réservé, je ne me permettrai pas de prononcer affirmativement.

Le coryphène *chrysurus*, qui est un poisson
paré des plus brillantes couleurs, sur un fond doré
mêlé de nuances argentées, fut vu par Commerson, dans les eaux du Grand-Océan équatorial (la
mer du sud) en 1768, vers le seizième degré de
latitude australe, et le dix-septième de longitude,
pendant qu'il accompagnait le célèbre navigateur
Bougainville, dans le voyage autour du monde.
Commerson a décrit systématiquement ce poisson
dans ses manuscrits déposés au Muséum.

J'ai donné la figure du poisson fossile de Nanterre, dans le quatrième cahier des Annales du
Muséum, tome Ier., où l'on peut la consulter. Le
poisson que j'achetai des carriers de Nanterre,
est dans mon cabinet, où les naturalistes, qui
s'occupent des fossiles, ont la facilité de le voir.

§. XXIII.

Poissons fossiles près du hameau Devey-Lou-
Ranc, *à une lieue de* Privas, *département de
l'Ardèche.*

Je découvris, il y a trois ans, à mi-côte de la
montagne escarpée, sur laquelle est bâti le château de *Rochesauve*, et au-dessous de plus de
douze cents pieds de laves de diverses espèces, sur-
montées par de vastes chaussées basaltiques, des

couches fissiles d'une espèce de marne grisâtre,
si fine et si légère, qu'elle surnage au-dessus de
l'eau lorsqu'elle est bien sèche, quoique les morceaux ayent quelquefois plus d'un pouce d'épaisseur.

Ce fut entre les couches les plus minces de cette
terre marneuse légère, qui a de la consistance lorsqu'elle est bien sèche, que je trouvai des feuilles
très-bien conservées, de diverses espèces d'arbres
et de plantes, dont plusieurs sont indigènes et appartiènent au midi de la France, d'autres sont
étrangères à ce climat.

Comme j'ai fait une collection de toutes ces
espèces de feuilles, et que je me propose de publier ce singulier *herbarium subterraneum*, j'ai
dû faire divers voyages et de fréquentes recherches sur les lieux : mais j'avais prié M. Daute-
ville, mon ami, très-bon naturaliste, qui réside
à deux lieues de là, ainsi que M. Dumollard,
propriétaire du château de *Rochesauve*, de visiter
quelquefois ce dépôt de plantes fossiles, sur-tout
après des pluies d'orage, afin d'examiner s'ils ne
reconnaîtraient pas de nouvelles espèces.

Mon invitation et ma recommandation ne furent
pas vaines; car, dans une de leurs recherches, ces
observateurs trouvèrent quelques poissons à côté
des plantes; comme l'empreinte en est parfaitement
conservée, j'en ai fait figurer un dont on peut
compter les rayons, et reconnaître non seulement
le genre, mais même l'espèce, c'est l'*ide*, C. *idus*,

ayant treize rayons à la nageoire de l'anus, la surface du ventre plane, et le dos convexe. Ce qu'il y a de remarquable, c'est que ce poisson est d'eau douce ; et ce qu'il y a de plus singulier encore, c'est que le dépôt de schiste argilo-calcaire, dans lequel il a été trouvé avec des empreintes de feuilles d'arbres, ou plutôt avec des feuilles encore en nature, est recouvert de plus de douze cents pieds de lave et autres productions volcaniques, qui non seulement portent à nud sur cette marne feuilletée, mais se sont fait jour au travers des couches qui la composent. Voyez la planche 7 et l'explication.

EXPLICATION

DE LA PLANCHE V.

Poissons fossiles de Vestena-Nova dans le Véronais.

En faisant graver ici quelques poissons de Vestena-Nova, mon but a été de donner un exemple de leur belle conservation, afin que ceux qui n'ont pas vu la riche et étonnante collection, que possède en ce genre le Muséum national d'histoire naturelle, puissent prendre une idée de l'état de ces poissons fossiles, qui sont en général aussi bien conservés au moins que ceux que je fais figurer ici ; l'on en voit même de plus parfaits et d'un grand volume, car il y en a qui ont plus de trois pieds de longueur.

Le n°. 1 de cette planche, a le plus grand rapport avec le *chaetodon arcuatus*, Linn. édit. de Gmelin.

— Bandoulière à Arc, Bloch. pl. 201 fig. 2.

— *acarauna exigua nigra*, Willughby Ichthyol. append. p. 23. t. 3. fig. 3.

— *pomacanthe arqué* de Lacépède, tom. 4. pag. 521.

L'analogue de ce poisson vit dans les mers du Brésil.

Gazzola qui a décrit cet ictyolite, pag. 31 du premier cahier de son *Ictiolitologia veronense*, le considère comme ayant appartenu au *chaetodon arcuatus*, et n'attribue les légères différences, qu'il y trouve, qu'à l'état de compression qu'il a éprouvé, et qui a pu déranger quelques parties de son corps.

Lacépède croit aussi qu'il est possible que ce soit le
même ; mais dans tous les cas, il est du genre *pomacanthe*, s'il n'est pas en effet le *pomacanthe arqué* de
cet auteur.

Fig. II. Appartient au genre *kurte* de Lacépède ,
genre 5o. tom. 2. pag. 516. On connaît encore très-peu
de poissons de ce genre, car Lacépède n'en a décrit
qu'une seule espèce, le *kurtus indicus* de Linn. , qu'il
a appelé le *kurte Blochien* , *kurtus Blochianus* , en l'honneur de Bloch.

Le kurte fossile de cette figure est un *kurtus velifer* ,
dont l'analogue n'est pas encore connu ; voyez aussi
Gazzola , pag. 27.

EXPLICATION

DE LA PLANCHE VI.

Poisson fossile du genre des Balistes, et qui a conservé toutes ses dents.

———

Ce beau poisson fossile de Vestena-Nova, qui n'a été figuré nulle part, a un pied neuf pouces de longueur, depuis le bout de la tête jusqu'à celui de la queue, et dix pouces neuf lignes dans sa plus grande largeur; on doit le considérer comme ayant appartenu au genre des *balistes.* Lacépède, genre 6. tom. 1. pag. 332. Il a encore la plus grande partie de ses dents, qui sont bien conservées; on en compte seize que j'ai fait figurer de grandeur naturelle : quelques-unes sont oblongues, d'autres coniques, mais plus des deux tiers ont la forme de perles en poire; toutes ont encore une partie du brillant de leur émail; leur couleur a le ton fauve des poissons fossiles de Vestena-Nova, le même que celui qu'ont ordinairement les os fossiles de Montmartre près de Paris.

« Le corps des balistes, dit Lacépède, est tout cou-
» vert de petits tubercules ou d'écailles très-dures, réunis
» par groupes, distribués par compartiments, plus ou
» moins réguliers, et fortement attachés à un cuir épais:
» ce tégument particulier revêt non seulement le corps
» proprement dit des balistes, mais encore leur tête qui
» paraît le plus souvent peu distincte du corps. » Histoire
naturelle des poissons, tom. premier, pag. 341.

Ces deux caractères conviènent parfaitement à notre poisson; l'on voit encore une partie de ces petites tubercules sur des bandes régulières qu'on y distingue. Sa tête est comme cachée sous un tégument.

« Les téguments qui recouvrent leur ventre, continue » Lacépède, sont susceptibles d'une grande extension, » et l'animal peut, quand il le veut, introduire dans » cette cavité une quantité de gaz assez considérablo » pour y produire un gonflement très-marqué. En ac- » croissant ainsi son volume, par l'admission d'un fluido » plus léger que l'eau, il diminue sa pesanteur spécifiquo » et s'élève au sein des mers. *Ibid.* pag. 346.

C'est ici un double moyen que la nature a donné aux balistes, pour s'élever et nager; car elles ont, outre cela, la vessie ordinaire à air des autres poissons : cette espèce de réservoir secondaire d'air, leur est propre.

Qu'on jète un coup-d'œil sur la gravure qui est très-exacte, et l'on verra que ce poisson, avant d'être frappé de mort, a usé de toutes ses ressources, et que le tégument dont parle Lacépède, et qui se trouve sous le ventre, s'est fortement dilaté, et forme comme une espèce de vessie saillante, qu'on distingue parfaitement; ce qui suppose que ce poisson a été frappé d'une mort prompte, dans l'instant même où il cherchait à se relever. Les poissons fossiles, de Vestena-Nova, offrent cent exemples de la rapidité dü coup qui les a privés de la vie. Les balistes, a l'exception d'une seule espèce qui vit dans la Méditerranée et qui est bien diffférente de la nôtre, n'ont encore été vues que dans les mers Equatoriales, où Commerson en a reconnu un grand nombre, et beaucoup d'espèces.

L'analogue de celle figurée dans cette planche, ne se trouve dans aucune des balistes connues jusqu'à ce jour.

EXPLICATION
DE LA PLANCHE VII.

Poisson des environs de Rochesauve.

Ce poisson, figuré de grandeur naturelle, et tel qu'il
a été trouvé sur un schiste feuilleté marneux, à pâte
extrêmement fine,' où il a laissé une empreinte très-
distincte, est d'une conservation si parfaite, qu'on peut
compter tous les rayons des nageoires.

C'est d'après sa forme, ses autres caractères et le nombre des rayons de la nageoire de l'anus, qu'on doit
le considérer comme un véritable *ide ; idus pinna ani
radiis*, 13. *ventre plano.*

« Treize rayons à la nageoire de l'anus, la surface
» du ventre plane, le dos convexe : » Voyez encyclopédie méthodique, planche 80 des poissons, fig. 335,
et le texte de l'icthyologie, pag. 198.

L'ide est un poisson d'eau douce, qui vit dans plusieurs
rivières de France et ailleurs.

Je répète ici que ce poisson a été trouvé avec des
feuilles d'arbres de diverses espèces, dont plusieurs sont
connues et vivent encore dans les parties méridionales
de la France, quelques-unes sont aquatiques, tandis
que d'autres ont appartenu à de grands arbres, tels qu'à
des érables de Montpellier, à des tilleuls, à des chênes
verts de diverses espèces, à des peupliers, etc. ; mais
plus de vingt espèces sont absolument inconnues, ou
ont le plus grand rapport avec des feuilles d'arbres exotiques.

Ce qu'il y a ici de plus étonnant encore, c'est que cet
amas de végétaux, occupe un espace de plus de deux
lieues, et que le schiste marneux feuilleté qui renferme
ces plantes, est recouvert de plus de douze cents pieds de
laves de diverses espèces dans quelques endroits ; que
ces laves sont tantôt poreuses ou scorifiées, tantôt compactes, colomnaires et basaltiques, tantôt en forme de
brèches, d'autrefois composées de tufas résultants d'éruptions boueuses ou produits par des dépôts provenus
des déjections du feu, soit sous formes de laves terreuses, soit en manière de pluies de cendres, qui paraîs-
sent avoir été remaniées par les eaux.

L'on ne peut pas dire, sur-tout si l'on a vu les lieux,
que les couches fissiles de matières marneuses qui renferment les plantes et les poissons, soient venues se
juxta-poser après coup, contre les escarpements volcaniques qui existent au-dessus de ces dépôts prétendus
secondaires.

J'ai fait voir le contraire à plusieurs savants naturalistes, qui en sont convenus, en leur montrant que
les laves se sont incontestablement fait jour au travers
des couches fissiles marneuses, qu'elles les ont soulevées,
et les ont pénétrées dans plusieurs sens, qu'on en trouve
qui y sont encore adhérentes, et qui ont converti,
quelquefois en véritables charbons, des portions de bois
qui se trouvent à côté de ces feuilles fossiles.

J'insiste d'autant plus sur ce fait, que si une fois il
est généralement admis, après l'avoir fait passer par
toutes les épreuves de la critique et de la discussion,
il tendra à démontrer que ces anciens volcans, qui se
sont manifestés à des époques très-reculées, étaient néanmoins postérieurs, ou tout au plus contemporains de
l'époque et de la cause qui ont réuni tant de végétaux,

dans des terres marneuses, dont les couches feuilletées
sont dues à des eaux qui les ont déposés sur une ligne
de plusieurs lieues. Ce fait est sans doute bien digne
d'un sérieux examen; on pourra consulter l'ouvrage que
je publierai bientôt à ce sujet.

EXPLICATION

DE LA PLANCHE VIII.

Poisson pétrifié de Beaune.

J'ai dit que le poisson trouvé dans une carrière
située dans l'arrondissement de Beaune en Bourgogne,
était renfermé dans une espèce de bloc, de forme oblongue et arrondie tout autour; et qu'un ouvrier, en brisant
cette pierre qui roulait sans cesse dans l'ornière du
chemin, et gênait le passage des voitures, fut fort étonné
d'y trouver un gros poisson au milieu.

J'ai ajouté qu'il me paraissait que ce poisson avait
servi de noyau à cette espèce de géode solide, et que
la matière pierreuse, avant d'acquérir de la consistance,
avait dû pénétrer le corps du poisson et le remplir
dans tous les points, puisque ce poisson est solide et
formé comme si un sculpteur l'avait taillé en relief;
ce qui est fait, sans doute, pour rendre cet ictiolite,
un des plus rares et des plus curieux que la nature ait
offerts encore aux yeux des naturalistes.

Ce qu'il y a de singulier c'est que malgré que le corps
soit relevé en bosse, et ait une saillie de trois pouces
dans sa plus grande épaisseur, néanmoins l'on voit encore
une des nageoires blanche et comme nacrée, c'est-à-
dire qu'on y distingue très-bien cette matière brillante et argentée, qui couvre les écailles et quelques
autres parties de plusieurs espèces de poissons. La même
matière blanche se voit autour de l'œil, dans un des

côtés de la tête qui est en évidence, car l'autre est engagée dans la pierre ; plusieurs des écailles sont très-apparentes, ainsi que la queue entière, qui est revêtue dans plusieurs places de cette matière nacrée, dont la teinte a perdu une partie de son éclat.

La pierre dans laquelle ce poisson était renfermé, a été cassée si heureusement par l'effet du hasard, qu'il est en évidence, sur une face entière, et tel qu'on pouvait le desirer ; un seul morceau de la pierre est parti du côté du dos du poisson, et n'a pas été recueilli ; mais cette fracture a découvert l'épaisseur du poisson, sans lui occasionner la moindre altération.

La contre-partie qui est creuse, et qui avait été fracturée en trois pièces, a été réparée avec beaucoup de soin ; elle offre les empreintes de la tête, du corps, des écailles, des nageoires et de la queue, et quelques portions de la matière animale nacrée, ainsi que de celle qui formait les nageoires : cette matière y est restée attachée. Il paraît que dans l'instant où cet animal s'est trouvé enseveli dans la vase qui l'a enveloppé de toute part, et saturée peut-être de gaz délétère qui l'ont fait périr, il a éprouvé une sorte de mouvement convulsif, qui l'a forcé de se ployer un peu en arc; car c'est la forme qu'il a dans le relief, ce qui est plus sensible encore dans la contre-partie.

CHAPITRE V.

Des Cétacés fossiles.

LES restes des animaux gigantesques de la mer, tels que les baleines, les cachalots et autres grands fabricateurs de la terre calcaire unie à l'acide phosphorique, ont dû laisser leurs dépouilles volumineuses dans le fond des anciennes mers, soit après le terme de leur longue vie, lorsque rien n'en dérangeait le cours naturel, soit lorsque de grands accidents de la nature les ont laissés à sec, ou les ont fait échouer dans des sables ou contre des écueils.

Mais le plus souvent la charpente osseuse de ces animaux, disjointe et séparée après leur mort, par la putréfaction de leurs attaches musculaires, a dû être livrée au balancement journalier des flots, à l'action violente des tempêtes, à la force et à la rapidité des courants; de là, des déplace ments, des divergences, des brisements ou des triturations qui ont réduit en parties terreuses ces grandes masses spongieuses et flottantes de matière osseuse.

Ces diverses causes de destructions, ont sans doute altéré et même dénaturé, plus d'une fois, les traces organiques de ces productions animales,

et elles ont produit des sédiments qui ont dû à la
longue donner naissance à ces grands dépôts devenus solides, qui ont formé quelquefois des collines
entières, (car rien ne se fait en petit dans la
nature) ; ainsi, peut-être, ces couches pierreuses
de l'Estramadure, où l'analyse chimique a reconnu
des produits analogues à ceux des substances osseuses, n'ont eu pour origine qu'une cause semblable; mais il n'est pas temps encore d'entamer
ces grandes questions : bornons-nous pour le présent aux faits.

L'Italie renferme, dans quelques parties de son
territoire, des amas considérables d'ossements de
baleines, tantôt dans des sédiments argileux, tantôt
dans des terres ferrugineuses.

On en a trouvé plusieurs fois, en Angleterre,
en Allemagne, dans la Belgique, à plusieurs lieues
dans les terres, du côté de Dunkerque, dans
l'Alsace, non loin de Strasbourg, dans les Escarpements des vaches noires entre le Havre et Honfleur, dans les environs de Laon et autres lieux
où ces énormes ossements-suspendus à des voûtes,
déposés même dans les temples, étaient regardés,
par l'ignorance ou la superstition, tantôt comme
des os de géants, tantôt comme la dépouille de
monstres énormes qui infestaient la contrée, et
que la puissance miraculeuse d'un saint faisait disparaître.

Comme la plupart de ces ossements ont perdu
une partie de leur forme, et qu'il serait difficile

de les rapporter directement à la même espèce
de cétacé, à laquelle ils ont appartenu, qu'un pareil
travail d'ailleurs deviendrait aussi long qu'aride, je
me contente de faire mention ici d'un de ces ossements d'un gros volume et des mieux caractérisés
qui fut trouvé en 1779, parce qu'on peut reconnaître à quel cétacé il a appartenu, qu'il est dans
une collection publique où les naturalistes pourront
le consulter, et qu'il tient sur-tout à l'histoire
naturelle des environs de Paris.

Os de Cachalot, *trouvé à onze pieds de profondeur, au milieu d'une marne argileuse,
dans la rue Dauphine à Paris.*

L'on trouva à Paris, dans la rue Dauphine,
en 1779, chez un marchand de vin, nommé Pa-
quet, qui faisait fouiller dans sa cave, un os mons-
trueux pour la grosseur, enseveli dans une glaise
jaunâtre sablonneuse très-humide, dont le dépôt
paraissait co-existant avec cet os. Le propriétaire
de cette cave travailla pendant plus de huit jours
à dégager ce corps fossile, et ne put en venir
à bout qu'en employant une massue et des coins
de fer ; il le brisa et en laissa une partie dans
la couche argileuse ; la portion qu'il vint à bout
de tirer, pesait 227 livres, ce qui supposait un
animal énorme ; cet os n'était pas pétrifié, mais
dans l'état fossile et bien conservé ; il était recouvert
de onze pieds, d'une glaise sablonneuse. Le lieu

où il fut trouvé a quatorze pieds d'élévation, sur
le niveau de la Seine , lorsque les eaux sont
au n°. 5 de l'échelle du pont royal.

Le naturaliste Paul de Lamanon en fit faire
un dessin très-exact sous ses yeux , et un modèle
en plâtre , dans les proportions de deux pouces
par pied. Ce modèle fut déposé dans le cabinet
d'histoire naturelle de Ste.-Géneviève à Paris, à
présent celui de l'école centrale du Panthéon.

M. de Lamanon publia ensuite , dans le journal
de physique et d'histoire naturelle , année 1780,
partie II , pag. 593, un mémoire à ce sujet , dans
lequel, après divers rapprochements , il considère
cet os comme ayant appartenu à un cétacé , mais
sans désigner l'espèce.

En voici les dimensions :

Longueur totale.   .   .   . 4 pieds 3 pouces.

Circonférence dans l'en-
droit le plus étroit.   .   .   . 2 p.   9 p.

Si l'os n'était pas cassé dans
cette partie , la circonférence
serait de.   .   .   .   .   .   . 3 p.   2 p.

Circonférence dans l'en-
droit le plus épais.   .   .   . 4 p. $\frac{1}{2}$.

L'extrémité supérieure.   . 2 p.   1 p. de long.

Van-Marum , directeur du Muséum de Teylor
à Harlem, fit l'acquisition de ce beau fossile, qu'on
laissa échapper, je ne sais par quelle fatalité ; car
un monument aussi intéressant pour l'histoire naturelle de la France , et particulièrement pour

celle de l'arrondissement de Paris, ne devait avoir
d'autre place que dans le Muséum public de la
capitale.

J'avais vu avec beaucoup d'intérêt, lorsqu'on
en fit la découverte, cet os de cachalot, car il
appartient à cette espèce de cétacé ; je l'ai observé
de nouveau à Harlem, plusieurs années après avec
le même plaisir, mêlé cependant d'un peu de
jalousie pour ma nation, et je le considère toujours
comme l'ossement d'un grand cachalot.

CHAPITRE VI.

Des Crocodiles fossiles.

Depuis que l'on a étudié, avec plus d'attention, la zoologie, c'est-à-dire depuis que Pérault a démontré, par le fait, que les bases de cette science devaient essentiellement porter sur les caractères invariables qui fixent la détermination des espèces, et qu'on les trouverait principalement, ces caractères, dans la structure anatomique des animaux, cette partie de l'histoire naturelle n'a pas tardé à faire de grands pas, et les découvertes se sont bientôt succédé.

Cette marche qui est excellente, nous permet, le plus souvent, de prononcer avec certitude, que tels ou tels cétacés, que tels ou tels amphibies, que tels ou tels quadrupèdes, trouvés dans l'état fossile, ont des rapports directs et immédiats avec des animaux de la même espèce, qui vivent dans des mers ou des contrées lointaines; de même qu'elle peut nous mettre dans le cas d'affirmer que les restes de quelques-uns des animaux, qu'on trouve ensévelis dans le sein de la terre, diffèrent de ceux que nous connaissons jusqu'à présent, par des formes et des caractères qui ne nous permettent pas de les assimiler avec ce qui existe en ce genre, ou du moins avec ce qui a été découvert jusqu'à ce jour.

C'est de cette manière qu'on peut obtenir des notions distinctes et positives sur des êtres autrefois doués de la vie, et qu'on trouve dispersés et enfouis dans des lieux qui ne les ont probablement pas vus naître. Ainsi, celui qui aime à se livrer aux recherches difficiles, mais grandes, qui tiènent aux révolutions de la terre, doit réunir à l'étude de la minéralogie et de ses dépendances, celle des animaux de la mer, et des principaux quadrupèdes qui vivent sous les diverses latitudes du globe, et connaître non seulement leurs caractères extérieurs, mais tout ce qui appartient à leur anatomie osseuse. Nous verrons plus d'un exemple de cette vérité, particulièrement lorsque nous traiterons des grands quadrupèdes fossiles; ce que j'ai à dire dans ce moment des crocodiles, me fera pardonner cette courte digression dans laquelle j'ai cru qu'il était nécessaire d'entrer avant d'entamer cette matière.

§. I.

Du Crocodile du Nil, ou Crocodile d'Afrique.

Ce crocodile a des caractères très-distincts, et doit former une espèce bien prononcée.

Sa tête est applatie, allongée; le museau est

Tome Ier.   10

gros, oblong, un peu arrondi ; les narines sont
larges, en forme de croissant ; la mâchoire inférieure
est terminée de chaque côté par une ligne droite ; la
supérieure festonnée, et sillonnée ou échancrée
de chaque côté pour recevoir la quatrième dent
d'en bas, dans une ouverture particulière (1) ; la
gueule s'ouvre jusqu'au-delà des oreilles ; la mâchoire inférieure est véritablement la seule mobile.

L'on compte quelquefois trente-six dents attachées à la mâchoire supérieure, et trente à l'inférieure ; cependant l'âge et la grandeur des individus rendent ce nombre sujet à varier.

Un fait des plus remarquables et des plus instructifs, observé pour la première fois en 1681, par les
académiciens de Paris, qui disséquèrent un jeune
crocodile apporté vivant en France, est celui qui
a rapport à la structure des dents. On reconnut,
en tirant quelques-unes des dents de cet amphibie,
que d'autres petites dents se montraient dans le
fond des alvéoles, ou plutôt que la dent était
double, et que la première servait constamment
d'étui à la seconde (2).

____

(1) Les jésuites, envoyés par Louis XIV, dans le
royaume de Siam, distinguèrent très-bien cette ouverture
sur un crocodile de ce pays. Voyez, Mémoires pour servir
à l'histoire naturelle des animaux, tom. 3.

(2) Dissection d'un crocodile dans les mémoires pour
servir à l'histoire naturelle des animaux.

Ce caractère, qui m'a été si utile pour déterminer dans quelle classe il fallait ranger l'animal
inconnu de Maestricht, sur lequel il y avait tant
d'opinions différentes, ne fut considéré, à l'époque
dont je viens de faire mention, que comme une
preuve que les premières dents des crocodiles
tombaient, et que celles qui étaient dessous servaient à les remplacer ; l'on fit de grands raison-
nements à ce sujet, pour interpréter le but de la
nature, et lui supposer des intentions.

Mais tout ce qui fut dit à cet égard portait à faux,
car 1° cette dent intérieure, recouverte de la
première, et qu'on regardait comme mise en réserve pour la remplacer en cas d'accident, est à
peine adhérente à l'alvéole, et s'en détache avec
facilité ; j'ai même observé que, dans certains
individus, cette seconde dent était le plus souvent détachée, et ne formait quelquefois qu'une
espèce de calote non adhérente, et mobile dans
la partie vuide de la dent extérieure.

2°. La position de cette double dent est telle,
que si elle venait à être rompue par un coup ou
par un accident quelconque, sa compagne éprou-
verait nécessairement le même sort.

Les pieds de devant du crocodile du Nil ou
d'Afrique, ont cinq doigts, dont trois seulement,
les intérieurs, sont armés d'ongles formés de
substance cornée.

Ceux de derrière n'ont que quatre doigts, dont
trois, les intérieurs, ont des ongles ; ces quatre

doigts sont reunis par des membranes : le crocodile d'Afrique a donc les deux pieds de derrière
palmés.

La taille des crocodiles du Nil, varie en raison
de l'âge et de la nourriture plus ou moins abondante, qu'ils peuvent se procurer dans les lieux
qu'ils habitent. Il est à croire que la plupart des
voyageurs ont exagéré la grandeur de ces amphibies ; j'ai lieu de penser, d'après les recherches
que j'ai faites, et d'après les renseignements que j'ai
obtenus par des naturalistes attentifs, qu'en fixant
cette grandeur à quatorze ou quinze pieds l'on
était plus près de la vérité qu'en la portant à vingt
et à vingt quatre pieds ; il est possible cependant,
que dans les grands lacs, où ni les hommes, ni
aucun autre obstacle, ne troublerait leur repos,
et où leur nourriture serait très - abondante, ils
pussent arriver à cette taille, mais j'en doute.

C'est en général au bord des grands fleuves,
tels que le Nil, la rivière du Sénégal, le Gange,
la rivière des Amazones, le Mississipi, le Missouri, l'Ohio, et les vastes lacs de la Floride et
de la Géorgie, que ces terribles animaux habitent, et sont en état perpétuel de guerre avec tout
ce qui a vie autour d'eux. (1)

____

(1) Voyez, pour de plus grands détails, Bartram qui
a voyagé dans plusieurs de ces lacs, au milieu des crocodiles, et qui les a bien observés.
Voyage dans le Sud de l'Amérique, par William Bartram, tom. 1. pag. 186 *de la traduction française.*

Mais ces différents fleuves, ces lacs divers ne nourrissent pas tous des crocodiles de la même espèce; car si l'Afrique en a une qui lui est propre, et qui était en vénération et même l'objet d'un culte depuis la plus haute antiquité dans l'Egypte, le Gange en nourrit une seconde espèce bien distincte et bien caractérisée dans ses eaux que les Indiens, plus anciens peut-être encore que les Egyptiens, regardent comme un fleuve sacré, doué de la vertu de purifier tous ceux qui s'y baignent.

L'Amérique pourrait aussi avoir une espèce de crocodile qui lui est propre, le caïman; mais celui-ci est si rapproché de l'espèce d'Afrique, que quelques naturalistes, et je suis du nombre, ne le regardent que comme une simple variété qui tient au climat; cependant, comme Cuvier en a fait une espèce particulière, j'en trace les caractères d'après lui, avant de passer an crocodile du Gange.

§. II.

Le Caïman ou Crocodile d'Amérique.

Ce crocodile a le museau obtus, tandis que le crocodile du Nil *a le museau oblong*. Le caïman a la quatrième dent d'en bas, *dans un creux particulier de la mâchoire supérieure, qui la, reçoit et qui la cache*; celui d'Afrique a la mâchoire supérieure échancrée de chaque côté, pour laisser passer la quatrieme dent d'en bas, dans un creux particulier qui la cache ; le caïman a les pieds de *derrière demi-palmés* ; le crocodile du Nil les a entièrement palmés.

§. III.

Le Crocodile du Gange ou Gavial.

Ce crocodile diffère essentiellement par la forme et par d'autres caractères très-prononcés du crocodile Africain : je ne dois m'attacher, ainsi que je l'ai fait pour ce dernier, qu'aux différences les plus remarquables.

Sa mâchoire est étroite et allongée, elle représente une sorte de bec d'oiseau ; les dents arquées sont très-pointues et égales pour la grandeur, elles varient pour le nombre et la grosseur, en raison de l'âge et de la force de l'animal.

La tête d'un crocodile de cette espèce, du cabinet de Camper, n'a que trente-deux dents en tout.

Celle qui appartient au professeur Brugman, à Leyde, en a cinquante-six à la mâchoire supérieure, en y comprenant trois dents naissantes plus près de la gueule, et cinquante à la mâchoire inférieure; ce qui forme en tout cent six.

Quant à celle du Gavial du Muséum, dont l'individu a douze pieds de longueur, on peut y compter cinquante huit dents à la mâchoire supérieure, et cinquante à l'inférieure ; en tout cent huit.

Edwards est le premier naturaliste qui ait décrit
ce crocodile, dans les transactions philosophiques
de la société royale de Londres, pour l'année
1756, tom. 49, 2ᵉ. part.; mais la figure qu'il en a
donnée est mauvaise ; celle qui a été publiée dans
l'ouvrage de Lacépède, sur les quadrupèdes ovipares, ne rend pas non plus les caractères de ce crocodile ; c'est ce qui m'a décidé à faire figurer, sur une
grande échelle, celui du Muséum, dans l'histoire
naturelle de la montagne de Saint-Pierre de Maes
tricht, où l'on peut en consulter la gravure, ainsi
que celle du squelette de la tête du Gavial, planches 45 et 46 (1). L'on trouve, dans le même
ouvrage, une belle figure du crocodile d'Afrique,
sur une échelle semblable à la première, d'après
un individu du Muséum, qui a douze pieds de
longueur; j'y ai joint la figure d'un squelette d'un
grand crocodile de la même espèce.

Nous connaissons donc deux espèces bien distinctes de crocodiles, dont les caractères, fortement prononcés, ne peuvent laisser subsister ni
doute, ni équivoque; il en existerait une troisième
dans l'état naturel, si les caractères assignés au
caiman d'Amérique, par Cuvier, étaient suffisants

---

(1) Histoire naturelle de la montagne de St Pierre de
Maestricht, in-folio et in-quarto, papier nom de jesus,
avec soixante planches. Paris, Déterville, libraire, rue
du Battoir.

invariables , et qu'on pût en former une espèce distincte. Le temps et des observations subséquentes pourront éclaircir un jour cette question ;
nous la laisserons dans le doute jusqu'alors , du
moins en Géologie ; car, en supposant même qu'il
existât des caïmans dans l'état fossile , *la demi-
palmure* de leurs pieds de derrière , qui , dans
cette circonstance serait nécessairement détruite,
ferait disparaître un des deux caractères établis
par Cuvier, et le second ne serait guère plus stable,
dans ce même état fossile ; mais il est une autre
espèce non équivoque , trouvée dans l'intérieur de
la montagne de Saint-Pierre de Maestricht , qui
diffère de celle d'Afrique et d'Asie, mais qui n'en
est pas moins du genre des crocodiles , quoique
l'analogue n'en soit pas connu.

Celui-ci est d'autant plus intéressant pour les naturalistes , qu'il est possible qu'on découvre quelque
jour l'espèce vivante dans les parties les plus désertes de l'Afrique , si jamais l'on parvient à les
visiter , ou dans l'immense étendue de la Nouvelle Hollande , lorsque les établissements Euro-
péens seront plus nombreux et auront acquis de
grands accroissements dans ce pays lointain , ce
qui permettra de s'avancer dans l'intérieur des
terres et de fouiller plus avant, dans ces contrées,
pour ainsi dire encore vierges Si l'on trouvait
donc un jour dans quelques rivieres ou dans quelques grands lacs, l'analogue de cet animal , l'on
serait enfin dans le cas de croire que la nature

conservatrice de ses ouvrages, n'en détruit pas
si facilement les types.

Cependant, si toutes les recherches faites à ce
sujet se trouvaient vaines, et que l'on eut enfin
la preuve évidente que l'animal de Maestricht
n'existe, ni dans l'Afrique, ni dans l'Asie, ni
dans aucune des parties de l'Amérique, il faudrait
bien se résigner à croire qu'il y a, en effet, des
races entières d'animaux qui ont disparu ; et ce
fait une fois constaté, conduirait à des inductions
propres à ouvrir une route nouvelle à l'histoire
naturelle du globe.

Je ne crois pas que l'on pût raisonnablement considérer le crocodile de Maestricht, comme provenu
du croisement et du mélange de celui d'Afrique
et de celui d'Asie ; cela peut-être pour quelques
quadrupèdes et certains autres animaux, mais le
crocodile de Maestricht a des os maxillaires si forts,
si volumineux, que malgré qu'il soit un peu rapproché de celui du Gange, par ses dents, il en
diffère si fort par la longueur et l'épaisseur des
mâchoires, ainsi que par d'autres caractères, que
j'ai lieu de penser que personne ne fera valoir
une telle objection.

C'est en faveur de la singularité et de' la rareté
du crocodile de Maestricht, que j'en ai fait faire
une excellente figure pour les savants qui n'ont pas
été à portée de voir l'original déposé dans le Muséum de Paris : cette gravure est la réduction du
grand dessin fait par Maréchal, que j'ai publié

dans l'histoire naturelle de la montagne de St.-Pierre de Maestricht.

Il me reste à présent à faire mention des crocodiles fossiles les plus connus : j'ai préféré de ne m'attacher qu'à des faits positifs et incontestables, plutôt que de citer les témoignages de divers auteurs qui écrivaient à l'époque ou l'histoire naturelle était encore dans son enfance ; il se peut que quelques-uns ayent été à portée d'observer quelques crocodiles, si rares dans l'état fossile ; mais en général les figures, qui ont été publiées à cette époque, sont si confuses, qu'il vaut mieux rebâtir, pour ainsi dire, à nouveaux frais, afin de faire disparaître toute équivoque, dans une branche d'histoire naturelle, qui ne saurait reposer que sur des bases certaines. Je fais une seule exception en faveur de *Spener*.

§. I.

Crocodile fossile minéralisé, trouvé dans la Thuringe.

Chrétien - Maximilien Spener nous apprend, dans un mémoire fort bien fait pour le temps ou il fut écrit, qu'en 1706 environ, *le squelette d'un crocodile métallisé et pétrifié*, c'est Spener qui parle, *fut trouvé dans les mines de la Thuringe, parmi plusieurs autres pierres figurées de différents genres ;* on le tira du lieu appelé, par

les mineurs, *Feldschacht*, (galerie des champs),
dans la mine de cuivre *de Rupfersuhl, distante
de trois heures de chemin d'Eisenach, et d'une
heure et demie de Salzungues ; il fut trouvé à
la profondeur de cinquante aunes environs ,
mesure de Leipsick, inhérent à une pierre fissile
et colorée , représentant différents poissons.*

*Quant à la substance de la pierre à laquelle
tenait le crocodile, elle était plus dure et ne se
séparait pas aussi facilement que les autres pierres fissiles... La figure de ce crocodile est rendue,
par cette pierre, avec élégance et fidélité ; et
dans l'os brisé de la jambe, on apperçoit dis-
tinctement que la moëlle a été presque totalement convertie en minéral. En mesurant ce
crocodile , on peut s'assurer de sa grandeur,
qu'on peut estimer à trois pieds du Rhin , en
évaluant ce qui manque d'après les proportions
de ce qui est conservé. Les vertèbres et les autres
parties saillantes s'élèvent d'un demi-doigt au-
dessus de la matière de la pierre.*

Spener répond ensuite, avec sagacité , aux objections que pourraient lui faire ceux qui considére-
raient cet animal fossile plutôt comme un lézard
que comme un crocodile , et après avoir exposé
les divers caractères qui le déterminent à le regarder comme un véritable animal de cette espèce ;
il finit son parallèle avec les lézards , en disant :
*la tête du lézard ordinaire est d'une forme qui
tend du rond à l'ovale. Dans notre squelette au*

contraire, la tête est moins un ovale qu'une py-
ramide ; le nez est déprimé, les yeux élevés et
saillants.

Jamais l'on n'a observé dans notre lézard or-
dinaire, que les apophyses vertébrales fussent
épineuses, comme on le voit dans celles de l'ani-
mal qui est dans la pierre. D'un autre côté,
ceux qui auront examiné avec soin les dents
de nos lézards, savent qu'elles sont minces et
pointues comme des aiguilles, rangées dans un
ordre plus serré et plus court, tandis que dans
le squelette dont il s'agit, elles sont dans un
ordre plus long, plus lâche, et qu'étant plus
larges à leur base, elles se terminent en pyra-
mide: Il résulte de ces comparaisons, si je ne
me trompe, que la figure que j'ai fait repré-
senter n'est pas celle d'un lézard.

L'auteur compare ensuite l'animal fossile avec
les diverses autres espèces de lézards des Indes,
et il finit par cette conclusion judicieuse.

De tout ce qui vient d'être dit, il résulte
évidemment que l'animal fossile n'a aucun rap-
port avec les cinq espèces de lézards qui nous
ont servi d'objets de comparaison. Toutes ses
parties, la tête, les dents, la queue, les apo-
physes épineuses et aiguës des vertèbres, etc.,
répondent exactement aux mêmes parties du
crocodile, ainsi qu'il serait possible de le dé-
montrer plus au long, si les limites qu'on s'est
proposées dans ce mémoire le permettaient ; de là

nous concluons que cet animal est véritablement
un crocodile.

J'ai traduit, presque litéralement, tous ces passages du mémoire latin de Chrétien - Maximilien Spener, inséré dans les *Miscellanea Berolinensia*, année 1710, pag. 99. Sa description, dont je n'ai donné ici que la partie la plus essentielle, est si bien faite, qu'un homme, un peu exercé dans l'anatomie comparée, ne saurait s'empêcher de reconnaître qu'elle convient parfaitement à un crocodile de l'espèce du Gavial, et la figure que ce naturaliste a jointe à son mémoire achève de démontrer cette vérité. Si les naturalistes qui l'ont précédé avaient écrit avec autant de méthode et de clarté, ils auraient rendu sans doute de grands services à la science.

§. I I.

Tête de Crocodile pétrifié, du cabinet d'histoire
naturelle du Landgrave de Hesse-Darmstadt.

Cette tête de crocodile du Gange, a un pied neuf pouces de longueur, sur deux pouces six lignes de largeur vers le milieu du museau; elle est entièrement pétrifiée et changée en marbre gris foncé; c'est dans les carrières de marbre d'Altdorff, qu'elle fut trouvée au milieu de diverses coquilles pétrifiées.

Je vis avec intérêt ce rare fossile, dans un voyage

que je fis en Allemagne. Le directeur du Muséum du Landgrave, M. Schleiermacher, aussi instruit qu'affable, voulut bien me permettre d'en faire prendre un dessin de grandeur naturelle, qui fut exécuté par Montfort avec beaucoup de précision ; je pris moi-même toutes les dimensions de cette tête. Une des choses qui redoubla mon intérêt pour ce rare fossile, fut qu'en examinant avec attention les parties d'un des os maxillaires, où plusieurs dents avaient été brisées, je reconnus sans peine, des restes bien distincts de la double dent dont sont armés les crocodiles, c'est-à-dire d'une seconde dent renfermée dans les autres ; caractère tranchant dans les crocodiles du Nil et du Gange.

Ce crocodile des carrières d'Altdorff, avait appartenu à M. Merck, conseiller de guerre du Landgrave de Hesse-Darmstadt, qui a publié diverses lettres sur les animaux fossiles de l'Allemagne. Ce naturaliste, en faisant l'acquisition du crocodile pétrifié dont il s'agit, l'avait fort bien reconnu, car voici comment il s'exprime, page 25 de sa lettre à Monsieur Forster, professeur d'histoire naturelle à l'université de Wilna, imprimée à Darmstadt, en 1786.

« J'ai trouvé trois fois la dépouille du crocodile » à long bec, parmi les pétrifications de l'Allema- » gne (1), tandis que cet animal n'existe qu'aux

_____

(1) Il est à présumer que dans ce nombre, M. Merck comprenait celui qui est dans le cabinet de Manheim,

» bords du Gange, et à la rivière du Sénégal (1).

» J'en ai la pièce justificative dans mon cabinet,
» dans une tête presqu'entière, que les premiers
» anatomistes du siècle n'ont pas refusé de recon-
» naître pour ce qu'elle est ; j'y ai ajouté le sque-
» lette, dont j'ai la figure dessinée par M. Camper,
» et l'original que je conserve dans l'esprit de vin.
» Les naturalistes, ou plutôt les compilateurs an-
» térieurs, l'ont vû une fois, et la conformation
» de ses dents, qui ont beaucoup d'analogie avec
» celles de l'*orca*, les a induits dans l'erreur de
» le désigner pour une tête de Dauphin, pendant
» que son museau plat et large a de grandes na-
» rines à son bout, quoiqu'en dise Klein et la foule
» de ceux qui l'ont suivi aveuglément.

» Les naturalistes anglais ont péché de l'autre
» côté, en prenant une pétrification d'une tête de
» dauphin pour celle d'un crocodile à long bec,
» quoique le bec pointu de l'animal eût dû leur
» apprendre le contraire au premier coup-d'œil (2).

---

dont je ferai bientôt mention; quant au troisième, je
n'ai jamais pû savoir, en Allemagne, dans quel cabinet
il était.

(1) M. Merck se trompe certainement ici, au sujet du
crocodile du Sénégal, qui diffère entièrement de celui
du Gange, et qui est le même que celui du Nil : nous
n'avons pas, du moins jusqu'à présent, des preuves du
contraire.

(2) Une chose digne de remarque, et qui prouve
combien les hommes, même les plus éclairés, peuvent

On peut consulter les transactions philosophiques
de Londres, tom. 5o, seconde partie, où l'on verra
le mémoire de M. Chapman, lu en 1758, ainsi
que celui de M. Woller sur le même sujet, avec
des figures ; mais l'animal qui s'y trouve représenté, n'ayant point d'apophyses aux vertèbres,
et étant sans bras et sans jambes, ne saurait être
un crocodile, mais un physeter.

———————————————————

être induits quelquefois en erreur, c'est que Camper
envoya à M. Merck, le 4 juillet 1783, trois beaux dessins faits de sa main, de la tête du crocodile du Gange,
accompagnés d'une description latine, très-bien faite. Il
figura, dans le développement des os maxillaires, une
dent de ce crocodile, creuse vers la base, et telle qu'on
la voit hors de l'alvéole ; mais il est probable qu'il n'ap-
perçut pas la seconde dent intérieure, puisqu'il n'en
dit rien, et qu'elle n'est pas indiquée ; il dessina, à
côté de la dent du Gavial, une dent de dauphin, et
fit voir qu'elle était solide jusqu'à la base ; j'ai vu moi-
même ces trois dessins, qui me furent confiés par Monsieur Schleiermacher. La forme de la tête de ce Gavial,
celle des dents, leur parallèle avec celle d'un physeter,
convainquirent avec raison M. Merck, de l'identité du crocodile pétrifié avec le Gavial ; c'est d'après ces faits,
que ce naturaliste reproche justement à M. Chapman,
ainsi qu'à M. Woller, d'avoir confondu un physeter
pétrifié, trouvé dans la dune pierreuse de Whitby en
Yorkshire, avec un crocodile. Ce même Camper, qui
avait si bien instruit M. Merck, prit le véritable crocodile
des carrières de Maestricht pour un physeter inconnu.

§. III.

Tête de Crocodile pétrifiée, du cabinet électoral de Manheim.

Cette tête de crocodile pétrifiée, forme un des objets curieux du superbe cabinet de Manheim, dont la direction est confiée aux soins et au zèle de M. Collini ; elle est de la même espèce et de la même nature que la précédente, et a été tirée comme elle des carrières d'Altdorff.

J'ai vu cette tête fossile, ou plutôt sa partie supérieure, car il n'existe que celle-ci ; j'en ai pris les mesures, et j'en ai fait faire deux dessins de grandeur naturelle, sous deux aspects diffé-rents, grace à la complaisance et à la bonté de M. Collini.

Cette tête a un pied sept pouces de longueur, depuis son extrémité, telle qu'elle est, jusqu'à l'oc-ciput; car il est bon d'observer que la partie du museau ou les narines devaient se trouver, a été détruite par un coup, en tirant le bloc de la car-rière. Si cette partie eût été conservée, les os maxillaires du crocodile auraient au moins deux pouces de plus, ce qui les porterait à un pied neuf pouces, et leur donerait à peu-près la même gran-deur qu'à ceux du crocodile de Darmstadt; cette tête est du même genre de pétrification ; au lieu d'être osseuse, comme celle de Maestricht dont nous

Tome Ier. 11

parlerons bientôt, elle est au contraire comme
un noyau solide moulé dans l'intérieur de la
pierre jusqu'au museau, où l'on voit cependant des
vestiges de matière osseuse, blanchâtres et calcinés;
cette matière recouvre une partie de la mâchoire,
c'est-à-dire le noyau pierreux qui lui sert de
support.

Cette belle pétrification est d'autant plus remar
quable, qu'on peut sortir cette mâchoire du marbre
coquillier dans lequel elle est renfermée, et qu'alors
on voit le creux qu'elle a formé, comme si elle
y eût été moulée.

C'est par la facilité qu'on a de tirer cette mâchoire
de sa niche, qu'on peut l'observer en dessus et en
dessous, ce qui permet de reconnaître que ces os
ont appartenu à la mâchoire supérieure d'un crocodile.

On distingue très-bien aussi vers les parties de
la tête les plus voisines du museau, des restes de
dents qui ont été brisées, et qui sont au nombre
de onze d'un côté, et de cinq de l'autre ; on y
voit la partie osseuse blanche, mais friable, qui
pénètre jusque dans le fond de l'alvéole, et
permet quelquefois de distinguer des traces de la
seconde dent.

C'est donc ici, incontestablement, un crocodile
asiatique, aussi bien caractérisé que celui de Darmstadt, quoique d'une conservation moins parfaite;
mais il a peut-être quelqu'avantage sur le premier,
par la facilité qu'on a de sortir les os maxillaires

de leur étui pierreux, si je puis employer cette expression, et sur-tout par des cornes d'ammon, et une belle camme, qui se trouvent implantés dans la pierre, et confondus avec les restes de ce crocodile.

Ce sont ces corps marins qui engagèrent Monsieur Collini, qui a décrit, avec une scrupuleuse exactitude, cette tête dans les actes de la société électorale de Manheim, à la considérer comme ayant appartenue à un habitant de la mer, sans songer même à l'assimiler à aucune espèce d'animal terrestre ou amphibie, parce qu'il était dans la persuasion que rien de tout ce qui est fossile, en fait d'animaux ou de plantes, ne devait ressembler à ce qui était vivant; cette espèce de préjugé détourna son attention du vrai but, et il ne chercha des objets de comparaison que parmi les animaux de la mer, dans la conviction même, que ces animaux marins ne devaient pas avoir une ressemblance exacte avec les fossiles.

« Car, dit ce savant, soit qu'en considérant la
» conformation de cette tête, on veuille qu'elle
» viène d'un animal marin, mais différent de tous
» ceux qu'on connaît; soit qu'en considérant en
» général la structure de sa partie antérieure, on
» présume qu'elle ait appartenue à un animal de
» l'espèce de la *scie* ou de celle de l'*espadon*; il
» sera toujours vrai que ce *zoolithe* servira encore
» *à prouver que les animaux fossiles diffèrent*
» *en tout ou en partie des animaux qui nous*

» *sont connus* ; car, en supposant que cet animal
» fossile fût de l'espèce de l'espadon ou de la
» scie, l'on voit que son arme diffère des armes
» de ces animaux, puisque dans l'espadon elle n'est
» point garnie de dents, et que dans la scie ses dents
» sont dans une situation horizontale, par consé-
» quent il faudrait admettre dans cette espèce
» une variété qui nous est inconnue ; il paraît
» donc que le véritable original de l'animal au-
» quel appartenait cette tête, n'est pas connu. »
Actes de la société électorale de Manheim, 1784,
tom. 5, part. physiq. pag. 88. Je ne cite ce passage que comme une preuve que les meilleurs
esprits peuvent être induits en erreur, en partant
d'une donnée qu'ils regardent comme certaine,
lorsqu'elle mériterait au moins d'être soumise à
une rigoureuse discussion.

Mais il faut dire, à la louange du savant estimable dont j'osai combattre l'opinion avec tout le
respect dû à ses travaux et à la douceur de son
caractère, qu'il ne fit aucune difficulté d'adopter
la mienne, lorsque je résumai devant lui les caractères analogiques et comparatifs, qui me déter-
minaient à considérer ce rare fossile, comme le
reste d'un crocodile de l'espèce du gavial, ou crocodile d'Asie.

J'ai fait graver le dessin de cette tête, ainsi que
de celle du cabinet de Darmstadt, dans l'ouvrage
que je viens de publier sur la montagne de St.-
Pierre de Maestricht, ou l'on pourra les voir.

§. IV.

Tête fossile d'un crocodile pétrifié de la montagne de Rozzo, sur les confins du Tyrol.

On trouva, du vivant d'Arduini, dans la montagne de Rozzo, vers le district des sept communes, sur la limite du Tyrol, la tête ,d'un animal pétrifié, composée de trois parties séparées, dont deux entières forment les os maxillaires d un crocodile armé d'un grand nombre de dents, dont plusieurs sont à demi-brisées, quoiqu'adhérentes encore aux alvéoles, d'autres sont presqu'entières et dispersées dans la pierre à côté de la mâchoire qui a environ un pied huit pouces de longueur ; la pierre dans laquelle elle est renfermée est marneuse, elle est cependant dure, et composée d'une partie d'argile et de terre calcaire, mêlée en outre de plantes qui sont dans une sorte d'état de desséchement singulier, qui a engagé Fortis à leur donner le nom de *squelettes de plantes*.

Quant à la tête de l'animal, l'on voit incontestablement qu'elle est celle d'un crocodile d'Asie ou gavial ; elle est conservée à *Scio*, dans le cabinet de Berrettoni. Fortis a bien voulu m'en procurer un dessin.

§. V.

Portion de la tête pétrifiée d'un crocodile du cabinet de Besson, à Paris.

On voit parmi quelques corps organisés fossiles, du riche cabinet minéralogique de Besson, la partie supérieure et allongée du museau d'un gavial, changé en pierre calcaire dure, d'un gris foncé, semblable par la couleur et par le grain à celle d'*Altdorff.* Besson fit l'acquisition de ce morceau chez un marchand d'histoire naturelle à Paris, qui ne su pas lui dire d'où il venait ; mais il y a lieu de croire, d'après la ressemblance de cette pétrification avec celles des cabinets de Manheim et de Darmstadt, quelle a été tirée des mêmes carrières, et c'est peut-être le troisième crocodile trouvé à Altdorff, dont Merck a voulu parler. Au reste, celui-ci n'est pas d'une aussi belle conservation que les deux autres ; malgré cela les caractères qui constituent le gavial, y sont très-reconnaissables.

§. VI.

Tête d'un crocodile trouvé près de Honfleur.

Feu l'abbé Bachelet, qui s'était beaucoup occupé des corps marins pétrifiés, qu'on trouve dans les environs du Havre et de Honfleur, et qui avait même publié quelques mémoires intéressants à ce sujet, dans le *Journal de Physique et d'Histoire naturelle* de l'abbé Rozier, possédait des os maxillaires d'un crocodile trouvés dans les escarpements argileux et pyriteux, qui bordent la mer du côté des Vaches-Noires. Ces mâchoires de crocodiles sont elles-mêmes en partie pyritisées et d'une belle conservation ; elles ont passé depuis lors dans le cabinet d'histoire naturelle de l'école centrale de Rouen.

Cuvier, dans l'extrait ou annonce d'un ouvrage sur les espèces de quadrupèdes, dont on a trouvé les ossements dans l'intérieur de la terre, fait mention de ce crocodile ; *c'est une espèce de crocodile, très-voisine de celle appelée gavial ou du Gange, mais cependant facile à en distinguer par des caractères frappants*, pag. 7 *de l'ouvrage cité.*

J'ai examiné cette tête ; son museau allongé, la forme de ses dents, son *facies*, le rapprochent si fort du véritable gavial, que je ne saurais me déterminer à le considérer comme une espèce particulière ; l'influence de l'âge ou de la nourriture, celle du climat peuvent opérer tant de modifications passagères sur certains animaux, qu'on aurait peut-être tort de considérer alors les variétés comme formant des espèces particulières. Le passage à l'état de pétrification, peut aussi occasionner des déplacements, des compressions, des gonflements dans certaines parties, sur tout dans l'état pyriteux qui doivent nous tenir en réserve sur cet objet.

§. VII.

Crocodile fossile de la montagne de St. Pierre de Maestricht.

La tête de ce crocodile, car on ne peut plus révoquer en doute qu'elle n'ait appartenu à un animal de cette famille (1), est un des objets les plus curieux en géologie; elle fut trouvée, en 1780, dans le massif des grandes carrières de la montagne de St.-Pierre de Maestricht, sur une partie de galerie intérieure, qui s'étend à plus de cinq cents pieds en avant dans la montagne, et qui est surmontée de plus de quatre-vingt dix pieds d'épaisseur, de pierres ou de galets qui forment le plateau supérieur.

Cette tête qui a quatre pieds de longueur, n'est point pétrifiée, mais simplement dans un état fossile; les os maxillaires ont la même couleur fauve que ceux qu'on trouve dans les carrières de Mont-

---

(1) Mémoire de Camper fils, adressé à Cuvier, sur les ossements fossiles de Maestricht, dans lequel ce naturaliste se range de mon opinion contre celle de son illustre père, et considère, d'après beaucoup de preuves, la tête en question comme ayant appartenu à un crocodile d'une espèce particulière. *Journal de physique*, 1800.

martre près de Paris ; l'émail des dents, quoique
de la même teinte, conserve encore une partie
de son éclat; la racine, qui est grosse, est plutôt
pierreuse qu'osseuse, et d'une couleur plus pâle;
mais la seconde dent, qui sort de cette racine,
est fauve comme la dent principale.

Les os maxillaires qui composent cette tête,
sont au nombre de quatre ; un de ceux-ci a été
fracturé, et il n'en reste qu'un morceau, où l'on
compte quatre dents bien conservées, avec les
dents secondaires à côté qui montrent leur pointe;
la figure que j'en donne planche VIII *bis*, la
peindra mieux à l'œil que tout ce que je pourrais
en dire dans ce discours.

Cette tête est dans une pierre sablonneuse, tendre
et friable, de couleur un peu jaunâtre, composée
de petits grains de quartz, et de beaucoup de molécules calcaires, provenues de la décomposition des
coquilles et autres corps marins, ainsi que de plusieurs coquilles microscopiques entières, qui ont
échappé à la destruction.

Voilà donc sept crocodiles fossiles, dont on ne
peut contester l'existence.

J'ai eu l'avantage d'examiner moi-même, cinq
des plus remarquables de ces étonnantes dépouilles
d'animaux amphibies.

En les réunissant ici dans un même cadre, avec
l'indication exacte des localités, j'ai eu en vue de
rendre un double service à la Géologie ; le premier,
de tracer l'esquisse d'un tableau que d'autres pour-

ront perfectionner et agrandir à mesure que les
découvertes nous présenteront des objets du même
genre ; le second, de faciliter les moyens de reconnaître les espèces, et d'examiner si elles se sont trouvées mêlées et confondues dans un même lieu, où si
elles occupent constamment des places particulières
qui leurs soient propres ; ce qui pourrait , si ce
dernier fait était invariable, servir à déterminer
la direction des courants ou des forces motrices
qui ont pu occasionner d'aussi grands déplacements.

Je vais appuyer, d'un exemple, ce que j'avance
ici, en le puisant dans la notice même que je viens
de donner, des sept crocodiles fossiles qui on fait
le sujet de ce chapitre.

Le crocodile de Spener , trouvé dans les mines
de la Thuringe.

Les trois crocodiles des cabinets de Darmstadt,
de Manheim, et de Besson, tirés des carrières
d'Altdorff.

Le crocodile de l'abbé Bachelet , découvert dans
les dunes argileuses escarpées qui bordent la mer
du côté d'Honfleur.

Le crocodile de Berrettoni, qui gissait dans une
roche marneuse des montagnes de Rozzo, sur les
limites du Tyrol.

Sont tous de la même espèce , et ont appartenu
au crocodile d'Asie, ou gavial. Ce fait est digne
d'un sérieux examen.

Le crocodile de Maestricht , est d'une espèce
inconnue, mais ses dents égales et pointues, la

disposition de ses os maxillaires , le rapprochent un peu du gavial , dont il diffère cependant; mais il est totalement éloigné du crocodile d'Afrique. Pourquoi n'a-t-on rien découvert encore qui ait appartenu au crocodile du Nil? Cette question sur les espèces et les localités peut-être appliquée à d'autres animaux trouvés dans l'état fossile , elle vaut bien la peine d'être sérieusement discutée.

Mais ce n'est ici qu'un exemple prématuré que je donne , plutôt pour expliquer ma pensée que pour engager les naturalistes à s'occuper théoriquement de cette grande et belle question , qui ne pourra être traitée avec l'attention et la prudence qu'elle comporte, que lorsqu'une plus grande masse de faits , nous fournira des données certaines et suffisantes pour entrer avec plus d'assurance dans une route qui n'a pas encore été frayée.

EXPLICATION

DE LA PLANCHE VIII. (*Bis.*)

Tête du Crocodile fossile, de la montagne de S.-Pierre de Maestricht.

Cette planche représente la tête fossile du Crocodile trouvé en 1780, dans le massif d'une des carrières de la montagne de S.-Pierre, à quatre-vingt-dix pieds de profondeur.

J'ai fait réduire cette gravure à cause du format du livre, à la huitième partie de la grandeur de la tête originale, d'après le beau dessin fait sur une plus grande échelle, par Maréchal , et dont on peut voir la gravure dans l'ouvrage que j'ai publié sur les productions fossiles découvertes dans la montagne de S.-Pierre.

Cette tête est encore adhérente à la pierre dans laquelle elle a été trouvée ; elle est un composé de detritus de coquilles , de madrépores réduits en une espèce de sable jaunâtre, mêlé d'un peu de sable quartzeux; elle est tendre et friable ; on s'en sert néanmoins pour bâtir, on peut la tailler; elle renferme aussi une multitude de coquilles microscopiques, et divers autres corps marins , beaucoup d'oursins , des os et des écussons de tortues.

Les deux corps oblongs et saillants, qui ont été trouvés accidentellement attachés aux os maxillaires , sont deux gros oursins fossiles, l'un vu en dessus, l'autre en dessous, tels que le hasard les a placés sur la pierre. C'est l'*echinus radiatus* de Lesck, commentateur de l'ouvrage de Klein, sur les oursins, planch. 25. *L'echinus radiatus*, de Linn. édit. de Gmelin, syst. nat. pag. 3197, n°. 92. Bruguière l'a fait figurer dans l'*encyclopédie méthodique*, planch. 156, fig. 9 et 10; mais le dessinateur l'ayant mal copié d'après la planche de Klein, la figure est mauvaise. J'en ai publié une très-exacte, d'après un grand individu des environs de Maestricht. *Vid. planch. XXIX, pag.* 168 *de l'histoire naturelle de la montagne de St.-Pierre.* Les auteurs qui ont fait mention de l'oursin fossile, dont il est question, l'ont toujours désigné sous le nom de *spatangus mosae*, parce que la Meuse baigne le pied des collines où on le trouve en grande abondance auprès de la ville de Maestricht.

CHAPITRE VII.

DES TORTUES FOSSILES.

§. I.

PAUL Boccone, dans son livre qui a pour titre *Muséum de physique et d'expérience*, fait mention d'un écusson de tortue pétrifié, trouvé dans l'île de Malthe. (1)

§. II.

Gesner rapporte, dans son *Traité des pétrifications*, qu'on découvrit dans une carrière de grès des environs de Berlin, l'écaille supérieure d'une tortue aquatique. (2)

§. III.

Le même auteur nous apprend qu'on trouva aussi dans une ardoise de Glaris, l'empreinte d'une

---

(1) Paul Boccone, *mus. di fisica et d'expérienza*, pag. 181.

(2) Gesner, *de petrefactis*, etc.; in 8°. pag. 66.

tortue qui fut placée dans le cabinet de Zooller (1).
C'est la même que Knorr a figurée dans son recueil
des monuments et des catastrophes du globe (2).

§. IV.

L'on voyait parmi les pétrifications de la galerie
de Dresde, la portion d'un bouclier de tortue, d'un
pied cinq pouces de longueur, sur cinq pouces de
largeur vers le haut, et quatre vers le bas. Elle fut
trouvée en 1734, dans les fossés de la ville de Leipsick, près de la porte de Halle (3). Mais passons à
des faits plus récents.

§. V.

Tortue des carrières calcaires des environs de la ville d'Aix en Provence.

Lamanon, dans une dissertation insérée dans le
Journal de Physique et d'Histoire naturelle, tom.
XVI, pag. 468, ayant pour titre : *Mémoire sur la
nature et la position des ossements trouvés à
Aix en Provence, dans le cœur d'un rocher*,
reconnut que les corps qu'on avait pris pour des

---

(1) *Id.* pag. 84.

(2) Knorr, recueil des monuments et des catastrophes
du globe, tom. 1. planch. XXXIV.

(3) Tom. 1. pag. 294 des Gemeinutrize abhandlungen
de Jean Tilius.

têtes humaines, et qui en avaient à peu près la
grosseur, en diffèrent entièrement, et n'ont jamais
appartenu à des nautiles, ainsi que le présumait
Guettard, mais à de véritables tortues pétrifiées.
Lamanon fit dessiner et graver une de ces tortues.

« On distingue parfaitement toutes les parties de
» l'écaille, dit Lamanon; toutes les sutures qu'on
» voit en dedans, paraissent le plus souvent au
» dehors; mais il y a un grand nombre de raînures
» très-apparentes à l'extérieur, et qui forment des
» hexagones qui ne pénètrent pas jusqu'à l'inté-
» rieur; il n'y a même que la grande raînure trans-
» versale qui réponde à une suture intérieure.

» M. Delatour-d'Aigue en a une depuis long-
» temps dans son cabinet, et, en naturaliste ins-
» truit, il ne l'a pas regardée comme une tête hu-
» maine; il a même été le premier à lui donner
» sa véritable dénomination. Je fis voir celle que
» je possède à M. Adanson, à son passage à Aix,
» et il me dit tout de suite que ce corps était une
» tortue pétrifiée; il ajouta qu'il ne la croyait pas
» marine. Cette tortue pétrifiée a près de sept
» pouces de hauteur, sur une largeur de six pouces
» à sa base : on ne connaît point de tortue existante
» dont la convexité soit si grande, et elle paraît
» être du nombre de ces animaux dont les ana-
» logues vivants n'existent plus. On peut donc la
» nommer *Chélonites aquensis anomites maxi-*
» *mè arcuata.* On n'a trouvé des pétrifications de

» ce genre dans aucun autre lieu de la France.
» *Journal de physique et d'hist. nat.*, tom. 16,
» *pag.* 468. »

§. VI.

Tortues fossiles des environs de Melsbroeck dans la Belgique.

M. François-Xavier Burtin a fait mention, dans son oryctographie de Bruxelles (1), des tortues qui furent trouvées dans les pierres calcaires des environs de Melsbroeck , près de la ville de Bruxelles ; ce naturaliste fit graver et colorier l'écusson d'une de ces tortues, vu du côté intérieur. Avant que l'ouvrage de M. Burtin eût vu le jour, M. Buc'hoz avait publié, dans sa collection d'objets d'histoire naturelle coloriés , la même tortue, que le naturaliste de Bruxelles lui avait permis de faire dessiner.

Trois des plus belles tortues de Melsbroeck, des mieux conservées, sont dans le Muséum d'histoire naturelle de Paris.

La première , numéro 1 , a quatorze pouces de longueur sur douze pouces de largeur C'est la partie concave de l'écusson qui est en évidence , et qui est plutôt fossile que petrifiée , c'est-à-dire

---

(1) *Oryctographie de Bruxelles , ou description des fossiles , tant naturels qu'accidentels , découverts jusqu'à ce jour dans les environs de cette ville , par François Xavier-Burtin. Bruxelles , 1784, in-fol.-fig.*

dans le même état que les os fossiles de Montmartre, ou ceux de Maestricht; la partie convexe
est noyée dans la pierre qui est calcaire, dure,
grenue, d'un blanc grisâtre, et moulée si parfaitement et si heureusement sur l'écusson de cette tortue, qu'elle en suit la forme et les contours, et
la recouvre d'environ deux pouces et demi de matière pierreuse sur cette face qui est bombée; tandis
que la partie concave est entièrement en évidence,
et laisse voir les côtes et l'organisation intérieure
de la tortue.

Sa contre-partie, qui existe, offre une surface
bombée; elle n'est en quelque sorte que la matière
pierreuse qui s'est moulée dans la partie concave;
mais ce qu'il y a de remarquable, c'est que ce relief bombé a retenu des portions d'attaches musculaires qui tapissaient la partie intérieure de
l'écusson, et qui sont adhérentes à la matière pierreuse qui s'y est moulée; le noyau s'emboite parfaitement dans sa contre-partie.

La seconde, numéro 2, est de la même espèce
que la précédente; elle a douze pouces de longueur, sur onze pouces six lignes de largeur, de
manière que son diamètre se trouve presque égal
à sa longueur. J'attribue cette différence dans le
diamètre, avec la précédente, en ce qu'on ne
compte dans celle-ci que sept côtes de chaque coté,
tandis que l'autre en a huit, ce qui lui donne
nécessairement plus de longueur. Cependant l'on
n'apperçoit aucune fracture qui puisse avoir détaché

les deux côtes; il serait donc possible que la chose
tînt à l'âge de cette tortue. Elle se présente, ainsi
que la première, du côté de sa partie concave.
La troisième, numéro 3, a un pied de longueur,
sur dix pouces quatre lignes de largeur : c'est encore ici la partie concave de l'écusson supérieur qui
est en évidence; on y compte huit côtes de chaque
côté, bien prononcées et d'une belle conservation.
En faisant le résumé du nombre des tortues qui ont
été trouvées dans les carrières de Melsbroeck, à
la découverte desquelles M. Hospies de Bruxelles
a beaucoup contribué, je me suis assuré qu'il en
existe au moins six dans les divers cabinets sui-
vants : trois au Muséum d'histoire naturelle de
Paris; car il ne faut pas compter pour une quatrième celle qui est dans la même collection, et
qui n'est qu'une contre-partie : une qui a été gravée dans l'oryctographie de M. Burtin; une cinquième qui fut envoyée par ce dernier naturaliste à Camper; la sixième qui fut donnée à M. le
prince d'Anhalt, par le docteur Durondeau, mem-
bre de l'académie de Bruxelles, de qui je tiens ce
dernier fait. D'autres personnes m'ont assuré à
Bruxelles, qu'il en existait encore quelques autres
chez des particuliers des environs de cette ville,
dont on n'a su me dire le nom; enfin n'eût-on
trouvé que ces six tortues dans la même carrière,
le fait n'en est pas moins remarquable.
Mais ce qui le rend bien interessant sous un
autre point de vue, c'est que ces tortues qui sont

toutes de la même espèce, appartiènent au *testudo mydas*, Lin. On ne saurait méconnaître leurs caractères : Lacépède qui les a examinées avec un œil exercé, est de mon avis, et il les considère comme ayant leur véritable analogue dans la *tortue franche*, qu'il a figurée et décrite *tom.* 1, *pag.* 54, *fig.* 1 *des quadrupèdes ovipares*, la même que le *testudo marina vulgaris*, ray. *Synopsis quadrupedum*, pag. 254. Cette tortue qui fournit un aliment si salutaire et en même temps si agréable aux navigateurs lorsqu'ils peuvent s'en procurer, habite ordinairement les mers voisines des îles et des continents situés sous la zône torride, tant dans l'ancien que dans le nouveau continent. Voila donc incontestablement un analogue parmi les tortues ; en attendant qu'on en reconnaisse d'autres, ces faits coïncident et se lient avec tout ce que nous avons déjà observé au sujet des coquilles, des madrépores, des poissons, des cétacés et des crocodiles.

§. VII.

Tortues fossiles des carrières de Maestricht.

Les carrières des environs de Maestricht, si riches en productions animales d'espèces diverses, ont recélé dans leur sein non seulement des restes de crocodiles, mais des dépouilles de tortues.

« Je possède, dit Camper, le dos entier d'une » tortue, long de quatre pieds et large de six » pouces, un peu endommagé vers le bord, avec

» un fragment assez grand d'une autre tortue,
» tous les deux extraits de la montagne de Saint-
» Pierre de Maestricht. Je parlerai encore d'un
» autre échantillon d'un pied et demi de long et
» d'environ dix pouces de large, parce qu'il con-
» tient la partie antérieure du *scutum* d'une très-
» grande tortue. Hunter possède dans sa précieuse
» collection, un os semblable, extrait de la même
» montagne, mais qui lui a été envoyé sous un
» autre nom ; je suis convaincu qu'il a appartenu
» à une tortue. » *Transactions philosophiques
de la société royale de Londres*, 1786.

On est étonné, sans doute, en apprenant que
Camper possédait, dans sa collection, le dos entier
d'une tortue fossile, des carrieres de Maestricht,
de quatre pieds de longueur, sur six pouces seulement de largeur ; cette disproportion, entre
la longueur et la largeur, paraît en effet bien
étonnante, et l'on a de la peine à se faire une
idée d'une tortue qui porterait un écusson si
étroit. Cependant un second exemple sert à confirmer le fait avancé par ce célèbre naturaliste,
dont on connaît d'ailleurs la scrupuleuse exactitude ; c'est celui d'une tortue semblable, trouvée
dans les mêmes carrières, et qu'on voyait à Liège,
dans le cabinet de M. Depreston, irlandais, qui
résidait dans cette ville. Cet écusson, beaucoup
mieux conservé encore que celui de la collection
de Camper, est remarquable en ce que la partie
longitudinale, qui couvrait la colonne vertébrale

de la tortue, et formait l'arrête de l'écusson, est composée de onze pièces, jointes les unes aux autres par des sutures dentelées, qui diminuent de largeur à mesure qu'elles se prolongent.

En portant à onze le nombre des pièces du centre de cette grande écaille de tortue, j'y comprends la partie supérieure la plus voisine de la tête de l'animal, celle qui est formée en espèce de hausse-col, et la partie inférieure la plus rapprochée de la queue et qui termine l'écusson. Ces deux parties, de l'une et de l'autre extrémité, qui diffèrent des autres pièces par leurs formes, démontrent que cette grande écaille de tortue est entière, quant à la longueur, qui est de quatre pieds deux pouces.

Pour ce qui est de la largeur, elle n'est, de même que celle qui appartient à Camper, que de six pouces vers le milieu, en y comprenant deux rangées de pièces attachées l'une à droite, l'autre à gauche, par des sutures, à la pièce principale du centre.

L'on pourrait concilier, peut-être, cette singulière disproportion de forme dans ces deux écussons, comme tenant à une espèce particulière et inconnue, qui n'avait qu'une voûte ecailleuse dure, dans toute la longueur de la colonne vertébrale, tandis que le reste du corps était recouvert d'une espèce de cuir, ou d'une enveloppe cornée semblable à-peu-près à celle qu'on voit sur la grande tortue, connue sous le nom de *lyre*.

Les trois tortues fossiles de Maestricht, qui sont

dans le Muséum d'histoire naturelle de Paris, offrent deux autres espèces bien distinctes de celles dont je viens de faire mention. Je les ai fait graver dans l'histoire naturelle de la montagne de Saint Pierre de Maestricht. Voyez planch. XII, pag. 97, planch. XIII, pag. 99, et planch. XIV, pag. 101. Elles diffèrent des tortues ordinaires, par deux espèces d'avant bras, formés de trois pièces, qui se prolongent de côté, comme une manche d'habit, et par une échancrure ovale, vers la partie de la tête; deux de ces tortues du Muséum, sont de la même espèce; la troisième diffère des autres par une double colerette vers le haut; par la disposition et la grandeur des pièces, elle ressemble au premier aspect, à une espèce de cuirasse, et l'illusion est d'autant plus frappante, que la forme des avant bras est plus arrondie, et que le hausse-col est double; elle a deux pieds de longueur, sur un pied onze pouces de large vers l'épaule, et un pied quatre pouces à la partie inférieure.

§. VIII.

Tortue fossile d'une des carrières du grand Charonne, près de Paris.

Cette tortue nouvellement découverte, dans une des carrières à plâtre du grand Charonne, à une demi lieue de Paris, est le premier animal amphibie de ce genre qui ait été trouvé jusqu'à présent dans le département de la Seine.

Elle me fut apportée, le trois du mois de no-

vembre 1802, par Vuarin, qui fait, depuis plusieurs
années, le commerce des productions fossiles des
environs de Paris , et qui parcourt habituellement
les carrières , pour acheter tout ce que les ouvriers
mettent en réserve pour lui. Ce bon homme , en
gagnant ainsi sa vie, rend journellement des services à l'histoire naturelle ; il fixe par-là l'attention
des carriers , sur des objets qui tendent à l'instruction, et dont ils ne faisaient aucun cas auparavant, car ils détruisaient tout. Il a procuré, par ce
moyen, à divers cabinets, des morceaux d'un grand
intérêt, et instructifs pour l'histoire naturelle du département de la Seine.

Vuarin , en me vendant cette tortue , crut faire
valoir beaucoup ce morceau, en me disant qu'il le
regardait comme la partie supérieure du crâne d'un
petit quadrupède ; mais comme il n'a point de pre-
tention a la science, il lui est permis de se tromper,
ce qui lui arrive assez souvent ; cependant Vuarin
est un homme utile qui mérite d'être encouragé.

On ne saurait raisonnablement révoquer en
doute, que ce beau morceau adhérent à la gangue
gypseuse , mêlée d'une portion de calcaire , ne
soit l'écusson d'une véritable tortue, d'une espèce
particulière , qu'on ne peut rapporter à aucun
analogue connu. Il est petit, composé seulement
de six pièces, dont les quatre du milieu qui forment la principale partie de l'écusson , sont parfaitement conservées ; une autre pièce latérale
assez considérable , faite en manière d'aile , est

adhérente par une suture, vers le haut du côté droit ; comme elle est un peu· fracturée par dessus, on voit très-bien l'organisation osseuse particulière aux tortues.

Celle-ci a quatre pouces et demi de large, en la mesurant d'un bout de la partie ailée à l'autre, en supposant cette partie complète. Sa largeur, vers le milieu de l'écusson, est de trois pouces moins deux lignes ; sa longueur totale n'est que de deux pouces. Je l'ai fait figurer de grandeur naturelle, dans le I.er volume des annales du Muséum où l'on pourra la consulter.

Cette tortue n'est pas pétrifiée, mais dans le même état que tous les ossements fossiles, qu'on trouve dans les carrières de Montmartre, de Menil-montant, de Charonne, et autres carrières voisines de Paris ; c'est-à-dire que la couleur fauve est la même, et que les parties osseuses ne sont pas dénaturées, quoiqu'elles ayent perdu une partie de leur dureté.

Résumé général sur les Tortues fossiles.

En fixant nos regards sur les seules tortues trouvées en France, ou dans les départements qui sont à présent réunis à son domaine, nous trouvons que les carrières de Melsbroeck, dans les environs de Bruxelles, ont fourni six tortues.

1°. Celle gravée dans l'oryctographie de Burtin.

2°. Celle que ce naturaliste envoya à Camper.

3°. Une donnée, par le docteur Durondeau, au prince d'Anhalt.

4° Trois déposées au Muséum d'histoire naturelle de Paris ; en tout six, dont on ne peut contester l'existence.

Ces tortues sont toutes de la même espèce, et ont leur analogue dans la *tortue franche* qui vit dans les mers de la zone torride.

La carrière de pierre calcaire, des environs de la ville d'Aix, en a fourni,

A M. de Latour d'Aigue, une.

A Lamanon, deux.

Au cabinet de madame de Boisjourdain, une qui était regardée comme un crâne humain.

Au cabinet de madame de Bandeville, une.

En tout quatre d'une même espèce, nouvelle et inconnue.

Dans les carrières des environs de Maestricht, on en a trouvé huit. Elles existent ;

Dans le cabinet de M. Depreston, une à carène allongée et étroite.

Dans la collection de Camper, une à écusson allongé, semblable à celle de M. Depreston, et deux autres d'une autre espèce.

Dans le cabinet de Hunter, une.

Au Muséum d'histoire naturelle, trois.

L'on compte parmi ces huit tortues, trois espèces bien distinctes et inconnues.

La carrière du grand Charonne, près de Paris, en a fourni une d'une jolie petite espèce, nouvelle et inconnue.

Ainsi, à Melsbroeck, . 6 espèces connues.

A Aix. . . . . . 4 inconnues : espèce nouvelle.

A Maestricht. . . . 8 inconnues : trois espèces nouvelles.

Aux environs de Paris, 1 inconnue : espèce nouvelle.

---

19 tortues, 13 inconnues, 5 espèces nouvelles.

Ce travail sur les tortues fossiles est aride sans doute, et ne peut intéresser que ceux qui cherchent à établir leur connaissance en histoire naturelle, sur des bases fondamentales ; mais déjà l'on peut s'appercevoir que cette marche a un double avantage ; le premier de poser, s'il est possible, et autant que mes faibles lumières peuvent me le permettre, des bases fixes et solides, propres à servir à l'édifice de la géologie, lorsque des hommes plus savants et plus hardis que moi, oseront un jour mettre en œuvre des matériaux que je m'occupe plutôt à tirer des carrières, et a dégrossir, qu'à façonner élégamment ; le second de faire marcher sur la même ligne, les recherches qui peuvent tendre à simplifier les genres, et à faire connaître des espèces fossiles nouvelles, que le zoologiste ne va pas chercher ordinairement dans la nature morte, mais qui sont faites cependant pour venir se ranger à côté des espèces vivantes, et enrichir la série nombreuse des êtres.

CHAPITRE VIII.

Des Quadrupèdes fossiles.

INTRODUCTION.

Les restes des grands quadrupèdes terrestres, qu'on trouve ensévelis à une plus ou moins grande profondeur, paraissent être en si grand nombre, et se trouvent sur des points du globe si différents, qu'il semblerait qu'à une époque quelconque ces énormes animaux, particulièrement les rhinocéros et les éléphants, étaient les dominateurs de la terre.

Il n'est presque point de parties de l'Europe, particulièrement en France, en Angleterre, en Italie, en Allemagne, où le goût de l'histoire naturelle est plus général, et ou l'on est par là même plus attentif sur cet objet, qui n'ayent donné lieu à quelques découvertes en ce genre.

Le midi de l'Amérique a offert aussi des ossements fossiles d'animaux au Chily, et un quadrupède énorme et entier dans les sables du Paraguay.

L'Amérique septentrionale a fait voir sur le bord de plusieurs de ses grands fleuves, tels que l'Ohio,

le Missouri et quelques autres, des amas considérables d'ossements divers appartenant à des quadrupèdes terrestres.

Le nord de l'Asie, plus riche encore dans ces
sortes de fossiles que l'Europe et l'Amérique entières, en renferme une si grande quantité, que
*depuis le Tanaïs jusqu'à l'angle continental le
plus voisin de l'Amérique*, dit Pallas, *il n'y a
presque pas un fleuve dans cet espace immense,
sur-tout dans les plaines, sur les bords ou dans
le lit duquel on n'en ait trouvé, et l'on découvre
encore assez souvent des os d'éléphants et de
plusieurs autres animaux qui ne sont pas du
climat.* (1) Ce célèbre naturaliste ajoute : *remar-
quons que, sous tout climat et à toute latitude,
depuis la zóne des monts qui bornent l'Asie
jusqu'aux bords glacés de l'Océan, toute la
Sibérie est remplie de ces ossements prodigieux ;
le meilleur ivoire est aussi celui qui se trouve
dans les contrées voisines du cercle polaire, et
dans les pays les plus orientaux qui sont beaucoup plus froids que l'Europe, sous la même
latitude ; pays où il n'y a que la superficie du
sol qui dégèle en été.* (2)

_____

(1) Mémoire de Pallas, sur les restes des animaux
exotiques que l'on trouve en différentes parties de l'Asie ;
académie de Pétersbourg, 1772, pag. 576.

(2) *Id.* pag.

L'Afrique a été encore si peu visitée par des minéralogistes, que les faits nous manquent pour cette partie, et qu'il faut les attendre du temps et de quelques circonstances heureuses; mais la zoologie vivante de ces contrées brûlantes, est beaucoup mieux connue, parce que ses tigres, ses panthères, ses lions et ses giraffes, ont été un plus grand objet d'étonnement pour la multitude, et que l'ivoire de ses éléphants, dès les temps même les plus anciens, fut un objet de luxe et de commerce. Cette connaissance des animaux vivants de l'Afrique, nous dédommage en quelque sorte du silence de cette terre inhospitalière, qui semble refuser d'ouvrir son sein à toutes les recherches qui peuvent tendre à éclairer l'homme : la géologie a cependant tiré de l'Afrique quelques objets d'analogie et de comparaison précieux pour elle, puisqu'ils lui servent à reconnaître des parties fossiles d'animaux qu'elle n'aurait jamais sû à quelle espèce rapporter sans cela ; c'est ainsi qu'on a reconnu la différence qui existe entre l'éléphant d'Afrique et celui d'Asie ; il en est de même de quelques autres.

Dans un sujet aussi important et aussi grand que celui qui a rapport aux divers quadrupèdes fossiles, on ne peut et l'on ne doit même jamais asseoir d'opinion sans établir les données les plus certaines, et sur-tout sans avoir fixé préalablement les distinctions essentielles que comportent les espèces de ces animaux.

L'on a un grand champ à parcourir, sans doute,

lorsqu'on veut connaître à fond tout ce que les
voyageurs, ou les naturalistes anciens ont écrit
dans des ouvrages particuliers, ou dans des collections scientifiques, sur la partie technique des
découvertes qui ont eu lieu au sujet des animaux
fossiles, depuis environ cent cinquante ans, abs-
traction faite des idées hypothétiques qui accompagnent ordinairement ces sortes d'ouvrages ; mais,
qu'arrive-t-il ? c'est qu'après avoir fouillé dans cent
volumes au moins, écrits dans plusieurs langues,
l'on voit avec peine, qu'à l'exception de quelques
faits sur lesquels on peut compter, des descriptions vagues, incertaines, fautives, appuyées le
plus souvent sur des rapports fabuleux, jètent beaucoup plus de confusion sur ce sujet qu'elles ne
l'éclairent.

Je ne parle ici, je le répète, que des auteurs
anciens qui ont écrit depuis les années 1500, jusqu'à 1750 environ ; cependant, lorsque ces naturalistes ont publié de bonnes figures, ou qu'ils
citent des parties d'animaux qui existent dans les
anciens cabinets, et qu'on peut avoir la facilité de
vérifier, on leur a, dans ce cas, des obligations,
parce qu'on peut ou réparer les erreurs qu'ils ont
commises, ou rendre justice à leur sagacité.

Mais l'histoire naturelle s'est épurée depuis lors ;
sa marche est devenue régulière, et les secours
que lui ont offerts la zoologie d'une part, l'anatomie
comparée de l'autre, lui ont procuré, dans ce
genre, des ressources qui en font une science

exacte ; aussi les découvertes de Gmelin, de Pallas, de Camper , de Blumenback , de Hunter , de Merck, de Deluc, de Cuvier, de Vidman, et quelques autres, ont pris un autre caractère, et nous sommes comme assurés que la géologie, cette grande et belle partie de l'histoire des révolutions du globe, tirera le plus grand parti de la connaissance des animaux fossiles, et qu'elle fera par là des progrès aussi rapides qu'intéressants.

Comme mon but est de présenter ici, le plus méthodiquement qu'il me sera possible , les notions élémentaires qui doivent nous diriger dans la connaissance de ces grands quadrupèdes , apprenons d'abord à bien distinguer les principales espèces vivantes , par les caractères invariables qui leur sont propres, et qui pourront nous servir de guides dans la comparaison des mêmes espèces d'animaux fossiles, sur lesquels nous porterons ensuite nos regards. J'ai accompagné le texte d'excellentes figures dessinées par Maréchal , peintre du Muséum d'histoire naturelle de Paris , et j'indique toujours les originaux sur lesquels ces dessins ont été faits, afin que chacun puisse avoir la liberté de les vérifier.

Je ne me suis attaché principalement qu'à tout ce qu'il y a de plus saillant, de mieux caractérisé, et de moins équivoque, afin de ne pas rebuter , par des détails trop minutieux, et par conséquent trop ari des, ceux qui commencent à se livrer à cette étude. Je laisse donc à la haute anatomie comparée, les recherches et les rapprochements à faire sur de simples os isolés , détails qui ont bien leur utilité sans doute , mais qui nous écarteraient trop du but qui doit nous diriger dans l'étude élémentaire de la geologie.

Nous allons traiter des rhinocéros.

RHINOCÉROS D'ASIE.

PREMIÈRE ESPÈCE.

Une seule corne, des dents mâchelières, variant par le nombre, depuis vingt-quatre jusqu'à vingt-huit ; des dents incisives à l'extrémité de la mâchoire , le plus souvent au nombre de quatre , et quelquesfois de six dans des individus plus âgés.

Vid. planche 9, fig. 1, représentant le rhinocéros unicorne , dessiné sur l'animal vivant de la ménagerie de Versailles, par Maréchal. Le corps de cet animal préparé , existe dans une des galeries de zoologie du Muséum d'histoire naturelle de Paris.

Vid. planohe 10, fig. 1, pour le squelette de la tête du rhinocéros unicorne, d'après le même individu ci-dessus , dont le squelette entier se voit dans les galeries anatomiques du même Muséum. J'ai eu attention de faire dessiner à côté de cette tête, et sur une plus grande échelle , l'extrémité supérieure et inférieure de la mâchoire, afin qu'on fût mieux à portée de distinguer les dents incisives qui la terminent.

Voici quelques observations essentielles qu'il est bon de faire connaître.

Buffon et Daubanton publièrent, dans le tome onzième de l'édition in-4° de l'histoire naturelle des quadrupèdes, la description d'un rhinocéros asiatique, âgé de onze ans, que l'on montrait à Paris.

Le nombre de ses dents mâchelières était en tout. 24
Celui des incisives. . . . . 4·

En tout, . 28

Le savant Meckel, dans une lettre adressée au grand Haller, lui fit part de ses remarques sur les dents d'un rhinocéros d'Asie qu'on nourrissait dans la ménagerie du roi à Versailles ; il compta avec beaucoup d'attention les dents, et reconnut que cet animal avait en tout vingt-huit dents mâchelières, ci . . . . 28 mâch.
Plus, quatre dents incisives, ci . 4 incisiv.

En tout, . . 32 dents.

Or, celui que Buffon et Daubanton avaient très-bien observé aussi, et qui était de la même espèce, c'est-à-dire unicorne et asiatique, n'avait en tout que 28 dents; il est à présumer que cette différence de quatre dents en moins, tenait à l'âge. En voici, à ce que je crois, la preuve.

Le même rhinocéros, qui avait été observé par Meckel, à une époque où cet animal avait acquis tout son accroissement, mourut plusieurs années après, à Versailles, c'est-à-dire en septembre 1793 ; sa peau fut préparée, telle qu'on la voit dans l'une des galeries de zoologie ; son corps fut disséqué, monté en squelette, et placé dans une des salles d'anatomie comparée du Muséum.

Voici le nombre de ses dents à l'époque de sa mort.

A la mâchoire supérieure, sept dents mâchelières de chaque côté ; total des dents de la mâchoire supérieure, ... 14

Plus, deux dents incisives à l'extrémité, ci 2

A la mâchoire inférieure du côté droit, dents mâchelières six, ci 6

A la même mâchoire, dans la partie gauche sept, ci 7

A l'extrémité de cette partie des os maxillaires, quatre dents incisives, dont deux de chaque côté, ci 4
_____
En tout, . . . 33

Ce rhinocéros avait donc, à cette époque, une dent mâchelière de moins, et ce qu'il y a de singulier deux incisives de plus à la mâchoire inférieure.

Ces faits devaient trouver place ici, parce

13.

qu'ils tendent a démontrer que le nombre des dents
ne saurait jamais établir un caractère spécifique
constant, si on voulait le considérer isolé, puisque
le nombre de ces dents est sujet à varier, du moins
dans plusieurs animaux ; l'on s'exposerait donc à
tomber dans des erreurs, si dans l'examen d'une
tête fossile de rhinocéros, par exemple, on pré-
tendait en former une espèce nouvelle, qu'on
regarderait comme perdue, lorsque le nombre
des dents serait moindre, ou se trouverait plus
considérable, que dans les rhinocéros vivants
qu'on aurait été à portée d'examiner. J'insiste
sur ce sujet, j'y reviendrai même plus d'une fois
lorsque l'occasion s'en présentera.

J'observe qu'il n'y a pas de très-grands inconvénients à multiplier un peu trop les espèces dans nos
méthodes systématiques ou artificielles, relativement aux animaux, mais il y en aurait de très-nuisi-
bles à la recherche de la vérité à laquelle nous devons tous nous attacher, et de très-contraires à
l'avancement de la géologie ; car, en créant ainsi
des espèces qui n'ont jamais existé, l'on ferait long-
temps des efforts pour chercher à en reconnaître
les analogues, ou plutôt pour découvrir l'erreur qui
aurait donné naissance à ces prétendues espèces.

Camper dessina, en 1785, a Londres, la tête
d'un rhinocéros d'Asie du Muséum britannique,
et il confirma les observations de Buffon, de Daubanton et de Méckel, sur les dents incisives qui
caractérisent cet animal unicorne, et qui man-

quent au rhinocéros d'Afrique, qui en outre est
bicorne, ainsi que nous allons le voir; cependant un sentiment de justice m'oblige de dire que
le docteur Parson, auteur d'une histoire naturelle
du rhinocéros, publiée à Londres en 1743, et dans
laquelle il y a de bonnes observations, paraît être
le premier qui a établi la ligne de séparation entre
le rhinocéros unicorne, et celui à deux cornes,
et il a dit affirmativement qu'ils formaient deux
espèces.

RHINOCEROS D'AFRIQUE.

DEUXIÈME ESPÈCE.

*La tête plus allongée que celle du rhinocéros
d'Asie, deux cornes inégales, la plus grande,
plus rapprochée du museau; point de dents
incisives.*

Voyez, pour la figure de la tête de cet animal,
la planche 9, fig. 2, et pour le squelette de la
même tête, dessinée d'après celle des galeries anatomiques du Muséum d'histoire naturelle de Paris,
la planche 10, fig. 2, avec le profil à côté sur
une plus grande échelle, afin de mieux faire sentir
l'absence des dents incisives.

Cette espèce bien caractérisée, est encore sujète
à éprouver des variations dans le nombre des
dents, ainsi que l'espèce d'Asie : nous allons en
donner un exemple.

La tête du rhinocéros d'Afrique, des galeries du Muséum, a dans la mâchoire supérieure entière douze molaires, ci 12

Dans la mâchoire inférieure entière le même nombre de dents, ci. 12

En tout, . . 24

Merck, conseiller de guerre du landgrave de Hesse-Darmstadt, qui s'occupait, avec une sorte de passion, de la recherche des quadrupèdes fossiles, particulièrement de ceux trouvés en Allemagne, et qui cherchait à les comparer avec les animaux du même genre qui vivent à présent, nous apprend dans une des lettres qu'il publia à la suite de ses travaux en ce genre, qu'il avait eu l'occasion d'acheter en Hollande une tête fraîche de rhinocéros d'Afrique ; cet animal, plus avancé en âge probablement que celui du Muséum de Paris, avait dans la totalité de la mâchoire supérieure quatorze dents mâchelières, ci 14

Un nombre égal dans la mâchoire inférieure, ci. 14

En tout, . . . 28

C'est-à-dire quatre de plus que dans la tête que j'ai fait figurer.

Merck a fait graver séparément les deux mâchoires de son rhinocéros bicorne, dans les planches I et II, qui sont à la suite de ses lettres imprimées à Hesse-Darmstadt, en 1782, petit in-4°.

Les anciens ont connu les deux espèces de rhinocéros, l'Asiatique et l'Africain. Pline, et autres
auteurs, ont fait mention de l'unicorne, quoique
sous un autre nom.

Mais le bicorne est figuré sur une petite médaille de Domitien, du muséum des antiques de la
bibliothèque nationale, à Paris.

La riche collection de William Hunter à Londres, offrait une médaille du même empereur,
avec un semblable revers.

La mosaïque du temple de la fortune, à Pales-
trine, dont Kirker, Montfaucon et Barthelemy,
ont donné l'explication, représente un rhinocéros
à deux cornes.

C'est à Camper que l'on doit ces recherches
sur les monuments antiques, qui représentent le
rhinocéros Africain. Il fait mention aussi d'un petit
rhinocéros bicorne, en bronze et antique. J'ai vu
avec intérêt ce bronze dans la galerie du muséum
du Landgrave, à Cassel.

RHINOCÉROS DE SUMATRA.

TROISIÈME ESPÈCE.

*Deux cornes comme le rhinocéros d'Afrique, et
des dents incisives ainsi que celui d'Asie.*

Voyez planche X, fig. 3, et le profil à côté sur
une plus grande échelle.

Ce rhinocéros singulier, qui participe des deux
caractères qui constituent les deux rhinocéros décrits ci-dessus, forme-t-il véritablement une espèce

bien distincte, et douée de la faculté de se perpé-
tuer ainsi de race en race, ou provient-elle de
l'accouplement mixte d'un rhinocéros d'Asie ou
unicorne., avec l'espèce africaine ou bicorne, et
serait-il résulté à la longue de ce croisement fréquemment répété, une race intermédiaire qui eût
constitué celle-ci? c'est ce que j'ignore; car, nous
sommes trop peu avancés dans le secret de la nature, sur les reproductions animales, et sur les
modifications diverses qu'elles sont dans le cas d'é-
prouver, pour pouvoir affirmer encore quelque
chose de positif à ce sujet. Il faudrait être d'ailleurs
sur les lieux, y étudier avec soin et constance ces
grands animaux, et s'assurer si cette espèce est
la même et la seule dans un pays qui est d'une
grande étendue.

C'est M. William Bell, attaché au service de la
compagnie des Indes, qui a publié le premier,
dans les Transactions philosophiques de la société
royale de Londres, 1793, première partie, pag. 5,
la description de ce rhinocéros, dont je vais tracer,
d'après lui, les principaux caractères, en faveur
de ceux qui n'ont pas la facilité de consulter ce
livre, ou qui ne savent pas l'anglais.

L'animal fut tué d'un coup de fusil chargé à
balle, à dix milles environ du fort malborough.

» C'était un mâle, dit M. Bell; sa hauteur jus-
» qu'à l'épaule était de quatre pieds quatre pouces,
» (environ quatre pieds de France,) à-peu-près
» la même au *sacrum*. Il avait, du bout du nez à

» l'extrémité de la queue, huit pieds cinq pouces.
» Il paraissait n'avoir pas acquis encore toute sa
» croissance (1).

» Sa tête *ressemblait beaucoup à celle du rhi-*
» *nocéros* à une corne; les yeux étaient petits, de
» couleur brune ; la *membrana nictitans* épaisse
» et forte ; la peau qui entourait les yeux, ridée ;
» les narines amples ; la lèvre supérieure poin-
» tue et pendante sur l'inférieure.

» Six dents molaires de chaque côté de la mâ-
» choire inférieure, et de la supérieure, devenant
» graduellement plus larges derrière, particuliè-
» rement dans la mâchoire supérieure, deux dents
» sur le devant de chaque mâchoire.

» La langue très-lisse, les oreilles petites,
» pointues, fourrées et bordées d'un poil court
» et noir, *situées comme celles du rhinocéros à*
» *une seule corne.*

» Les cornes noires; *la plus grande* placée
» immédiatement au-dessus du nez, la pointe un
» peu couchée en arrière ; sa longueur, dix pouces
» environ.

» *La petite,* longue de quatre pouces, de forme
» pyramidale un peu applatie, placée au-dessus
» des yeux, ou plutôt un peu plus en avant, et

(1) Le rhinocéros d'Asie, conservé dans les galeries
du Muséum a : longueur, 9 pieds 5 pouces ; hauteur, ⅌
pieds 9 pouces 2 lignes ; épaisseur, 3 pieds 8 pouces
une ligne.

» sur la même ligne que la grande corne. Toutes
» les deux fortement attachées à la peau, sans au-
» cune apparence de jointures, ou de muscles
» pour les mouvoir. ....

» Le corps massif et rond; des épaules, part
» une ligne ou pli, *comme dans le rhinocéros*
» *à une seule corne;* mais ce pli est plus faible-
» ment marqué.

» Les jambes courtes, épaisses, extrêmement
» fortes ; les pieds armés de trois sabots distincts,
» de couleur noirâtre, entourant le pied à moitié ;
» l'un devant, les deux autres de chaque côté ;
» les plantes des pieds, convexes, blanchâtres ;
» l'épiderme pas plus épais que celui du pied
» d'un homme accoutumé à marcher.

» Toute la peau de l'animal est rude, couverte
» d'un poil court, noir et peu épais. La peau n'a
» pas plus d'un tiers de pouce d'épaisseur dans sa
» partie la plus épaisse ; elle n'a sous le ventre
» qu'un quart de pouce au plus. On pourrait fa-
» cilement la couper par tout avec un scalpel ordi-
» naire. L'animal n'avait point cette apparence
» d'armure que l'on observe dans le rhinocéros à
» une seule corne.

» Depuis que j'ai disséqué le mâle, j'ai eu occa-
» sion d'examiner la femelle qui était d'une cou-
» leur plus plombée; elle était plus jeune que le
» mâle, n'avait pas autant de plis ou de rides sur
» la peau, et encore moins que le mâle l'appa-
» rence d'armure. »

EXPLICATION

DE LA PLANCHE IX.

Diverses espèces de Rhinocéros.

Fig. I. Tête du rhinocéros d'Asie, ou unicorne, dessinée
sur l'animal vivant qui était à la ménagerie du roi à
Versailles, par Maréchal; c'est le même rhinocéros
qui, après sa mort, fut disséqué, et dont on voit
le squelette dans les galeries anatomiques du Muséum
d'histoire naturelle de Paris. Sa peau, préparée et
montée avec beaucoup de soin, fut déposée dans la
salle des quadrupèdes du même Muséum.

Fig. II. Tête du rhinocéros d'Afrique, ou bicorne, dessinée par Maréchal, d'après le squelette d'une belle
tête de la même espèce, venue du Cap de Bonne-
Espérance, et qui est dans les galeries anatomiques
du Muséum, et d'après un rhinocéros bicorne moins
grand, mais fort bien préparé, qu'on voit dans une
des salles zoologiques du même établissement.

La tête du rhinocéros, de la même espèce, a été
publiée par Allaman, et dans le voyage au Cap de
Bonne-Espérance, par Sparmann; mais les figures en
sont mal rendues.

Fig. III. Est la tête copiée d'après Pallas, du rhinocéros
fossile, dont le cadavre entier, avec sa peau, ses
poils, ses muscles, ses tendons et sa graisse conservés,

fut déterré dans la Sibérie orientale, au bas d'une colline escarpée, dans le voisinage du fleuve Willioni.

L'on peut voir ce que Pallas a dit de cette étonnante découverte, et de la manière dont elle eut lieu au mois de décembre 1771. J'ai transcrit la relation intéressante qu'il en a faite au paragraphe second des rhinocéros bicornes fossiles, pag. 208.

Les moyens de dessiccation qu'on fut obligé d'employer sur les lieux, en mettant cette tête dans un four, pour la préserver de la putréfaction, en a dénaturé le caractère; mais ce morceau, qui est déposé dans le cabinet impérial d'histoire naturelle de Pétersbourg, présente un si grand fait en géologie, que j'ai cru devoir en consigner ici l'image exacte, d'après celle que Pallas en a publiée dans les mémoires de l'académie de Pétersbourg.

L'on pourra voir, dans la planche XI, fig. 3, le squelette fossile d'une tête analogue, trouvée en Sibérie, que j'ai fait représenter à la suite de ce que j'ai dit sur les rhinocéros fossiles.

EXPLICATION

DE LA PLANCHE X.

Squelettes de diverses têtes de Rhinocéros.

Fig. I. Squelette de la tête du rhinocéros d'Asie, ou
unicorne ; le profil de l'extrémité osseuse de cette tête,
est fait sur une plus grande échelle, et au simple
trait, afin qu'on puisse bien distinguer les dents incisives, tant supérieures qu'inférieures. Cette tête est
figurée d'après celle qui est dans les galeries anatomiques du Muséum d'histoire naturelle de Paris.

Fig. II. Squelette de la tête du rhinocéros d'Afrique ou
bicorne, entièrement dépourvue de dents incisives.
La tête plus allongée et moins relevée vers le haut,
la double corne, l'absence des incisives, sont autant
de caractères qui en forment une espèce, et séparent
ce rhinocéros de l'asiatique. Cette tête est dessinée
par Maréchal, d'après celle qui est au Muséum.

Fig. III. Est le squelette d'une nouvelle espèce de rhinocéros, que M. William-Bell, attaché au service de
la compagnie des Indes, a publié le premier dans les
Transactions philosophiques de Londres, 1795, première partie, et dont on a vu la description, page
200.

J'ai fait copier, d'après la planche qui accompagne
le mémoire de M. Bell, le squelette de cette tête,
de préférence à la tête naturelle de l'animal que

M. Bell a aussi figurée, parce que cette dernière ressemble par l'extérieur au rhinocéros bicorne d'Afrique; tandis que la partie osseuse donne le développement extraordinaire d'un double caractère qui appartient, par les incisives, au rhinocéros asiatique, et par la double corne, ainsi que par la forme de la charpente de sa tête, au rhinocéros africain.

J'ai mis en doute, si ce singulier rhinocéros formait véritablement une espèce particulière, s'il dérivait originairement de l'accouplement de celui d'Asie avec celui d'Afrique; je me permettrai de hasarder encore quelques idées à son sujet, en terminant l'article des rhinocéros fossiles.

DES RHINOCÉROS FOSSILES.

§. I.

Rhinocéros fossiles d'Asie.

Merck nous apprend, dans la troisième lettre de son recueil, adressée au naturaliste Forster, édition de Darmstadt, 1786, qu'on a trouvé dans la seule Allemagne, les dents et les restes de mâchoires de vingt-deux rhinocéros, dont plusieurs d'Asie, et d'autres d'Afrique.

J'ai vu le cabinet de Merck, depuis qu'il a été réuni aux collections du landgrave de Hesse-Darmstadt; j'y ai fait dessiner de grandeur naturelle la partie supérieure d'une belle tête de rhinocéros fossile trouvée non loin du Rhin; cependant cette tête, dont je ferai bientôt mention, a appartenu à un éléphant bicorne; il est vrai que Merck n'était pas possesseur de toutes les dépouilles fossiles de rhinocéros qu'il cite; mais, comme on voit dans sa correspondance qu'il avait souvent recours aux lumières de Camper, lorsqu'il était embarrassé sur quelques points d'anatomie comparée, il est à présumer qu'il n'y a point eu d'erreur de sa part lorsqu'il a avancé que, parmi le grand nombre de restes de rhinocéros trouvés en Allemagne, il y en avait de l'espèce unicorne; j'ai fait bien des recherches dans les cabinets d'Allemagne, et j'ai pris

beaucoup de renseignements infructueux pour voir
les os maxillaires de ces rhinocéros asiatiques , et
tous ceux que j'ai été à portée de voir, sont de l'espèce bicorne. Je n'en parle donc ici qu'avec doute.

§. I I.

Rhinocéros fossiles , bicornes.

C'est Pallas lui-même qu'il faut entendre au sujet
du fait le plus étonnant et le plus extraordinaire
qui ait existé , en même-temps qu'il est un des plus
instructifs que l'histoire naturelle ait présentés à l'observateur ; c'est celui d'un rhinocéros bicorne, dont
le cadavre entier, avec sa peau , sa graisse et ses
muscles, fut déterré dans une partie de la Sibérie
orientale, sous'une colline escarpée , couverte de
glace la plus grande partie de l'année , à quinze
brasses du fleuve Willioni. J'ai traduit ce morceau
du mémoire de Pallas, écrit en latin , et imprimé
dans les actes de l'académie de Pétersbourg. Tom.
XVII.

» Il s'agit , dit Pallas, d'une chose qui tient du
» prodige : savoir, d'un rhinocéros entier trouvé
» dans une partie très-froide de la Sibérie orien-
» tale: Cet animal , qui y fut enseveli à une époque
» qu'il n'est pas possible de fixer , s'est conservé
» congelé dans cette terre inhospitalière , avec son
» cuir , et des restes remarquables de chair et de
» tendons. J'aurais présumé ne mériter aucun as-
» sentiment, sur ce fait , parmi les gens instruits,

» si je n'avais transmis à votre académie les parties
» fossiles, et sur-tout le crâne entier de ce cada-
» vre ; ainsi, j'en appèle', sur l'assertion de ce
» fait, au témoignage de cette illustre compagnie.
» Etant arrivé à *Ireuth*, au mois de mars 1772,
» il me fut présenté entre autres curiosités la tête
» d'un animal d'une grandeur considérable, cou-
» verte encore de son cuir naturel, et presentant
» même plusieurs restes de tendons et de ligaments ;
» la figure et les vestiges des cornes me le firent
» reconnaître aussi-tôt pour une tête de rhinocéros.
» Pouvant à peine me persuader moi-même de ce
» que je voyais, je fus enfin confirmé dans mon
» jugement, par deux pieds du même animal :
» savoir, un de derrière jusqu'au fémur, et l'extre-
» mité d'un des pieds de devant. On y voyait dis-
» tinctement et la division caractéristique des doigts
» du rhinocéros et le cuir, avec les fibres les plus
» grosses des chairs., comme si c'eût été véritable-
» ment une momie naturelle.
» Je reçus ces objets de M. Adam de Bril, gou-
» verneur de toute la Sibérie Orientale. Voici la
» relation que M. Jean *Argunoff* publia sur cette
» découverte, en langue russe, au mois de décem-
» bre 1771, et datée de l'Hivernage, situé à l'em-
» bouchure du fleuve *Willioni;* elle me fut trans-
» mise à *Ireuth*, le 27 février suivant. L'original
» est déposé à l'académie, le voici :
Ce mois de décembre, on trouva dans la rive
sablonneuse du fleuve Willioni, sous une col-
Tome Ier. 14

line escarpée, à quinze brasses de l'eau, le ca-
davre d'un animal à demi enseveli dans le sa-
ble. Sa longueur était de quinze empans, et sa
hauteur de dix, autant qu'on put l'estimer. Le
commandant de l'endroit assure que cet animal
est absolument inconnu aux habitants du pays,
et que jamais il n'en fut vu de semblable dans la
contrée. Le gouverneur général ayant déjà pu-
blié cette ordonnance, en vertu de laquelle tout
ce qu'on découvrirait de curieux dans son dépar-
tement, devait lui être transmis par les com-
mandants, la tête et deux pieds de l'animal dé-
couvert furent envoyés à IREUTH, bien con-
servés, et avec la plus grande diligence. Le reste
du cadavre, très-corrompu, quoique couvert
encore de son cuir, ayant été abandonné, a
disparu, excepté un troisième pied qui fut en-
voyé à la préfecture de JACUT.

» Au moment où je reçus la tête et les pieds,
» continue Pallas, le cuir et les tendons avaient
» encore certaine mollesse, produite sans doute
» par l'humidité de la terre. Il s'en exhalait une
» odeur fétide, non telle que la puanteur des chairs
» récemment corrompue, mais absolument ana-
» logue à celle des latrines, et comme ammonia-
» cale.

» Comme je me hâtais alors, afin de franchir le
» lac *Baïcal* sur la glace avant le dégel, je ne
» pus m'occuper d'une description plus circons-
» tanciée, ni avoir assez de temps pour me pro-

» curer le dessin de ces parties fossiles. Ainsi j'or-
» donnai, à *Ireuth*, de les faire soigneusement sé-
» cher dans un four où je les laissai; mais à peine
» put-on y réussir, vu le soin continuel que cela
» exigeait, à cause de la matière grasse qui en
» exsudait en grande quantité, à mesure qu'il
» fallait augmenter la chaleur. Delà il arriva que
» la partie supérieure de la jambe de derrière, et
» tout le pied antérieur furent brûlés par le trop
» grand feu qu'on fit imprudemment, et ceux qui
» étaient chargés de l'opération les jetèrent.

» Mais la tête et l'extrémité du pied de derrière,
» ne subirent presque aucun changement dans l'opé-
» ration; et ce fut dans cet état qu'on me les fit
» passer. Je les présente ainsi dans la planche 15,
» fig. 1., savoir; la tête vue du côté droit, et le
» pied de derrière vu aussi de côté, fig. 2, et par-
» devant, fig. 3. Les parties molles qui avaient con-
» servé une aussi grande quantité de substances
» grasses dans les moëlles, ont changé leur odeur
» en une puanteur infecte de chairs desséchées par
» l'ardeur du soleil, après quelque putréfaction,
» et la conservent encore.

» Cet animal n'était pas encore un des individus
» des plus grands, et des plus âgés de son espèce,
» comme le prouvent les os du crâne; cependant,
» si l'on en compare la grandeur avec celle des
» crânes plus âgés, trouvés en diverses parties de
» la Sibérie, on peut en inférer que c'était un
» animal adulte.

14.

» La longueur de la tête dénudée de la peau,
» depuis la crête de l'os occipital jusqu'à l'extré-
» mité du bec osseux, égale deux pieds trois pouces
» et demi, mesure de Paris. On ne m'a pas ap-
» porté les cornes avec la tête ; peut-être avaient-
» elles été détachées par l'eau où le cadavre avait
» flotté, ou par des gens du pays qui s'occupent de
» la chasse. Néanmoins on y voit des vestiges bien
» évidents de *la corne nasale* et de la *frontale*,
» savoir : cette aire inegale un peu protubérante
» entre les orbites, de forme presque rhomboïdale
» et sans cuir ; elle est incrustée dans un périoste
» mince, et comme corné, et hérissé de nombre
» de petits filaments droits semblables aussi à
» de la corne. Le cuir qui enveloppe en grande
» partie la tête, est, dans son état sec, d'une subs-
» tance tres-tenace, fibreuse, semblable à du cuir
» tanné fort dur, propre à faire des semelles de
» souliers ; à l'extérieur, d'un brun noirâtre, mais
» blanchâtre dans l'intérieur ; jeté au feu, il ré-
» pand l'odeur d'un cuir qui brûle.

» Autour de la bouche où furent autrefois les
» lèvres molles et charnues, il est corrompu et
» déchiré, de sorte qu'il laisse à nud les extré-
» mités osseuses des mâchoires. A diverses places
» du côté gauche, qui a été plus long-temps exposé
» aux injures de l'air, le cuir paraît çà et là carrié,
» et comme rongé à la superficie extérieure ; mais
» du côté droit que j'ai représenté, le cuir a été
» conservé en grande partie, assez entier pour

» qu'on voye encore dans tout ce côté là, et même
» entre les orbites, nombre de pores, ou pour
» mieux dire de petites lacunes, sur lesquelles
» gissaient autrefois les poils.

» A la région de la mâchoire, il reste même en
» plusieurs places du côté droit, beaucoup de poils
» naissants comme en faisceaux, mais détériorés
» en grande partie jusqu'à la racine. Ils ont çà et
» là jusqu'à trois lignes de long ; ils sont un peu
» roides, d'un gris cendré, excepté un ou deux
» poils noirs ajoutés à chaque faisceau, et plus forts
» que les autres.

» On voit avec étonnement que la partie du cuir
» qui couvre les orbites, et forme les paupières,
» soit restee en grande partie intacte ; de sorte que
» l'on apperçoit clairement les ouvertures des pau-
» pières quoique difformes, et pouvant admettre
» à peine le doigt, de même que le cuir desséché
» formant autour des paupières des rides un peu
» circulaires ; mais la cavité orbiculaire des yeux
» est remplie d'une boue argileuse, et d'un *humus*
» animal, tel que ce qui s'était insinué dans une
» partie de la cavité du crâne. Il y a aussi sous le
» cuir, des fibres tendineuses, en grande quantité
» et assez fermes, qui sont des restes des muscles
» temporaux et massetères, sans omettre dans le
» gosier des faisceaux remarquables des fibres ter-
» goïdes. »

» *Les extrémités des mâchoires ne présentent*
» *aucun vestige de dents ni d'alvéoles.*

» Combien y a-t-il donc de siècles que les débris
» de ces rhinocéros ont été ensevélis dans ces con-
» trées boréales ? Je laisse ceci à décider à ceux
» qui réfléchissent que leurs restes n'ont pu se trou-
» ver là qu'après y avoir été emportés par un bou-
» leversement arrivé sur notre globe, et tel qu'au-
» cune histoire ne nous en rappèle la mémoire, si ce
» n'est le récit du déluge (1). Mais, que ces corps
» ayent pu se conserver dans ces contrées là pen-
» dant un si grand nombre de siècles, on n'en sera
» pas surpris, lorsqu'on saura que le sol de ces
» contrées, presque toujours gelé, n'acquiert un
» peu de mollesse qu'à sa surface, ou au plus à
» un ou deux pieds de profondeur, pendant le
» très-court été qui ne s'étend guère au-delà de
» juillet. Ces corps une fois gelés, avec le sol où
» ils se trouvent, n'ont donc pu s'y pétrifier que
» par hasard, lorsqu'ils ont été découverts par des
» alluvions, ou autres événements.

» Mais ce qu'il y a de plus étonnant, c'est leur
» transport des contrées méridionales de l'Asie,
» dans les parties glaciales du globe. La catastro-
» phe a donc été causée par le passage violent et
» rapide d'une mer qui a traversé l'Asie pour aller
» se jeter dans le Nord, et c'est ce que semblent
» prouver évidemment les corps marins qu'on ren-

---

(1) L'auteur n'entend probablement pas parler ici
du déluge de Moïse.

» contre si souvent avec ces débris d'animaux asia-
» tiques.

» Il n'est pas inutile de rappeler ici quel est
» encore l'état actuel de la chaîne de l'*Acouts*, qui
» parcourt toute l'Asie orientale jusqu'à l'Océan,
» et forme les limites méridionales de toute la Si-
» bérie. Cette chaîne est hérissée de roches arra-
» chées évidemment de leur base, coupée en nom-
» bre d'endroits, interrompue par des lits de
» fleuves qui se portent au Nord, par des vallées
» multipliées ; on voit par-tout les traces de la vio-
» lence avec laquelle toute cette vaste contrée a
» été réduite dans son état actuel, état qu'on n'ob-
» serve point dans les Alpes d'Europe, ni dans
» le mont *Ouraz*, qui se prolonge dans une autre
» direction du Midi au Nord.

» Mais, je laisse là les hypothèses; d'autres s'oc-
» cuperont de démêler ce grand phénomène ; je
» dirai seulement que le rhinocéros, dont je viens
» de parler, *prouve le contraire de ce que j'avais
» ci-devant cru vraisemblable; savoir, que les
» animaux dont on trouve les débris dans ces
» contrées y étaient nés, y vivaient*, et n'avaient
» péri que par le changement de climat (1). J'omets

_____

(1) C'était là l'idée favorite de Buffon, celle à laquelle
il était le plus attaché ; il expliquait, à l'aide du refroidissement de la terre, ces grands amas de quadrupèdes
fossiles, qu'il supposait avoir vécu, dans les lieux où on

» ici un plus grand nombre d'exemples que je
» pourrais citer, et qui ne sont pas moins un sujet
» du plus grand étonnement ».

Tel est le mémoire du savant Pallas, dont je
n'ai omis que quelques légers détails anatomiques,
peu importants, pour me restreindre aux objets
principaux, et aux circonstances accessoires qui
rendent cette découverte si intéressante, et telle
qu'on peut la considérer comme le plus grand fait
géologique qui existe.

J'ai fait figurer la tête de ce rhinocéros fossile,
avec la plus grande exactitude, planche 9, fig. 5,
d'après celle qui est gravée dans les mémoires de
l'académie de Pétersbourg, et à la suite de la description publiée par Pallas. Voilà incontestablement un rhinocéros bicorne, et absolument dépourvu de dents incisives, par conséquent semblable à celui d'Afrique ; je ne me permets encore ni
réflexions, ni conjectures à ce sujet. Il est nécessaire auparavant de faire connaître d'autres rhinocéros fossiles de la même espèce trouvés en Sibérie et en Allemagne, ainsi que les éléphants, et
quelques autres grands quadrupèdes qu'on trouve

---

les trouve, à une époque où le climat avait la température
nécessaire pour leur permettre d'exister: idée grande sans
doute, et qui, malgré qu'elle soit contrariée par les faits,
sur-tout relativement aux animaux, n'en est pas moins
digne de ce beau génie.

souvent ensevelis dans les même lieux, et quelquefois en nombre considérable.

Autre tête fossile de Rhinocéros de Sibérie.

Pallas a fait graver, dans le 15 volume des commentaires de Pétersbourg, le squelette d'une tête
entière de rhinocéros fossile, qui appartient aussi
à l'espèce bicorne, et qui est remarquable par sa
belle conservation, par les dents molaires qu'on y
voit, tant à la mâchoire supérieure qu'à l'inférieure, chose fort rare en général, parce que le
temps ayant desséché les os, sur-tout lorsqu'ils sont
restés hors de terre, les dents sont sorties des alvéoles. Voyez la planche 11, fig. 5, où est la
figure de cette tête sévèrement copiée sur celle que
Pallas a fait graver.

Tête fossile de Rhinocéros, du cabinet du Land-
grave de Hesse-Darmstadt, trouvée en Alle-
magne.

Cette tête, dont la mâchoire inférieure manque,
ainsi que les dents, est néanmoins bien conservée et bien entière dans la partie qui reste. C'est
une de celles qui ont été trouvées en Allemagne, et
qui est figurée dans l'ouvrage de Merck, pag. 24.
planche 1, fig. 1 et 2. Comme j'ai été à portée de la
voir, je la fis dessiner de grandeur naturelle, par
Denys Montfort, et je l'ai fait réduire ensuite
par Maréchal. Voyez planche 11, fig. 1. C'est encore ici une tête de rhinocéros bicorne très-rap-

proché de celle du rhinocéros d'Afrique ; je ferai
mention dans un instant des différences qu'on y
remarque.

Tête fossile de Rhinéros du cabinet de Manheim.

C'est à Manheim, dans le riche cabinet de l'élec-
teur palatin, dont la direction est confiée à Collini,
qui s'acquitte avec tant de distinction des soins
importants de sa place, qu'on voit cette tête fossile de rhinoceros, une de celles trouvées en Allemagne, et laquelle les dents et la mâchoire inférieure manquent, comme à la précédente; mais,
ce qui reste ne laisse rien à desirer pour la conservation et pour l'intégrité. Voyez planche XI,
fig. 2, gravée d'après la réduction de Maréchal,
sur le dessin de grandeur naturelle que j'avais fait
faire sur les lieux par Denys Montfort. Personne
ne saurait raisonnablement révoquer en doute que
cette tête n'ait appartenu à un rhinocéros bicorne.
En voila donc quatre bien connus qui portent tous
le même caractère, et il est à présumer que le
grand nombre de ceux qui ont été déterrés en Sibérie, et qu'on retrouve encore dans la Tartarie
et ailleurs, sont de la même espèce.

Cuvier, qui, sans doute, est un des savants
le plus exercé et le plus instruit dans l'anatomie
comparée des animaux, et aux lumières duquel
on ne saurait trop déférer, considère les rhinocéros, dont je viens de faire mention, certaine-

ment comme bicornes ; mais il croit qu'ils présentent
des différences assez grandes avec les rhinocéros
bicornes d'Afrique, dont nous connaissons les individus vivants, pour en former une espèce à
part ; j'adhérerais sans peine à son opinion, si
je ne sentais, relativement à la géologie, combien il faut être sobre et réservé sur ces espèces
perdues ; car, sans cette retenue, on risquerait
de se jeter dans des systêmes et des hypothèses
qui tendraient à compliquer une science qui ne
présente déjà que trop de difficultés par l'immensité de ses détails, et qui exige des études fortes
pour acquérir l'habitude d'en saisir l'ensemble.

Il est à croire que la nature, toujours grande,
mais toujours simple dans sa manière de créer,
comme dans celle de détruire, n'échappe si souvent à nos regards, que parce que nous nous écar-
tons trop de la route qu'elle semble nous tracer
elle-même.

Dans les arts mécaniques, dans les beaux arts
sans exception, dans toutes les branches de littérature, le simple est, en dernière analyse, le résultat de tout ce qu'il y a de plus parfait, et c'est
aussi ce qui coûte le plus ; mais c'est là aussi où
doivent tendre tous les efforts. Pourquoi n'en serait-
il pas de même dans les sciences naturelles ? elles feraient sans doute de plus grands progrès si l'on avait
toujours ce but en vue ; mais je reviens a mon sujet.

Que vous importe, dira-t-on, qu'au lieu de
deux espèces de rhinocéros, une d'Asie, l'autre

d'Afrique, il y en ait quatre ; qu'au lieu de deux
espèces d'éléphants , il y en ait six ? Rien , si je
voyais les objets vivants , rien même encore , si
ce n'était à mes yeux qué de simples variétés , et
que malgré cela on voulût en former des espèces
pour en faciliter la connaissance dans des méthodes
artificielles ; parce que l'erreur, s'il y en avait une ,
ne serait alors d'aucune conséquence. Mais , en
géologie, c'est d'une toute autre importance ; car, je
suppose , par exemple, que cette grande quantité
d'éléphants et de rhinocéros qu'on trouve ensevelis
de toute part en Sibérie , dans la grande et la petite
Tartarie , ou pour me servir des expressions de
Pallas , *depuis la zone des monts qui bornent*
l'Asie jusques aux bords glacés de l'Océan. Je
suppose, dis-je, que ces animaux fussent d'espèces
bien caractérisées , à quelques variations indivi-
duelles près , de manière à dire : *leurs analogues*
vivent et existent à présent dans telle ou telle
partie du monde ; ne serait-il pas vrai alors que
l'on serait sur la voie de reconnaître et de pouvoir
tracer , pour ainsi dire, la route qu'ont dû suivre
les flots accélérés qui ont arraché ces animaux de
leur terre natale , pour les transporter à d'immenses distances , et sous des latitudes entièrement
opposées à celles sous lesquelles ils avaient autrefois vécu. Qui peut douter qu'un pareil fait , rigou-
reusement constaté , ne répandît la plus grande
lumière sur ces grands bouleversements , dont
notre globe a été plus d'une fois la victime ?

Je me plais à rapporter cet exemple quoiqu'hypothétique, parce que je le regarde comme digne
de toute l'attention de ceux qui aiment à considérer
la nature d'après des vues philosophiques ; car,
en plaçant ainsi au milieu des espèces déjà bien
connues, d'autres espèces qu'on croit nouvelles,
et qu'on regarde comme perdues, il est à craindre
qu'on ne se jète dans de fausses routes et dans
une sorte de labyrinthe, dont il serait difficile
ensuite de se dégager. Au reste, je fais une exception provisoire au sujet des deux grands animaux
fossiles, l'un, l'éléphant de l'Ohio; l'autre, trouvé
depuis quelques années dans les sables du Paragay,
et qu'on ne peut rapporter encore à aucune espèce
vivante connue. J'en ferai mention dans un article
particulier.

Quant à ce qui concerne les rhinocéros fossiles, j'invite les naturalistes, que cet objet peut
intéresser particuliérement, à jeter de nouveau
un coup-d'œil sur la planche 10, où sont figurés
les crânes des trois rhinocéros fossiles, dont nous
avons déjà parlé. Leur disposition est telle dans la
gravure qu'on peut en saisir l'ensemble et les détails avec facilité, et les comparer respectivement.

Ces trois têtes ont bien appartenu, dira-t-on, à
des rhinocéros à deux cornes ; la protubérance
nasale, ainsi que la frontale sont trop fortement
prononcées, pour qu'on puisse élever raisonnablement le moindre doute à ce sujet ; les dents incisives n'ont jamais existé non plus : tels sont les

caractères distinctifs et classiques des rhinocéros
africains actuellement vivants ; mais , voici quelques
légères différences qui font douter à l'habile professeur d'anatomie du Muséum, que ce soit strictement
la même espèce ; *la tête est un peu plus allongée
que celle du rhinocéros ordinaire d'Afrique* :
pour qu'une telle objection eût quelque fondement , il serait nécessaire et même indispensable
d'abord , d'avoir à notre disposition un assez grand
nombre de crânes de rhinocéros des diverses régions de l'Afrique, pour les comparer , et s'assurer
si l'influence du climat , dans telle ou telle partie
de ces contrées , la nourriture , les habitudes , la
nécessité plus ou moins grande de se défendre
contre leurs plus redoutables ennemis, et d'exercer
l'arme principale dont la nature les a pourvus ,
c'est-à-dire la défense nasale , n'ont pas opéré
quelques modifications sur la forme et la solidité
de la boëte osseuse. Le savant et excellent livre
de mon respectable ami Blumenbach, sur les formes
diverses des crânes humains , choisis parmi les
races principales des peuples de l'un et l'autre hémisphère, depuis le samoïède , jusqu'à l'homme
sauvage de la Nouvelle Hollande , nous donne
l'échelle des modifications et des variétés que peut
éprouver , dans les formes , la partie où l'homme
a cru devoir placer le siège de ses pensées. Je
n'entends pas parler ici , au reste , de ces modifications accidentelles opérées par l'art chez quelques
peuples sauvages , mais de celles occasionnées par

l'influence du climat, de la nourriture, des habitudes, etc. : pourquoi donc les animaux ne seraient-
ils pas soumis aussi aux mêmes lois? Voyez ce que
Buffon, dans ses vues générales sur les animaux,
a écrit en maître et en philosophe sur ce grand
sujet.

On a dit aussi que la cloison nasale, dans les rhinocéros bicornes fossiles, était osseuse, tandis que
dans les rhinocéros bicornes d'Afrique, cette cloison
n'est que cartilagineuse ; il me semble que cette
objection est moins fondée encore que la précédente.

Les rhinocéros qui nous sont arrivés vivants
d'Afrique, sont en général de jeunes individus,
qui donnent beaucoup moins de peine à chasser,
à prendre, et à conduire ; il n'en a même été
amené que rarement en Europe. Le Muséum
d'histoire naturelle de Paris, n'en possède qu'une
seule peau préparée, dans les galeries de zoologie,
et certainement l'animal à qui elle a appartenu,
était très-jeune. On voit aussi le squelette de la tête
d'un second, et la peau d'un jeune individu d'A-
frique dans les mêmes galeries. J'en ai vu un troisième en très-bon état, et d'un âge un peu plus
avancé, dans le cabinet d'histoire naturelle de
Manheim, mais il est bien loin encore d'avoir son
accroissement; ainsi, il n'est pas étonnant que dans
les jeunes individus la cloison nasale ne soit encore
que cartilagineuse, puisque nous avons l'exemple,
non seulement chez les animaux âgés, mais chez

l'homme lui-même , de l'ossification de plusieurs
parties cartilagineuses.

La planche 11, que j'invite le lecteur à prendre
en considération, est très-remarquable, en ce que
les trois crânes de rhinocéros bicornes qui y sont
figurés, offrent , pour ainsi dire , la gradation
et les passages de cette ossification plus ou moins
avancée.

La fig. 2, représente le crâne fossile du cabinet
de Manheim ; il a déjà les deux tiers de la cloison
ossifiée, et l'ossification s'est faite , en partant de
la courbure en bec qui termine l'extrémité de la
tête ; le reste , qui était encore cartilagineux,
s'est détruit et a formé le vide qu'on y remarque.

La fig. 1 est l'image de la tête fossile du cabinet
du landgrave de Hesse-Darmstadt ; l'ossification de
la cloison nasale est un peu plus avancée que dans
la précédente ; mais elle a ceci, de remarquable,
c'est qu'elle s'est formée des deux côtés , c'est à-
dire du côté du bec, et dans la partie opposée, de
manière que la matière cartilagineuse , qui n'était
pas encore ossifiée et qui s'est détruite , offre une
ouverture irrégulière placée presque au centre de
la cloison.

La fig. 3 offre l'une des têtes de rhinocéros bicornes de Sibérie ; la cloison dans celle-ci est presqu'entièrement ossifiée , et ne laisse plus appercevoir qu'une très-petite ouverture oblique, qui
est là comme un témoin des progrès graduels de
l'ossification.

Il me paraît, d'après cela, qu'on ne saurait se
refuser raisonnablement à considérer ces trois têtes
comme ayant appartenu à une espèce de rhinocéros
analogue à celle d'Afrique. Cette cloison ossifiée,
sur laquelle on s'appuie, en quelque sorte, pour
établir une différence caractéristique, nous paraît
être au contraire un résultat nécessaire de l'orga
nisation de l'animal à mesure qu'il avance en âge,
et il doit en être de même de l'allongement de sa
tête ; nous avons vu que les dents de rhinocéros,
soit de l'espèce d'Asie, soit de celle d'Afrique,
sont sujètes à varier en raison de l'âge ; or,
elles ne peuvent guère augmenter en nombre,
sans que les os maxillaires qui les reçoivent, n'é-
prouvent une sorte d'allongement ; mais, comme
dans l'espèce africaine, les doubles défenses, dont
la tête est armée, passent aussi par différents degrés
d'accroissement, puisqu'on en voit dans les cabinets qui sont d'un grand volume, il doit résulter
nécessairement de leur arrangement sur la même
ligne, (car elles sont en face l'une de l'autre) que
leur grandeur ne saurait augmenter, sans que la
table qui leur sert d'appui ne s'allonge ; mais,
comme la principale de ces défenses, la corne
nasale, se trouve vers l'extrémité de la tête,
et dans le prolongement os eux disposé en manière
de bec, cette partie serait beaucoup trop faible
pour supporter un si grand poids, si la nature
n'avait eu soin d'y suppléer par l'ossification de
la cloison cartilagineuse, qui forme alors un ap-

pui, ou plutôt un pilier solide qui fortifie cette
voûte.

S'il en était autrement, comment l'animal, dans ses
moyens d'attaque ou de défense , pourrait-il faire
usage d'un instrument de force destiné a frapper, si
la base sur laquelle il porte n'était pas d'une grande
solidité ? Toutes ces considérations sont des motifs
plus que suffisants , du moins d'après mes faibles
lumieres, pour me déterminer à regarder les
crânes de rhinocéros , dont j'ai fait mention ci-
dessus, comme très-voisins de l'espèce de rhinocéros existants actuellement dans l'intérieur de
l'Afrique. J'aurais beaucoup moins insisté sur cet
objet , et évité par là des détails arides , et même
fastidieux jusqu'a un certain point pour le plus grand
nombre des lecteurs , si je n'avais pas senti le
danger qu'il y avait , sur-tout en géologie , de regarder comme des espèces perdues , des restes
d'animaux fossiles , qui ne diffèrent de ceux qui
peuplent actuellement diverses contrées de la terre,
que par des nuances qui ne tiènent qu'à des variétés, et qui ont conservé le type caractéristique
et principal qui leur est propre ; si ce que j'avance
ici n'est pas une erreur, il n'est point de naturaliste qui ne sente les belles conséquences qu'on
pourra quelque jour en tirer , sur la marche
qu'a tenue la nature , dans les grands mouvements
de crise , soit intestins, soit accidentels , que doit
nécessairement éprouver , pendant le laps des
temps , la terre , cette frêle machine qui n'est

qu'un point au milieu d'un système planétaire qui la presse, et semble la menacer de toute part.

Résumé sur les espèces diverses de Rhinocéros.

Lorsque j'ai traité des crocodiles fossiles, on a vu qu'à l'exception d'une espèce particulière et inconnue qui a été trouvée dans les carrières des environs de la ville de Maestricht, les autres, dont j'ai fait mention, portent tous le caractère du gavial, ou crocodile asiatique.

On n'a rien découvert encore qui ait appartenu au crocodile d'Afrique ; il est bon de rappeler cette vérité, soit pour constater ce fait à l'avenir par un plus grand nombre d'exemples, soit pour l'atténuer, si des observations subséquentes faisaient connaître des exceptions.

Ainsi nous n'avons trouvé jusqu'à présent dans notre continent que l'espèce de crocodile asiatique ; plus, une seconde espèce qui n'en est pas très-éloignée, mais qui en diffère néanmoins, et forme une espèce particulière et inconnue.

En faisant mention des rhinocéros vivants et des rhinocéros fossiles, nous avons distingué parmi les premiers, 1°. l'*asiatique*, unicorne et pourvu de dents incisives ;

2°. L'africain, muni de deux cornes, et dépourvu d'incisives ;

3°. Le rhinocéros de Sumatra, à deux cornes, et pourvu de dents incisives, dont nous devons la connaissance à M. William Bell.

15.

Cependant les rhinocéros fossiles, découverts en Allemagne et en Sibérie, nous présentent une espèce de bicorne, qui a de très-grands rapprochements sans doute avec l'espèce Africaine, mais qui en diffère par la longueur de la tête, et par une cloison épaisse et solide, qui soutient l'extrémité de l'os nasal, et réunit la partie antérieure de la mâchoire supérieure, ainsi qu'on peut le voir, planche XI, dans les trois têtes fossiles que j'ai fait graver, dont une tirée de Pallas est complette ; mais comme cette cloison n'a pas toujours existé sous forme osseuse, et que les trois têtes dont il s'agit, offrent en quelque sorte les divers degrés de progression et d'accroissement de cette cloison, il est à présumer qu'elle n'a pas toujours été de même, et dans ce cas l'os inter maxillaire supérieur n'aurait pas été constamment adhérent à la voute nasale. L'on verra bientôt que cette observation n'est pas autant indifférente qu'on pourrait le croire, et que son application est propre à lever une grande difficulté.

Cette difficulté consiste en ce que, si les rhinocéros bicornes fossiles trouvés en Allemagne, appartenaient en effet à l'espèce d'Afrique, qui est aussi bicorne, nous aurions bien de la peine à concevoir que les restes de ces animaux, tirés de leurs places natales, et transportés, selon toutes les apparences, par un déplacement prompt et rapide des eaux de la mer, se trouvassent mêlés et confondus avec des crocodiles et autres animaux Asiatiques.

Car celui qui sait qu'on ne voit pas la nature
dans un cabinet avec un microscope, ou sur de
petits échantillons, artificiellement classés, n'i-
gnore pas que de grands faits dépendent nécessairement de grandes causes générales, et que dans
ces circonstances, la nature a une marche, en
quelque sorte régulière, dans ses moyens de déplacement et de transport, comme elle en a une
dans ses moyens de reproduction.

En effet, depuis que l'on a porté un œil observateur sur les terrrains d'alluvions, qui recèlent
les cadavres de tant d'animaux exotiques, l'on a
cessé de croire qu'ils eussent vécu autrefois, sous
les latitudes où on les trouve, et l'hypothèse de
Buffon, quoique belle et grande, ne saurait se soutenir, du moins quant aux animaux terrestres, lorsque leur gissement, au milieu des argiles, des sables,
des galets, et des autres débris de matières pierreuses, suppose nécessairement l'action brusque et
violente d'une vaste mer, qui paraît s'être jetée,
par l'effet de quelques catastrophes, d'un point du
globe à l'autre, et avoir entraîné et balayé, tout
ce qui se présentait devant elle:

Les animaux nombreux qui ont succombé dans
ce désastre, et dont la charpente osseuse, ensévelie
sous ces décombres, a pu resister à la destruction,
nous permettent, lorsque quelques circonstances les
mettent au jour, de distinguer le plus souvent les
différentes espèces auxquelles ils ont appartenu ;
or, ces espèces, si elles sont Asiatiques, par exem-

ple, sont très-propres à nous indiquer, non seulement le lieu du départ, mais encore à nous tracer la route qu'elles ont suivie ; et dans ce cas-là, si je ne me trompe, les espèces qui habitaient exclusivement telle ou telle partie du globe, ne doivent pas se trouver confondues avec d'autres qui vivaient sous des latitudes opposées. C'est sur-tout en géologie, que cette manière d'observer la nature dans ses grandes opérations, me paraît d'autant moins dénuée de fondement, qu'elle semble s'être réalisée, jusqu'à un certain point, dans ce qui a été dit ci-dessus des crocodiles fossiles ; l'espèce Africaine qui est bien distincte, bien caractérisée, ne s'est pas encore offerte à nos regards.

Nous verrons, lorsqu'il sera question des éléphants, qu'il en est de même de ces animaux gigantesques, trouvés en France, en Angleterre, en Italie, en Allemagne et en Sibérie ; l'espèce Africaine, si reconnaissable par ses molaires dont la surface est en lozanges, n'a pas encore été vue, si je ne suis pas dans l'erreur, sur notre continent.

Les rhinocéros formeraient-ils une exception à cette règle? j'avoue qu'une telle anomalie dans la marche de la nature, serait si étonnante, et en même temps si décourageante, qu'avant de l'admettre, comme un fait démontré, il faut avoir épuisé toutes les ressources qui peuvent nous rester pour approfondir cette question, et pour découvrir d'où peut naître l'obstacle qui nous arrête.

Je dirai d'abord que les rapports que j'ai trouvés

moi-même entre les rhinocéros fossiles bicornes,
d'Allemagne et de Sibérie, et les rhinocéros bicornes, d'Afrique, sont bien atténués, depuis que
l'espèce mixte de Sumatra m'a appris qu'il y a
des rhinocéros bicornes et à dents incisives, dans
cette grande île si voisine de l'Inde, qu'elle paraît
en avoir été détachée. Or, si les rhinocéros bicornes d'Allemagne et de Sibérie, étaient en effet
de la même espèce que ceux de Sumatra, nous ne
serions plus étonnés de trouver leurs dépouilles
mêlées avec celles d'autres animaux asiatiques, et
l'anomalie disparaîtrait.

Je dois m'attendre à une objection ; je vais l'établir
moi-même, et tâcher d'y répondre. *Les rhinocé-*
ros de Sumatra ont deux cornes; cela est vrai,
dirait-on, mais ils ont des dents incisives, et les
rhinocéros fossiles de Sibérie n'en ont pas.
Pierre Camper, dans un mémoire particulier, lu
à l'université de Groningue, où il professait alors
l'anatomie, nous apprend qu'il disséqua une tête
de rhinocéros d'Afrique, qui lui fut envoyée par
le gouverneur du cap de Bonne-Espérance (1).

---

(1) Ce mémoire aussi savant qu'instructif, n'avait
été encore imprimé qu'en hollandais, et traduit en allemand. Jansen l'a traduit en français, et va le faire paraître
dans l'édition des Œuvres de Camper, qu'il est à la
veille de publier. C'est un service rendu à l'histoire
naturelle, et ce libraire estimable en a rendu beaucoup
d'autres en ce genre.

Après avoir reconnu que ce rhinocéros formait
véritablement une espèce particulière, il en fit un
dessin qu'il envoya à l'académie de Pétersbourg,
qui lui avait fait présent auparavant d'une tête fossile du rhinocéros de Sibérie; ce célèbre anatomiste crut trouver de si grands rapprochements
entre ce dernier et celui du Cap', que sans la cloison nasale osseuse qui s'y remarque, il les aurait
considérés comme les mêmes; il conclut cependant
que si ce caractère ne tenait pas à l'âge de l'animal,
il pourrait se faire que cette espèce fût éteinte.

» Lorsque j'eus envoyé, dit Camper dans le mé-
» moire cité, le dessin et la description de la tête
» du rhinocéros d'Afrique que j'avais disséqué, à
» l'académie de Pétersbourg, M. Pallas me ré-
» pondit d'une manière honnête et modeste, en
» me disant, *qu'il était toujours dans l'incer-*
» *titude sur le nombre des dents*, s'imaginant que
» le reste des alvéoles étaient encore visibles, non
» seulement dans la mâchoire supérieure, mais
» aussi dans l'intérieur des têtes fossiles. (Il est
» question ici des incisives.)

» Je pris la liberté, continue M. Camper, de
» rappeler à M. Pallas, que les inter-maxillaires de
» la mâchoire supérieure, qui, dans les autres ani-
» maux contiènent les dents incisives, se trou-
» vaient ici n'en avoir pas du tout; il approuva
» cette observation dans une de ses lettres sui-
» vantes, en *insistant néanmoins toujours sur*
» *l'apparence incontestable des alvéoles dans la*

» *partie antérieure de la mâchoire inférieure.*»
Lettre de Pallas à Camper, mai , 1777.

Les connaissances anatomiques de M. Pallas,
l'avantage qu'il a eu de voir et de comparer un
grand nombre de ces têtes fossiles de rhinocéros,
trouvés en Sibérie, sa persévérance à dire qu'*il
insistait toujours sur l'apparence incontestable
des alvéoles,* sont autant de motifs d'un grand poids,
qui m'entraîneraient à croire que ces têtes fossiles
ont appartenu peut-être au rhinocéros de Sumatra,
qui pouvait très-bien exister à cette époque en Asie,
puisqu'il a été trouvé vivant à Sumatra , qui n'est
séparé de la presqu'île de l'Inde que par le détroit de Malacca.

Cette dernière espèce de rhinocéros n'étant pas
connue à l'époque où M. Pallas décrivait avec
tant de soin, et faisait figurer ceux de Sibérie,
il n'est pas étonnant qu'il se soit trouvé embarrassé;
mais il n'en est pas moins véritable que sa grande
sagacité et sa bonne manière d'observer, se sont
directement portées sur le point le plus propre
à conduire à la vérité, et à servir d'éclaircissement
à la question. C'est donc à ce savant illustre à
trancher positivement, ou négativement, le nœud
de la difficulté ; car si des restes d'alvéoles montrent leurs traces distinctes, à l'extrémité de la
mâchoire inférieure, dans deux individus seulement, dès lors les crânes de ces grands animaux
auront appartenu à des rhinocéros bicornes, ayant
des dents incisives, c'est-à dire à de véritables rhi-

nocéros de Sumatra; car les alvéoles existant seulement à la mâchoire inférieure, l'ossification de
la cloison nasale, et l'oblitération de l'extrémité
de la mâchoire supérieure, s'expliqueraient facilement, par le grand âge de ces animaux, à une
époque où rien ne troublerait leur repos, et où
leur vie devait être d'une longue durée.

Je réclame l'indulgence de ceux qui liront cet
article, pour la digression dans laquelle je
me suis laissé entraîner, après avoir traité un
sujet difficile et délicat, sur lequel il me restait
encore des doutes. J'ai cherché à les éclaircir, en
me renfermant dans le cercle des faits ; j'ai bien
compris que je ne résoudrais pas la difficulté en
entier ; mais mon but sera rempli, si j'ai pu diriger
l'attention du géologue sur le vrai point de la question. Nous la laisserons en réserve cette question,
jusqu'à ce que de nouvelles recherches, ou des
découvertes heureuses, vienent renverser l'opinion
que j'ai énoncée, ou démontrer qu'elle est fondée.

EXPLICATION

DE LA PLANCHE XI.

Diverses têtes fossiles de Rhinocéros.

Fig. I. Cette tête, dont les dents, ainsi que les os maxillaires inférieurs, manquent, est un des crânes de
rhinocéros, trouvés en Allemagne; celui-ci est décrit
par Merck, et existe dans le cabinet du Landgrave
de Hesse-Darmstadt; il a de grands rapports par l'allongement de sa tête avec le rhinocéros d'Afrique.

Fig. II. Tête fossile de rhinocéros, du cabinet de Manheim, trouvée, ainsi que la précédente, en Allemagne,
et étant comme elle, privée de dents et de la mâchoire
inférieure; elle est d'ailleurs d'une conservation parfaite, et de la même espèce que celle de la fig. I;
car les très-petites différences qu'on y remarque ne
tiènent probablement qu'à l'âge, ou à des variétés
qu'on observe souvent dans les animaux vivants de
même espèce.

Fig. III. Tête fossile de rhinocéros, trouvée en Sibérie.
Cette tête fossile est d'autant plus remarquable que
les os maxillaires sont complets, et que les dents sont
conservées. J'ai fait figurer cette tête intéressante d'après
Pallas, qui l'a publiée dans les Mémoires de la société
de Pétersbourg. Comme on reconnaît que cette tête

n'a jamais eu de dents incisives, et qu'elle ressemble aux têtes fossiles ci-dessus, trouvées en Allemagne, elle sert à prouver que les unes et les autres ont appartenu à des rhinocéros très-rapprochés de l'espèce africaine. Cependant le prolongement de la mâchoire inférieure, et la manière dont elle est terminée, a quelque ressemblance avec celle du squelette de la tête du rhinocéros de Sumatra, en supposant que les incisives de cette mâchoire fussent détruites.

CHAPITRE IX.

Des diverses espèces d'Eléphants.

C'est à Camper que nous devons la première connaissance des caractères qui établissent une différence remarquable entre les éléphants d'Asie et ceux d'Afrique, et ici, comme dans le rhinocéros, la ligne de séparation est assez prononcée pour constituer deux espèces bien distinctes.

§. I.

De l'éléphant d'Asie ou des Indes, elephas indicus.

La tête est en général plus grande, un peu plus allongée, et le corps plus volumineux que dans l'espèce africaine ; les dents molaires sont marquées, sur la surface qui sert à broyer, de sillons ou canelures parallèles, un peu ondoyants, dont les bords en saillies sont un peu festonnés. Voyez planche 14, fig. 1, pour la forme de la dent dessinée d'après nature. La figure de la planche 13 est pour celle de la tête entière du squelette, dessinée par Maréchal, d'après l'original des galeries d'anatomie comparée du Muséum d'histoire naturelle.

J'ai fait figurer aussi, dans la planche XII, les
deux éléphants vivants de la ménagerie du Muséum ; j'ai eu en cela une double intention, la
premiere d'avoir le portrait fidèle de ces deux animaux remarquables, afin d'en donner une idée
à ceux qui n'auraient pas été à portée de voir des
éléphants vivants, et l'on peut les regarder comme
très-ressemblants, par les soins que Maréchal a
apportés à les peindre ; la seconde, afin de faire
observer qu'il existe une différence de grosseur
dans les têtes de ces animaux, quoiqu'ils soient du
même âge. Le mâle a la tête beaucoup plus forte,
celle de la femelle est plus applatie vers le front.
J'ai cru devoir ne pas omettre un tel fait, pour
éviter une erreur dans le cas où l'on trouverait,
par l'effet d'un hasard heureux, des têtes fossiles
d'éléphants mâles et femelles, parce qu'étant prévenu du fait, l'on ne serait pas tenté d'en faire
deux espèces différentes.

Ces deux éléphants de la ménagerie avaient été
envoyés fort jeunes de Ceylan au Stadhouder, qui
les conservait avec soin dans sa ménagerie du Lô.
Ils avaient quatorze ans, lorsqu'on les transporta
à Paris en 1797 ; leur hauteur s'élevait alors à
sept pieds deux pouces pour le mâle ; leur âge,
dans le moment où j'écris, est de 19 ans. Je les ai
fait mesurer devant moi, le 1er. septembre 1801
(le mâle,) et il avait alors huit pieds. Leur
taille s'est donc élevée de dix pouces dans quatre
ans ; leurs défenses étaient très-petites et très-

courtes; ils les avaient rompues contre les forts
barreaux en bois de chêne de leur loge, dans
le temps qu'ils étaient en Hollande, et le même
accident est arrivé à Paris, à la femelle, qui a
brisé une de ses défenses, qui n'avait que huit
pouces environ de longueur sur un pouce de
diamètre. Je dois prévenir que dans le dessin
que j'ai fait faire par Maréchal, de la tête de ces
deux éléphants, et qu'on peut considérer comme
leur portrait, il a forcé la grandeur des défenses,
dans l'intention de donner une idée de leur forme
et de leur position, aux personnes qui n'ont pas
été à portée de voir des éléphants (1).

On a de tout temps exagéré la grandeur des
éléphants, soit que l'erreur ait pris naissance dans
les diverses mesures employées dans tels ou tels
pays, soit par l'inexactitude des voyageurs, ou par
un certain amour qu'ont les hommes pour le merveilleux. Mais comme l'histoire naturelle est devenue une science exacte, nous ne devons nous
attacher qu'à des faits précis : il ne faut donc pas
perdre son temps à réfuter des chimères, lorsque
nous avons des données plus exactes.

Je ne puis me refuser cependant, de rapporter
ici une anecdote historique sur deux défenses d'éléphants, qui avaient été envoyées à un Empéreur
romain, comme un présent rare à cause de leur

(1) Voyez leur portrait, planche XII, ainsi que
d'autres détails sur leur taille.

grandeur ; parce qu'en supposant même que Fla-
vius-Vopiscus, qui rapporte le fait, eût un peu
exagéré la longueur de ces défenses, l'on trouvera
cependant qu'elles se rapprochent des plus fortes
que nous connaissions à présent, et que d'après cette
dimension connue, on peut évaluer la grandeur
des éléphants, à qui elles avaient appartenu.

D'ailleurs, le sort inattendu de ces deux défenses
impériales, destinées à orner la statue de Jupiter,
et qui tombèrent en fort mauvaises mains, peut
inspirer quelqu'intérêt pour elles.. Mon célèbre
ami Fortis, qui, le premier, a tiré leur histoire
de l'oubli, voudra bien me permettre de le faire
parler lui-même.

« Je n'ai rencontré nulle part, dit le savant
» géologue, des renseignements de défenses non
» fossiles, qui approchent de celles dont le comte
» Gazzola a sauvé les débris, si ce n'est dans Fla-
» vius-Vopiscus.

» Cet historien nous dit que l'Empereur Au-
» rélien en possédait deux, qui avaient dix pieds
» romains de long, qu'on regardait dès-lors comme
» très-extraordinaires; il les destinait à en faire
» le siège d'une statue de Jupiter, en or massif,
» enrichie de pierres précieuses.

» Ce prince n'ayant pas assez vécu pour mettre
» à exécution ce projet édifiant, les deux défenses
» passèrent entre les mains de Curinus, qui en
» fit un cadeau à sa maîtresse, en qui il avait,
» sans doute, beaucoup plus de dévotion, qu'en

» Jupiter ; celle-ci en fit un lit d'ivoire , et se
» moqua sans doute , avec son prodigue amant,
» des pieuses intentions de l'Empereur.

» Il est à remarquer d'une part , que l'historien
» n'aurait pas fait mention de ces deux superbes
» défenses, si leurs dimensions n'eussent pas passé
» pour une rareté,même dans un temps où les riches
» productions de l'Asie étaient très-répandues parmi
» les Romains ; de l'autre, que le laps de quinze
» à seize siècles, n'est pas assez considérable pour
» porter des altérations importantes dans la taille
» d'une espèce , dont les individus ont entre deux
» et trois siècles pour cours ordinaire de la vie.
» Qu'est-ce que cinq à six générations pour dé-
» grader sensiblement une espèce gigantesque ? (1)

Les faits que nous allons rapporter , prouve-
ront , en réduisant les mesures étrangères en
mesures françaises , qu'il est possible que les
plus grandes défenses d'éléphants ayent quelquefois atteint la grandeur de neuf pieds environ , en y comprenant la courbure ; mais je
pense que c'est là le maximum de leur grandeur.

Pennant, dans son histoire naturelle des quadrupèdes, pag. 152, rapporte que les plus grandes
défenses d'éléphants viènent de Mosambique , et

___

(1) Mémoires pour servir à l'histoire naturelle de
l'Italie , par Albert Fortis, tom. II, pag. 316. Paris,
Fuchs , 1802.

qu'elles ont quelquefois dix pieds anglais de longueur ; ce qui ferait environ neuf pieds deux
pouces de France ; que la côte de Malabar en
fournit de beaucoup moins grandes, et que les défenses d'éléphants, qui vièrent de la Cochinchine,
sont les plus grandes de l'Inde. (1)

Un négociant d'Amsterdam, M. L. Wolffers,
écrivit au célèbre Camper, qu'il avait vendu, en
1755, une dent longue d'environ huit pieds, qui
pesait deux cent huit livres. Ce fait est rapporté
dans un ouvrage posthume du célèbre Camper,
que son fils Adrien-Gilles Camper, vient de publier, et a enrichi de notes savantes et instructives pour la géologie ; il est fait mention aussi, dans
le même livre, d'une lettre du docteur Klockner,
grand amateur d'histoire naturelle, qui écrivit, en
1780, au même savant, que Ryfsnyder, commer-
çant de Rotterdam, en avait possédé une du *poids
de deux cent cinquante livres* ; mais comme il
n'en donne pas les dimensions, et qu'il parle d'une
seconde qui fut vendue à Amsterdam, et qui *pesait trois cent cinquante livres* , il y a lieu de
croire que le docteur Klockner avait été trompé,
ou était ami du merveilleux. (2)

---

(1) *Pennant, hist. of quadrup.* pag. 152.
(2) Description anatomique d'un éléphant mâle, par
Pierre Camper, publiée par son fils A. G. Camper, avec
vingt planches, grand in-folio. Paris, Jansen, imprimeur-
libraire, rue des Maçons, 1802.

Il est à présumer même que Wolffers, qui a
déterminé la grandeur de celle qu'il avait vendue,
et qu'il porte à huit pieds environ, mais qu'il faut
réduire à sept pieds trois à quatre pouces de
France, ne devait pas peser deux cent huit livres :
voici sur quoi je me fonde.

L'on conservait, dans le cabinet d'histoire naturelle du prince d'Orange à la Haye, une défense d'éléphant, très-belle et très-saine, qu'on
regardait comme d'un grand volume ; elle est à
présent dans la galerie des quadrupèdes du Muséum de Paris ; je l'ai mesurée avec beaucoup
d'exactitude, et je l'ai fait peser avec la même
attention. Voici quelles sont ses dimensions et son
poids :

Longueur, en y comprenant sa courbure.	6 pieds	6 p.
Longueur de la corde. . . .	4	9
Circonférence prise au gros bout.	1	4
Elle conserve la même grosseur dans la longueur de trois pieds trois pouces. Sa circonférence à un pied de l'extrémité est de. . .	1	1
Profondeur de la cavité à la naissance du gros bout. . . .	1	11

Pesanteur, 72 livres 8 onces.

Or, en supposant que la défense de Wolffers
eût un pied deux pouces de plus, et que sa grosseur fût en proportion, elle ne se serait jamais

16.

élevée à deux cent huit livres ; ce qui doit faire
présumer que le poids n'est pas exact.

La défense d'éléphant qui existe dans la galerie
de Florence, est encore plus grande que celle du
Muséum de Paris ; puisque sa circonférence au
gros bout, d'après Fortis, est de vingt pouces dix
lignes ; c'est-à-dire qu'elle a quatre pouces dix
lignes de circonférence de plus, en supposant que
Fortis ait fait usage du pied de Paris, ce que
j'ignore ; quant à la longueur, ce naturaliste a
négligé de nous la donner ; mais je crois qu'on
pourrait la porter par approximation, et en raison
de son diamètre, à sept pieds huit pouces, et
ce serait beaucoup.

Il serait à desirer, sans doute, qu'on pût constater
l'existence de ces défenses naturelles d'éléphants,
que quelques auteurs ont porté à dix et même à
douze pieds de longueur, parce qu'en rapprochant
ces grandeurs de celles des éléphants fossiles,
qu'on regarde comme ayant appartenu à des races
éteintes, on aurait de fortes raisons de ne pas
croire si facilement à ces disparitions de races entières. J'incline en faveur de cette dernière opinion ; mais en histoire naturelle, on ne se contente plus, comme autrefois, de détails vagues,
de narrations équivoques ; ce sont des faits précis
que l'on exige.

Tant que nous ne verrons donc pas des défenses
naturelles d'éléphants de dix pieds de longueur,
dans les cabinets publics ou dans ceux des particu-

liers, que nous puissions mesurer et faire peser, nous devons au moins suspendre notre opinion, et nous en tenir à ce qui est démonstrativement prouvé. Nous reviendrons encore sur ce sujet en faisant mention des défenses fossiles d'éléphants trouvées en Sibérie et ailleurs.

Si l'on veut se former une idée très-exacte sur les éléphants d'Asie, il faut lire l'excellent mémoire de M. J. Corse, inséré dans les Transactions philosophiques, 1799. Cet observateur ayant fait un séjour de plus de dix ans au *Tiperah*, où l'on prend tous les ans un grand nombre d'éléphants, a très-bien observé leurs mœurs, leurs tailles, leurs habitudes, etc., et nous a appris des faits très-instructifs.

Passons à présent aux caractères qui distinguent les éléphants d'Afrique de ceux d'Asie ; car cette différence réelle, est très-importante en géologie.

ELÉPHANT D'AFRIQUE.

L'éléphant d'Afrique présente des différences assez caractéristiques, pour en former une espèce bien distincte et bien séparée de celle qui vit en Asie.

La charpente osseuse de la tête de l'éléphant du Cap, est beaucoup moins allongée, et se termine d'une manière différente vers le sommet que celle d'Asie ; le front de ce dernier est creusé en courbe rentrante, tandis que le front de l'éléphant d'Afrique est de forme convexe.

Mais le caractère le plus tranchant qui distingue ces deux espèces, tient à la forme des couronnes des dents molaires. On a vu que, dans l'éléphant de Ceylan, la surface molaire est garnie de sillons saillants, placés parallèlement, à côté les uns des autres, et bordés de très-petits plis ou espèces de rides ; tandis que l'éléphant d'Afrique a cette partie de la couronne dessinée ou plutôt sculptée en losange : l'on peut donc, au seul aspect des molaires des éléphants, déterminer facilement les deux espèces, et prononcer sur la partie du monde qu'ils habitent.

Voyez pour la forme comparative de ces dents, la planche XIV, fig. 1 et 2 ; Camper est le premier qui a fait cette observation, d'autant plus importante qu'elle est facile à saisir, et qu'elle est applicable à la géologie. Il me la communiqua, il y a plus de quinze ans, et je lui en dois l'hommage. Le savant Blumenbach a indiqué, plusieurs années après, les mêmes caractères, et a figuré, dans son Manuel d'histoire naturelle, une des molaires de l'éléphant d'Afrique, à côté de celle de l'espèce d'Asie. (1)

_____

(1). Handbuch der naturgeschichte, 6 au flage, à l'article de l'éléphant.

J'ai toujours fait honneur, dans le cours de géologie, que je professe au Muséum d'histoire naturelle, de cette découverte, à Pierre Camper; dans le dernier voyage qu'il fit à Paris, il voulut bien me communiquer son beau travail sur les éléphants, et me fit voir des gravures de format in-folio, qui étaient déjà terminées à cette époque, sur des dessins faits de sa main, et d'après nature, qu'il me communiqua sans réserve.

Ces gravures étaient destinées pour orner le texte d'un ouvrage, qui devait avoir pour titre *Description anatomique d'un éléphant mâle*. C'est dans la planche XIX, que je vis le développement du caractère qui établissait la différence entre les dents molaires de l'éléphant d'Asie, et celles de l'éléphant d'Afrique.

Les événements politiques de la première révolution de Hollande, interrompirent les utiles travaux de ce savant, et il allait profiter de la tranquillité et du repos dont il commençait à jouir en 1789, pour publier ce grand ouvrage, lorsqu'une maladie violente l'enleva malheureusement aux sciences.

Son fils A. G. Camper vient de publier (1802), l'ouvrage de son illustre père, qu'il a enrichi de notes curieuses et instructives, et d'excellentes observations qui lui sont propres. (1)

_____

(1) Description anatomique d'un éléphant mâle, par Pierre Camper, publiée par son fils A. G. Camper, avec

Cuvier, à la suite d'un mémoire lu à l'institut de Paris, (le 5 pluviôse an 5), et imprimé dans le tom. II des mémoires de cette société , (6 vendémiaire an 7), a fait figurer, planche II, fig. II, une dent molaire d'éléphant d'Afrique, pour en faire voir le caractère, et une dent molaire d'éléphant asiatique , planche 1, fig. II, pour en montrer la différence. Mais ce savant convient, par une note additionnelle imprimée à la fin de son mémoire, que depuis l'époque où il en fit lecture, jusque à celle à laquelle il fut imprimé, *il a vu que les caractères pris des dents* ont déjà été indiqués dans différents ouvrages, tels que dans la nouvelle édition du Manuel de Blumenbach et ailleurs. (1)

Ce que je viens de dire suffit, sans doute, au géologue, pour distinguer d'une manière positive, par la figure des molaires, la différence des éléphants d'Asie, d'avec ceux d'Afrique; et comme on trouve très - souvent dans presque toutes les parties du monde, et même assez fréquemment, des dents molaires d'éléphants , qui, en raison de leur dureté et de l'émail qui les recouvre, ont beaucoup mieux résisté à l'action du temps que les autres

---

vingt planches. Paris, Jausen, imprimeur-libraire, rue des maçons , n°. 406; 1802, in-fol. magno, dont il n'a été tiré que cent exemplaires.

(1) Tom. 2, pag. 22, des mémoires dé l'institut, de la partie des sciences physiques et mathématiques.

os maxillaires, il faudra porter à l'avenir une at
tention particulière et soutenue, sur les dents molaires fossiles de ces grands quadrupèdes, et en bien
constater l'espèce, ainsi que la localité ; l'on pourra
s'assurer, de cette manière, si les deux espèces
sont constamment séparées dans l'état fossile, ou
si elles se trouvent confondues et réunies.

Il serait bien important aussi de reconnaître
si les dents molaires d'éléphants, qu'on trouve
dans le continent de l'Amérique, où il n'existe
point d'éléphants vivants, appartiènent exclusivement à une espèce (1); si parmi la multitude
de molaires que fournissent les terrains glacés de
la Sibérie et de la Tartarie, on voit les restes de
l'asiatique seul, ou si l'africain s'y trouve mêlé,
car je ne parle pas encore de l'éléphant, dont les
molaires sont couronnées de grosses pointes obtuses,
rangées par paires, qu'on trouve dans l'un et l'autre
continent : il en sera bientôt fait mention.

Il serait à desirer aussi que dans la partie de
l'Asie, qui est la patrie d'une espèce constante
d'éléphants, des naturalistes assez zélés voulussent
faire les recherches les plus exactes, pour s'assurer
s'il existe ou s'il n'existe pas, soit au bord des

_____

(1) Cuvier nous apprend, tom. II, pag. 18 des mémoires physiques de l'institut, que M. Autenrieth, professeur d'anatomie à Tubingen, *lui annonça avoir trouvé,*
en Amérique, des dents qui s'approchent, par leur conformation, de celles de l'éléphant d'Afrique.

grands fleuves , soit dans de profondes ravines, soit dans des puits de mines ou autres excavations artificielles , des dents molaires ou autres restes d'éléphants fossiles ; je n'entends pas par ces mots, quelques dents d'éléphants du pays , perdues par accident, ou quelques restes de leurs charpentes osseuses , abandonnées sur la terre , après des combats, ou lorsque des tigres les auraient dévorés ; mais de véritables ossements fossiles ou pétrifiés ; trouvés dans des couches anciennes , ou à une certaine profondeur dans la terre , et dans des dépôts d'alluvions. Il serait bien intéressant sans doute , pour la géologie, de reconnaître s'il n'en existe aucun , ou si en effet il s'en trouve , à quelle race ils ont appartenu ? Les anglais sont très à portée de rendre ce service à la science ; et cette société, si utilement instituée à *Calcuta,* pour la recherche des antiquités asiatiques , peut-elle jamais s'occuper de monuments d'une aussi haute antiquité *,* et si dignes d'honorer ses travaux ?

ELÉPHANT MAMMOUTH.

De l'éléphant désigné dans l'empire de Russie,
sous le nom de Mammouth.

Cet éléphant doit-il former une espèce particulière dont la race est perdue ? ou faut-il considérer

les dents molaires qui lui appartiènent, comme
une simple variété de l'espèce asiatique?

Blumenbach a donné le nom d'éléphant premier né, *elephas primigeneus*, à l'éléphant dont
on trouve tant de restes en Sibérie (1), et dont
les dents molaires, qui ont une très-grande ressemblance avec celles de l'éléphant d'Asie, ont
néanmoins les lames qui les composent plus minces, plus rapprochées, plus multipliées, et à plis
ou festons moins grands.

Cuvier, en s'attachant à quelques autres caractères tirés des branches de la mâchoire inférieure,
formant un angle beaucoup plus ouvert que dans
l'éléphant de Ceylan, et à quelques autres petites
différences dans la hauteur des branches, ainsi que
dans le canal, prononce *que le Mammouth dif-*
fère, par l'espèce, des éléphants de Ceylan et
du Cap, que nous connaissons aujourd'hui. (2)

Camper fils, qui a fait de grandes recherches
sur le même sujet, et à qui les objets de comparaison ne manquaient pas, dans la riche et nombreuse collection de son père, discute, avec beaucoup de sagacité et d'égards, le sentiment de Cuvier en s'appuyant sur des exemples.

---

(1) *Handbuch der naturgeschichte* ; sixième édition,
pag. 697.

(2) Mémoire sur les espèces d'éléphants vivants et
fossiles, pag. 16 du tom. II des mémoires physiques
et mathémathiques de l'institut.

» J'espère, dit Camper, qu'on me permettra de
» présenter quelques doutes sur l'application trop
» générale des observations de Cuvier; ils sont
» fondés sur l'étude d'un grand nombre de molaires
» et de mâchoires fossiles, que feu mon père avait
» recueillies, dans le dessein de les comparer avec
» les ossements analogues d'éléphants, actuelle-
» ment en vie, pour en tirer des conclusions
» relatives à l'histoire physique de la terre.

» J'ai remarqué, en premier lieu, que les pla-
» ques des molaires ne sont pas toujours également
» serrées les unes sur les autres, dans les sujets
» vivants comme dans les fossiles, celles de la
» molaire a, e, d, planche IX, fig. 2, étant aussi
» nombreuses, aussi étroites et aussi légèrement
» ondoyantes que dans aucune molaire fossile que
» je possède. Les plaques de la fig. 6 et 7 sont
» plus écartées, et conformes aux dents de l'adulte,
» représentées fig. 3 de la planche XIII ; elles sont
» aussi plus ondoyantes, et conviènent parfaite-
» ment à la description de l'éléphant des Indes,
» donnée par Cuvier. Je puis montrer néanmoins
» les fragments de trois molaires fossiles, dont
» les plaques ne présentent pas moins d'écar-
» tement, et qui ne sont pas moins festonnées
» que celles de la race asiatique.

» Le nombre des plaques ou sillons varie dans
» les sujets vivants, comme dans les fossiles,
» même pour les molaires postérieures. C'est ainsi
» que la dernière molaire de la figure 2, planche

» XIX, aurait été composée de douze éléments,
» tandis que celle de la figure 6 en compte vingt-
» trois. Je pourrais alléguer une différence pareille
» dans le nombre des éléments qui composent les
» molaires fossiles du Mammouth.

» L'ouverture des branches de la mâchoire in-
» férieure n'est pas moins sujète à varier dans les
» individus de la même espèce, que le nombre des
» plaques dont il a été question : j'en puis confir-
» mer la réalité par les deux crânes d'éléphants
» de Ceylan que je possède. Les distances prises
» entre les extrémités antérieures des molaires,
» diffèrent dans les deux sujets, comme trois pouces
» et demi à un pouce trois quarts, ce qui réduit
» dans le dernier, la distance des molaires supé-
» rieures, à bien peu de chose. La même distance
» prise entre les molaires d'un Mammouth d'égale
» grandeur, n'excède pas trois pouces. La capacité
» du canal qui, dans chacun de ces individus, a
» terminé les mâchoires, diffère en raison de ces
» dimensions, *d'où il résulte que les propriétés*
» *énoncées par l'anatomiste français, ne sau-*
» *raient être adoptées comme des caractères*
» *spécifiques* (1) ».

L'on voit d'après cet examen comparatif, fait
avec autant de soin que de prudence, que des trois

----

(1) Description anatomique d'un éléphant mâle, pag.
19 et 20.

caractères établis par Cuvier, pour constituer son
nouveau genre, il ne reste plus que celui de la
courbure des branches, et le relèvement du menton, plus considérable dans la tête de l'éléphant
asiatique, que dans celle du Mammouth, dont les
mâchoires, moins courbées, touchent la terre par un
plus grand nombre de points, lorsqu'on veut les
placer d'à-plomb; mais ce simple caractère, tiré de
la forme, ce caractère isolé, est-il invariable lui-
même? a-t-on pu se procurer jusqu'à présent un
assez grand nombre de têtes de Mammouth, pour
les comparer, et pouvoir prononcer affirmativement qu'on doit considérer cet éléphant comme
formant une espèce particulière? Ces têtes de
Mammouth, et même les simples mâchoires inférieures, bien conservées, sont très-rares. Pallas,
qui a été plus que tout autre, à portée d'en observer un plus grand nombre, et qui a certainement
le talent et l'habitude de bien voir, nous apprend
que l'académie de Pétersbourg ne possède que trois
crânes entiers d'animaux de cette espèce, avec divers fragments; et après les avoir observés souvent
et avec attention, il les considère comme ayant appartenu à l'espèce vivante que nous connaissons.

C'est par les lumières de ce célèbre naturaliste,
que nous pouvons obtenir un plus grand nombre de
renseignements précieux, comparatifs et certains,
sur cet objet important, parce que de nouveaux
voyages, et des recherches subséquentes, ont enrichi encore la collection de Pétersbourg, la plus

nombreuse et la plus instructive qui puisse exister en
ce genre. J'ose donc inviter, au nom des sciences,
cet habile géologue, de vouloir éclaircir ce point de
fait, puisqu'il a de si nombreux matériaux à sa
disposition ; l'histoire naturelle lui aurait aussi une
grande obligation, si ses occupations pouvaient lui
permettre de faire de nouvelles recherches, tendantes à prouver qu'on n'a trouvé jusqu'à ce jour
dans les vastes domaines de la Russie, que l'espèce
d'éléphant connue sous le nom de *Mammouth*, et
celle dont les molaires protubérantes appartiènent
à l'éléphant inconnu, dont les restes existent aussi
non loin de l'Ohio et dans d'autres contrées.

Ces points de fait, une fois bien éclaircis, seront
autant de signaux certains et invariables, propres
à empêcher les géologues de s'égarer dans des
conjectures, qui dérivent d'observations qui n'ont
pas été suffisamment discutées, et sur lesquelles l'on
s'est trop pressé de prononcer et de tirer des inductions tendantes à retarder les progrès de la géologie, plutôt qu'à les avancer. Il y a peu d'inconvénients sans doute, dans les classifications méthodiques, de multiplier un peu trop les espèces,
parce que les méthodes systématiques étant artificielles et inventées pour diriger la marche de celui qui se trouverait embarrassé au milieu d'une
immensité d'objets, quelques points d'appui de
plus ou de moins ne sauraient nuire à la chose.

Mais en géologie, les erreurs en ce genre sont
d'une grande conséquence ; il vaut donc mieux sus-

pendre son opinion et attendre que des circonstances
plus heureuses, ou un examen plus réfléchi, répandent une clarté favorable sur cette matière, que
de courir le risque de se jeter dans une fausse
route.

Mon expérience et l'exemple de mes propres
erreurs, peuvent m'autoriser à dire à ceux qui se
consacrent à l'étude de la géologie, que tous leurs
efforts doivent tendre à considérer la nature et ses
plus grandes opérations, comme le résultat de
moyens simples. Car, si ce que nous appelons ses
secrets, échappe presque toujours à nos laborieux
efforts, c'est que nous allons chercher la nature où
elle n'est pas, et que lui prêtant nos petits moyens,
nos difficultés et les entraves qui nous lient, nous
lui supposons sans cesse des intentions mystérieuses
ou des vues qu'elle n'a pas; ce qui nous détourne
de la bonne voie, et nous égare dans un labyrinthe
compliqué, dont il est impossible ensuite de sortir.

Suivons donc la nature pas à pas, sans trop nous
presser; arrêtons nous sagement là où la route
n'est pas tracée; attendons que des mains habiles
en facilitent les accès, et cherchons à arriver par
d'autres sentiers, vers des lignes qui correspondent
à la première voie; c'est ainsi qu'à l'aide du temps
et en suivant les mêmes traces, nous pourrons avancer dans la route des découvertes, distinguer quelques points de l'histoire des faits, et reconnaître
que les évènements qui en dérivent, quelque
grands, quelqu'étonnants qu'ils nous paraissent,

résultent néanmoins de combinaisons simples, et
dépendantes de l'état et de l'ordre actuel des choses.
C'est ainsi qu'au lieu de prêter des moyens petits
et compliqués à la puissance qui laisse agir tant de
corps, il est plus digne de sa gloire d'avoir tout
ordonné dans le premier acte de sa volonté.

Ces réflexions qui ont découlé rapidement et
sans ordre de ma plume, je les laisse subsister telles
qu'elles se sont présentées à ma pensée, parce que
le motif qui les a fait naître est celui de simplifier,
autant que mes faibles lumières peuvent le permettre, une science en quelque sorte nouvelle,
dont les abords étaient si·hérissés d'épines, et le
fond si compliqué avant les progrès de l'histoire
naturelle et de la chimie, qu'on avait préféré de
s'en tirer par un proverbe, en disant que *le monde
serait livré aux disputes des hommes.*

§. I.

Eléphant à dents molaires protubérantes.

C'est dans la Virginie, vers les sources salées
(the great saltliks) à trois milles de distance à l'est
de l'Ohio, et à cinq cent quarante milles au-dessus
du fort Pitt, qu'on trouve·dans la terre et près
d'un escarpement, un dépôt considérable d'ossements divers de grands animaux, parmi lesquels
on distingue des fémurs, des dents molaires à
pointes obtuses, des portions de crânes, et autres os.

Les sauvages de cette partie de l'Amérique, ont

Tome I.er   17

une très-ancienne connaissance de ce lieu; et justement étonnés de cette réuuion d'ossements gigantesques, ils ont bâti une fable à leur manière , qui
ne prouve autre chose, si ce n'est que ce tableau de
mort et de destruction les a vivement frappés; c'est
ainsi que les anciens habitants de la Sibérie ont une
tradition fabuleuse d'un autre genre, sur leur
Mammouth, qu'ils font vivre sous terre.

Je n'entrerai point ici dans les détails historiques
sur l'époque où plusieurs de ces ossements furent
envoyés en France ainsi qu'en Angleterre , ni sur
les opinions diverses qu'ils firent naître parmi les
anatomistes et les zoologistes ; on les trouve
dans les mémoires de l'Académie des Sciences (1), dans Buffon (2), dans les Transactions
philosophiques (3), dans les commentaires de Pétersbourg (4), et dans l'excellent ouvrage sur la
description anatomique de l'éléphant, par Camper (5), où son fils a discuté avec beaucoup de sagacité et une saine critique , tout ce qui a été écrit
à ce sujet , et a réduit la question a son véri-

_____

(1) *Mémoires de l'académie des sciences*, 1727, in-8°.
tom. II , pag. 429.
(2) *Buffon, histoire naturelle*, in-4°. , tom. XI, pag.
172 et suppl. tom., V , pag. 515.
(3) Philos. transact. tom. LVII ; *ibid.* tom. LVIII.
(4) Comment. acad. Petrop. tom. I, année 1777, publié·
en 1780.
(5) Description anatomique de l'éléphant , in-fol. pag.
20 et 21.

table point de fait , en examinant d'une autre
manière, un fragment très-considérable de la mâchoire supérieure de cet animal inconnu, morceau capital qui avait induit en erreur Michaëlis ,
et le célèbre Pierre Camper lui-même qui le possédait dans son riche et savant *Muséum*. Il était
réservé à son fils , digne élève d'un si grand maître, de faire pour l'*incognitum de l'Ohio* (l'éléphant à dent molaire protubérante) que son père
avait pris avec Michaëlis, pour une espèce particulière de grand quadrupède, ce qu'il a fait pour
l'*incognitum de Maestricht*, (le crocodile) qu'il
avait regardé comme ayant appartenu à un cétacé
inconnu. Camper fils a très-bien démontré, d'après
la pièce même qui avait induit son père en erreur, que l'animal de l'Ohio était un éléphant
d'une espèce particulière et inconnue, et que le
prétendu cétacé de Maestricht était un crocodile
d'une espèce particulière.

Pierre Camper eût éprouvé sans doute une
double jouissance en voyant son fils résoudre deux
problèmes qui l'avaient embarrassé lui-même, et
pour la solution infructueuse desquels il avait acquis des objets d'une valeur considérable , fait
des voyages en Angleterre et à Paris, et adressé
divers mémoires à l'académie de Pétersbourg, et
à la société royale de Londres (1).

(1) Le premier tact de Camper était parfait, et lorsqu'il voyait , pour la première fois , un objet d'histoire

17.

L'incognitum de l'Ohio est donc un éléphant
d'une espèce particulière ; Cuvier et tous les autres
zoologistes sont du même sentiment avec raison.
Voici quelques caractères qui lui sont propres, et
que je puise dans le savant ouvrage de Camper fils,
qui a traité cette question.

« En résumant en peu de mots les caractères
» spécifiques de l'espèce fossile de l'Ohio, l'on
» verra qu'elle se distingue des autres.

» 1°. Par l'extrême solidité de la charpente du
» squelette ;

» 2°. Par des mâchoires plus longues d'un tiers ;

---

naturelle, un certain instinct lui faisait toujours reconnaître la vérité. Daubenton attribuait les molaires
de l'animal de l'Ohio, à une grande espèce d'hyppopotame ; William Hunter chercha, de son côté, à démontrer
que jamais ces mêmes molaires n'avaient pu servir à
un éléphant, et il en fit un carnivore armé de défenses.
Camper se mêla de la discussion ; «puisqu'il est prouvé,
» dit-il, que cet animal est armé de longues défenses,
» il ne saurait prendre sa nourriture sans une trompe ;
» c'est donc un éléphant, mais d'une espèce particulière
» et inconnue » : cette conclusion, qui était fondée, fut
développée dans un mémoire que Camper adressa ensuite
à la société impériale de Pétersbourg, en 1777.

Quelque temps après, Michaëlis qui avait demeuré
à Philadelphie, en rapporta un fragment très-considérable de la mâchoire supérieure de l'animal de
l'Ohio ; il crut y voir un animal étranger à l'éléphant,
et il en fit un quadrupède d'une nouvelle espèce. Camper

» 3°. Par des molaires plus nombreuses, d'une
» structure moins composée que celle des autres
» éléphants, et enchâssées séparément dans des
» alvéoles régulièrement cloisonnées ;
» 4°. Par une plus grande obliquité de la ligne
» faciale, puisqu'enfin il est prouvé qu'avec des
» mâchoires si extraordinairement prolongées,
» les molaires ne pénètrent dans les os maxillaires
» que de trois ou quatre pouces ; le front doit donc
» avoir été moins élévé que dans l'espèce d'Asie,
» dont les alvéoles ont jusqu'à six ou sept pouces
» de profondeur, et dont les couronnes débordent

---

fit l'acquisition de ce morceau capital, l'examina, l'étudia,
le compara, et renonça à sa première opinion ; il fit
plus encore, il la rétracta dans un second mémoire adressé
à l'académie de Pétersbourg. Son fils a démontré, dans
l'ouvrage qu'il vient de publier, que son père avait bien
vu la première fois, et s'était trompé la seconde, pour
n avoir pas envisagé cette mâchoire supérieure dans sa
véritable position. Voyez pag. 21 de la description de
l'éléphant.

Il en fut à-peu-près de même de l'animal de Maestricht ; Camper le considéra, en le voyant pour la première fois, comme un crocodile d'une espèce nouvelle ;
cherchant ensuite à le comparer avec d'autres animaux,
il lui trouva quelques rapports par la dentition avec un
dauphin, et il en fit un *physeter* d'une espèce inconnue ;
il envoya à ce sujet un mémoire à la société de Londres.
Il se trompait encore ici ; j'ai osé être d'un avis contraire, son fils a prouvé que j'avais raison.

» d'ailleurs beaucoup davantage : l'un et l'autre
» ajoutant à la hauteur de l'axe vertical de la tête,
» change les proportions du profil (1). »

Tout ce que Camper fils a écrit sur l'éléphant de
l'Ohio, achève de mettre cette vérité dans le plus
grand jour ; et l'on doit lui savoir d'autant plus
gré des suites qu'il a données à son travail, dans
l'intention très-pure de découvrir la vérité, qu'il
était lui-même fortement prévenu en faveur de
l'opinion de son père, et qu'il a eu la bonne-foi de
convenir que ce dernier s'était trompé ; si l'on
apportait toujours la même loyauté dans de semblables discussions, les sciences feraient des pas
bien plus rapides.

Depuis l'époque très-nouvelle de la publication
de l'ouvrage de Camper, on a acquis une preuve
matérielle qu'il ne s'est pas trompé. M. Peales,
directeur du Muséum d'histoire naturelle de Philadelphie, à force de recherches, de voyages et
de dépenses, est parvenu à réunir la charpente
osseuse entière de ce grand quadrupède, et en
a formé un squelette admirable, auquel il ne
manque presque rien. Ce morceau précieux et
unique en histoire naturelle, est dans le cabinet
de Philadelphie, dont il fait l'ornement. Les
sciences auront obligation à l'Amérique de ce fait
si important en géologie, et M. Peales nous a appris,

_____

(1) Camper, description anatomique d'un éléphant,
pag. 24.

dans sa correspondance avec le Muséum, que
deux de ses fils se disposaient à en faire transporter
un second, un peu moins parfait, à Londres,
de là à Paris. Il considère cet animal comme un
éléphant d'une espèce particulière, et à dents molaires pointues (1). Il lui donne mal à-propos le nom
de Mammouth, qui est spécialement consacré à
l'espèce fossile de l'éléphant de Sibérie.

J'ai fait figurer, planche XIV, fig. III, une dent
molaire de l'éléphant à dents pointues ou protubérantes, afin d'en donner une idée exacte à ceux
qui n'ont pas été à portée de voir des dents de
cette espèce ; les molaires de l'éléphant d'Asie, et
de celui d'Afrique, sont placées sur la même planche,
ce qui permet d'en distinguer non seulement les
caractères, mais encore de pouvoir les comparer
facilement, et d'en saisir plus promptement les différences. Je n'ai pas cru qu'il fût nécessaire de
représenter la dent de l'éléphant de Sibérie, connu
sous le nom de Mammouth, parce qu'elle ne diffère de celle d'Asie, que par ses lames et ses sillons
parallèles plus rapprochés ; l'on sera toujours à
temps d'en former une espèce particuliere, lorsque
de nouvelles recherches, et un examen fondé sur
de plus nombreuses observations, ne laisseront
plus subsister de doutes à ce sujet.

---

(1) *Vid.* L'extrait d'une lettre de M. Peales, directeur
du Muséum d'histoire naturelle de Philadelphie, insérée
dans les annales du Muséum de Paris, tom. I, pag. 251.

Je ne pense pas qu'il faille rejeter cette espèce,
sans avoir approfondi la question, avec le même
soin, et en quelque sorte avec la même tenacité,
qu'on a mis dans celle de l'espèce de l'éléphant de
l'Ohio, parce que c'est ainsi qu'on arrive à la
vérité; en géologie, les erreurs de cette nature
sont d'une conséquence si nuisible aux progrès de
cette science, et peuvent jeter celui qui s'en
occupe dans des inductions si propres à le détourner du vrai but, qu'il est plus prudent d'attendre et de tenir en réserve les questions dou-
teuses, pour les reprendre lorsqu'il en sera temps,
que de les admettre avec trop de facilité.

Résumé général sur les Eléphants.

Il résulte de tout ce qui a été dit ci-dessus, qu'il
existe deux espèces d'éléphants vivants, dont les
caractères sont bien séparés.

La première. L'éléphant *d'Asie*, dont les molaires se distinguent par des sillons, tantôt plus,
tantôt moins serrés, plus ou moins ondoyants, qu'on
pourrait désigner par la phrase suivante :

*Elephas Asiaticus, dentium molarium coroná
lineis plus vel minus parallelis, plus vel minus
undulatis, distinctá.*

La seconde. L'éléphant d'Afrique, dont les
dents molaires, composées de plusieurs lames,
ont leurs couronnes marquées de rhomboïdes plus
ou moins réguliers. Les défenses des éléphants
de cette espèce, sont ordinairement plus grosses,

et les femelles en sont pourvues comme les mâles.
Nous les appèlerons, avec Blumenbach,
*Elephas , dentium molarium coronâ rhombis
distinctâ.*

Telles sont les deux espèces vivantes que nous
connaissons , et qui existent encore en grand
nombre dans l'Asie et dans l'Afrique , malgré les
hommes, la multitude de leurs moyens et la supériorité de leurs armes.

Quant aux éléphants dont on trouve tant de
restes fossiles , nous les placerons ici en seconde
ligne, et comme des pierres d'attente , jusqu'à
ce que des circonstances heureuses, telles que
des voyages entrepris dans l'intérieur des vastes
contrées de la Nouvelle Hollande , ou dans les
parties les plus reculées de l'Afrique, nous ayent
appris enfin s'il faut les ranger dans la classe des
êtres vivants, ou s'il faut définitivement les considérer comme des races éteintes.

*Troisième espèce qu'on trouve dans l'état
fossile.*

Le Mammouth (1) , *elephas primigenius* de
Blumenbach (2); *elephas Mammonteus , maxillâ*

----

(1) Le mot Mammouth est Sibérien , et signifie *ossements de terre. Mama,* en langue Tartare, signifie *terre.*
On a donné, mal-à-propos, le nom de Mammouth à l'éléphant à molaires protubérantes de l'Ohio.

(2) Handbuch der naturgeschichte, sixième édition,
pag. 597.

obtusiore, lamellis molarium tenuibus rectis.
Cuvier, mémoire sur les éléphants, tom. II, pag.
21 des mémoires de l'institut.

J'ai dit qu'il serait possible que cet éléphant ne
fût qu'une variété de celui d'Asie.

Quatrième espèce. L'éléphant, à tête allongée
et lourde ; à longues défenses ; à molaires composées de trois ou cinq plaques tuberculeuses :
*elephas americanus, molaribus multi-cuspidi-
bus, lamellis post detritionem quadri-lobatis.*
Cuvier, mémoire cité ci-dessus; pag. 21. « Elé-
» phant à squelette considérablement plus épais;
» à tête allongée, et prodigieusement lourde ; à
» longues défenses, que Pennant a qualifié d'*A-*
» *méricain*; à molaires plus nombreuses, com-
» posées de trois ou cinq plaques, hérissées de
» tubercules, ensuite marquées d'un double trèfle.
» *Camper, description anatomique de l'élé-
» phant.* pag. 24. »

Cette espece est bien caractérisée.

Vid. Pour la localité, l'excellent *Traité sur la
constitution physique de la Virginie*, par Monsieur Jefferson, pag. 70 de l'édition anglaise de
1782.

EXPLICATION

DE LA PLANCHE XII.

Eléphant mâle et éléphant femelle, du Muséum d'histoire naturelle, et quelques détails sur l'âge et la grandeur de ces deux animaux.

Cette planche offre la figure, ou plutôt le portrait des deux éléphants de la ménagerie du jardin des plantes, d'après le dessin de Maréchal. Ces deux éléphants, mâle et femelle, furent envoyés, de Ceylan, à l'âge de deux ans et demi, et donnés en présent au prince d'Orange, par la compagnie des Indes hollandaises, en 1782, (et non en 1786 comme l'annonce l'auteur de l'ouvrage, qui a pour titre *Ménagerie du Muséum* ; second cahier, pag. 10.)

Leur taille, à cette époque, s'élevait à trois pieds six pouces de France ; ci. . . . . . 3 pieds 6 p.

Il leur fallait alors à chacun par jour, vingt-cinq livres de foin, et quelques livres de carottes ou de pommes de terre ; ils buvaient entre eux deux environ huit seaux ordinaires d'eau dans l'été, et six pendant l'hiver.

Ils étaient dans une ménagerie, auprès du château de Lô, en Gueldre, appartenant au Stathouder, et sous la surveillance d'un Cornac anglais nommé Tompson, où ils sont restés jusqu'en 1797, époque où il fut décidé qu'ils seraient envoyés en France, pour être placés dans la ménagerie du Muséum d'histoire naturelle. D'après les renseignements très-exacts que j'ai pris dans le temps en Hollande, ces éléphants avaient quatorze ans, lorsqu'on prit le parti de les faire passer en France; mais comme les préparatifs, pour la construction des voitures, furent très-longs, et que le voyage fait en partie par les canaux, et en partie par terre, entraîna aussi beaucoup de longueurs, il s'écoula au moins six mois avant qu'ils fussent rendus à Paris. Ces animaux avaient donc quatorze ans et demi, lorsqu'ils entrèrent dans la ménagerie du Muséum, vers la fin du mois d'octobre 1797.

Ils existaient tous deux en très-bon état, au commencement du mois de janvier 1802. Le mâle avait, à cette époque, huit pieds de hauteur, moins quelques lignes; je l'ai fait mesurer moi-même plusieurs fois. La femelle, dont je donnerai bientôt les dimensions, est un peu moins grande; il y a donc erreur, au moins de quatre pouces en plus, sur sa hauteur, pag 10 dans le livre qui a pour titre *Ménagerie du Muséum*, ouvrage d'ailleurs très-estimable, lorsqu'on a dit *qu'ils ont huit pieds quatre pouces*. Ils ont crû, depuis leur arrivée à Paris, d'environ un pied de hauteur.

Ces animaux n'ont jamais consommé, journellement, plus de cinquante liv. de foin, dix-huit liv. de pain, quelques bottes de carottes, et quelquefois cinq à six livres de pommes de terre, chacun par jour. On leur donne aussi une botte de paille, à chacun, plutôt pour les amuser que pour les faire manger; ils buvaient, entre eux deux, environ vingt-cinq seaux d'eau par jour dans l'été, et quinze à seize pendant l'hiver.

Le mâle mourut subitement dans la nuit du 6 janvier 1802, âgé de dix-neuf ans. La femelle vit encore et jouit d'une bonne santé.

La figure placée au haut de la planche, est le portrait du mâle, dont la tête est plus grosse et plus protubérante vers le front, que celle de la femelle.

La seconde figure est le portrait de la femelle, dont le front est plat et même un peu enfoncé ; on leur a donné, dans le dessin, des défenses beaucoup plus grandes qu'ils ne les avaient, afin de faire comprendre à ceux qui n'ont jamais vu d'éléphants, la manière dont ces animaux portent leurs défenses, qui devièrent extrêmement grosses dans quelques espèces.

« Voici les dimensions du mâle :

Sa longueur, depuis le front près de l'œil jusqu'à la naissance de la queue, dix pieds deux pouces ; ci . . . . 10 pieds 2 p.

Sa hauteur, depuis le sommet de la tête jusqu'à terre, huit pieds ; ci. . . 8 p.

Depuis la partie la plus élevée du dos jusqu'à terre, sept pieds huit pouces ; ci. . . . . 7 p.   8 p.

Depuis le haut de la cronpe jusqu'à terre, sept pieds ; ci. . . . . . . 7 p.

Epaisseur du poitrail, trois pieds deux pouces ; ci. . . . . 3 p.   2 p.

Epaisseur prise vers le train de derrière, trois pieds quatre pouces. . . 3 p.   4 p.

Longueur de la trompe, dans son état naturel, cinq pieds quatre pouces, mais elle était susceptible d'un plus grand allongement ; ci. . . . . . . 5 p.   4 p.

Hauteur de la tête, depuis le sommet jusqu'au-dessous du menton, trois pieds ; ci. . , ... 3 p.

Longueur de la tête dans l'état de vie. 2 p.   6 p.

Son poids était, après sa mort, de cinq mille cinq cents livres.

La peau seule pesait cinq cent quatre-vingt-douze liv.

Dimensions de la femelle.

La longueur de son corps, depuis le front jusqu'à la naissance de la queue, neuf pieds six pouces ; ci. . . . . 9 p.   6 p.

Hauteur, depuis le sommet de la tête jusqu'à terre, sept pieds quatre pouces ; ci. . . . . 7 p.   4 p.

Hauteur, depuis la croupe jusqu'à terre, six pieds neuf pouces ; ci. . . 6 p.   9 p.

Largeur du poitrail, trois pieds deux pouces, ci. . . . - . . . . 3 p.   2 p.

Largeur de l'arrière train, trois pieds cinq pouces ; ci. . . . . 3 p.   5 p.

Hauteur de la tête, depuis le sommet jusqu'au-dessous du menton, trois pieds ; ci. . . . . 3 p.

Longueur de la tête, deux pieds trois pouces ; ci. . . . . 2 p.   3 p.

Longueur de la trompe dans son état naturel, quatre pieds six pouces. . . 4 p.   6 p.

EXPLICATION

DE LA PLANCHE XIII.

Squelettes de la tête d'un Eléphant d'Asie, et d'un Eléphant d'Afrique.

La figure placée vers le haut de la planche, est celle de la tête d'un éléphant d'Asie, des galeries anatomiques du Muséum, et qui a été apportée du cabinet d'histoire naturelle de la Haye.

Mesurée verticalement, depuis le sommet de la tête jusqu'à la base de la mâchoire inférieure, elle a deux pieds cinq pouces de hauteur; ci. . 2 pieds 5 p.

Depuis l'os occipital jusqu'à l'extrémité du conduit osseux, ou alvéoles destinées à recevoir les défenses, deux pieds un pouce; ci. . . . . . 2 pieds 1 p.

Le profil de cette tête fait voir le front creusé en manière de courbe concave, et le haut de la tête bien plus pyramidale que celle de l'éléphant d'Afrique.

Cet éléphant asiatique était jeune, ainsi qu'il est facile d'en juger non seulement par les sutures qui sont très-apparentes, mais par un point de comparaison facile à saisir, que me fournit la tête de l'éléphant mâle, de la ménagerie du Muséum, mort à l'âge de dix-neuf ans, dont j'ai déjà fait mention dans le texte de ce livre.

J'ai mesuré avec soin cette dernière tête, très-bien préparée par Rousseau, dissecteur du Muséum; elle a, en prenant des mesures conformes aux précédentes, hauteur verticale, deux pieds onze pouces; ci. 2 p. 11 p.

Depuis l'os occipital jusqu'au bout des alvéoles des défenses, elle a deux pieds huit pouces; ci 2 pieds 8 p.

La tête de l'éléphant qui a vécu dans la ménagerie du Muséum, ayant donc six pouces de hauteur verticale de plus, sept pouces de diagonale de plus, et cet animal étant mort à l'âge de dix-neuf ans, il est à présumer que celui qui a été figuré dans cette planche, ne devait guère avoir plus de quatorze ou quinze ans.

Le squelette de la seconde tête, est celle de l'éléphant d'Afrique; elle est de l'individu qui existe, ainsi que le corps entier, dans les galeries anatomiques du Muséum.

Sa hauteur verticale, depuis le sommet de la tête jusqu'à la base de la mâchoire inférieure, est de deux pieds un pouce; ci . . . . 2 p. 1 p.

La ligne diagonale, depuis l'os occipital jusqu'à l'extrémité des alvéoles des défenses, deux pieds trois pouces; ci. . . . . 2 p. 3 p.

Le profil de cette tête diffère aussi de celui de la précédente, en ce qu'au lieu d'avoir le front concave, elle présente une ligne circulaire convexe.

Tels sont les principaux caractères extérieurs, qui suffisent à ceux qui s'occupent de l'histoire naturelle des animaux fossiles, pour distinguer les éléphants d'Asie d'avec ceux d'Afrique; la forme des dents est aussi un excellent caractère, pour les différentes espèces d'éléphant; c'est ce qui m'a déterminé à faire figurer, sur une même planche, celles qui ont des marques distinctives, que l'œil peut saisir sans équivoque, ni ambiguïté.

EXPLICATION

DE LA PLANCHE XIV.

Dents d'Eléphants d'Asie, d'Afrique, et de l'Eléphant
à molaires protubérantes.

Fig. I. Est une très-grosse dent molaire de l'éléphant
asiatique ; elle n'est point fossile, et a été dessinée
par Maréchal, sur une dent venue des Indes. Les
sillons sont parallèles, un peu contournés sur les
bords, tandis que sur des molaires d'autres individus
des mêmes contrées asiatiques, on voit quelquefois
les sillons plus rapprochés, plus contournés, et souvent
même séparés, et comme penchés vers une des extrémités de la dent.

Fig. II. Dent molaire de l'éléphant d'Afrique, d'après
un individu venu du Congo ; les lozanges ou rhomboïdes, sont toujours constants dans cette espèce,
et quoiqu'ils soient un peu plus ou un peu moins
réguliers, dans tel ou tel individu, l'organisation n'en
est pas moins la même. Ce caractère paraît invariable, et sert à séparer l'espèce d'une manière très-
distincte.

Fig. III. Est une dent molaire de l'animal inconnu de
l'Ohio, sur lequel on a tant écrit, et qu'on reconnaît
à présent pour une espèce particulière d'éléphant,
qu'on croit ne plus exister vivant dans aucune partie
du monde.

Tome Ier.   18

La dent que j'ai fait graver, est une des plus considérables pour le volume ; c'est celle que Monsieur Devergennes, ancien ministre, envoya en 1770, à M. de Buffon; elle pèse onze livres quatre onces, et fut trouvée dans la petite Tartarie, avec divers ossements qu'on négligea de recueillir.

L'abbé Chappe en envoya, de Sibérie, une à Buffon, qui ne pèse que trois livres quatre onces.

Une autre très-belle, et parfaitement conservée, fut apportée de l'Amérique septentrionale, par Monsieur Dauterive, à présent chef de division au ministère des relations extérieures.

On en a trouvé de semblables en Toscane et dans diverses parties de l'Italie, ainsi qu'en Angleterre et en France.

EXPLICATION

DE LA PLANCHE XV.

Mâchoire inférieure fossile de l'Eléphant trouvé près de l'Ohio.

J'ai fait graver cette mâchoire, d'après un dessin qui me fut envoyé de Philadelphie, il y a quelques années, et que Maréchal a réduit, avec beaucoup d'exactitude, sur une moindre échelle, afin qu'elle pût entrer dans le format de ce livre ; elle a des rapports avec celle que William-Hunter a figurée dans le LVIII volume des *Transactions philosophiques de Londres*.

Malgré qu'on n'apperçoive qu'une grosse molaire garnie de quatre rangées de corps protubérants, l'on distingue une espèce d'enfoncement en avant de la mâchoire, qui paraît avoir été une alvéole, propre à recevoir une seconde dent molaire qui se serait détachée. L'on voit les mêmes traces d'une semblable alvéole dans la mâchoire inférieure dont la figure accompagne le mémoire cité de Hunter.

Pierre Camper possédait, dans sa collection, le morceau le plus capital en ce genre, qu'il tenait du docteur Michaëlis ; qui avait résidé long-temps à Philadelphie ; c'est un fragment très-considérable de la mâchoire supérieure de l'animal de l'Ohio, ayant trois dents molaires encore dans leurs alvéoles, avec deux fortes apophyses à une des extrémités: Le dessin de ce rare morceau fut envoyé , avec un mémoire, à l'académie impériale de Pétersbourg, qui l'a fait graver à la suite du mémoire de Camper , dans le tom. II , tab. 9 , des actes de cette société.

Ce qu'il y a d'extraordinaire , c'est que Pierre Camper, qui, avant d'avoir eu en sa possession le bel échantillon de Michaëlis, avait regardé l'animal en question, comme ayant eu une trompe, et des défenses qui le classaient dans le genre des éléphants , rétracta dans un second mémoire , l'excellente opinion qu'il avait émise, à ce sujet, dans un précédent mémoire adressé à la même société. Il était réservé à son fils, de relever l'erreur de son père au sujet de cet animal , de même qu'il l'a fait, ainsi qu'on l'a pu voir, au sujet du crocodile de Maëstricht.

Il paraît que ce qui avait trompé Pierre Camper, dans l'examen de cette grande portion de mâchoire, c'est qu'en suivant l'indication de Michaëlis, il l'avait étudiée en la considérant dans une position qui n'était pas la sienne ; mais son fils , après bien des doutes et des tâtonnements, sur le mécanisme de cette portion de mâchoire supérieure , trouva enfin sa véritable position naturelle ; et après un examen nouveau, et une discussion très-instructive et très-intéressante, qu'il faut lire dans le livre même qu'il vient de publier, il démontre l'erreur du docteur Michaëlis, ainsi que celle de son père , et conclut que cette mâchoire a certainement appartenu à un grand animal du genre des éléphants, mais d'une structure osseuse plus forte que celle des éléphants ordinaires.

Je rappèle cette circonstance importante, parce que, donnant ici la figure d'une portion de la mâchoire inférieure du même animal, il est essentiel d'avoir des

notions bien exactes sur tout ce qui concerne la forme
de la mâchoire supérieure, ainsi que le nombre des
dents molaires.

On a vu que la portion de mâchoire supérieure,
venue de Michaëlis, avait trois molaires fixées dans
les alvéoles. Camper fils conclut, d'un second exemple,
que cette espèce inconnue d'éléphants devait avoir au
moins trois dents à chaque portion de mâchoire supérieure : ce qu'il dit à ce sujet mérite d'être connu.
« Le fragment du crâne d'un individu de pareille es-
» pèce, que je conserve dans ma collection, fournit
» des preuves certaines qu'il y en avait au moins trois
» dans chacune des mâchoires supérieures; les dimen-
» sions en étaient fort inégales; car, tandis que les
» dernières ont cinq rangées de pointes, on en re-
» marque seulement trois à celles qui précédent. La
» mâchoire inférieure, représentée par Hunter, dans
» les Transactions philosophiques, ne contient plus
» qu'une seule molaire; il est cependant facile d'y re-
» connaître l'avéole d'une seconde dent plus avancée.
» Il en résulte que le nombre des dents mâchelières,
» a dû être plus grand dans les mâchoires supérieures
» que dans les inférieures (1) ».

Camper donne ensuite quelques détails anatomiques
sur la grandeur des têtes fossiles de l'animal de l'Ohio,
comparée avec celles des plus gros éléphants asiatiques,
et il trouve que l'éléphant à molaires protubérantes, doit
excéder d'un quart pour les os de la tête, celui d'Asie; il
résume ensuite les caractères spécifiques de l'espèce fossile

(1) Description anatomique d'un éléphant, par Camper; pag.
22 et suiv. de l'édit. in-folio.

dont il s'agit, en les distinguant des autres éléphants;

» 1º. Par l'extrème solidité de la charpente du
» squelette ;

» 2º Par des mâohoires plus longues d'un tiers;

» 3º Par des molaires plus nombreuses, d'une structure
» moins composée que celle des autres éléphants , et
» enchâssées séparément dans des alvéoles régulières et
» cloisonnées ;

» 4º. Par une plus grande obliquité de la ligne faciale ,
» puisqu'enfin il est prouvé qu'avec des mâchoires si
» extraordinairement prolongées , les molaires ne pénè-
» trent dans les os maxillaires que de trois ou quatre
» pouces ; le front doit donc avoir été moins élevé que
» dans l'espèce d'Asie , dont les alvéoles ont jusqu'à
» six ou sept pouces de profondeur , et dont les cou
» ronnes débordent d'ailleurs beaucoup davantage : l'un
» et l'autre, ajoutant à la hauteur de l'axe vertical de
» la tête, change les proportions du profil. » *Description
anatomique de l'éléphant , par Camper*; *pag. 22 et suiv.*

Au surplus, le cabinet d'histoire naturelle de Philadelphie , possédant actuellement le squelette de l'animal
entier , monté par les soins de M. Peales, toute discussion à ce sujet sera terminée par une bonne figure de
l'animal.

DES ÉLÉPHANTS FOSSILES.

Il n'y a point de cabinets d'histoire naturelle publics, et même de collections particulières un peu distinguées, qui ne renferment des dents molaires, des femurs ou des défenses fossiles d'éléphants. La quantité qui en a été trouvée en Allemagne, en France, en Italie, en Angleterre et dans d'autres parties de l'Europe, est si considérable que ce nombre aurait de quoi nous étonner, si on y pouvait réunir tout ce que l'ignorance, l'insouciance et d'autres circonstances particulières en ont laissé détruire. L'on a pu voir, par ce que Pallas a dit de ceux de l'Asie boréale, *que sous tous les climats et à toutes les latitudes, depuis la zóne des monts qui bordent l'Asie, jusqu'aux bords glacés de l'Océan, toute la Sibérie est remplie de ces ossements prodigieux; le meilleur ivoire est aussi celui qui se trouve dans les contrées voisines du cercle polaire, et dans les pays les plus orientaux qui sont beaucoup plus froids que l'Europe sous la même latitude, pays où il n'y a que la superficie du sol qui dégèle en été.* (1)

_____

(1) Notabile primùm est in omni climate vel sub omni latitudine, à zonâ montium Asiam dividentium usque ad conglaciatas oceani borealis oras, universam

Celui qui aime à interroger la nature sur l'histoire physique de la terre, doit se rappeler souvent cette courte mais éloquente topographie, qui donne une haute idée du nombre étonnant de ces animaux gigantesques, ensévelis dans un cimetière qui occupe plusieurs degrés de la terre.

Ils n'ont point fini le cours d'une longue vie ces éléphants, dans l'espace immense qu'occupent leurs cadavres, et ce n'est pas sur la superficie du sol qu'on trouve leurs restes; *ces débris*, dit Pallas, *demeurent ensévelis et cachés çà et là, dans des lieux éloignés du cours des eaux, et sous un sol plus élevé...... On en trouve dans des terres sablonneuses, et qui y ont été ensévelis comme dans un tombeau....; dans les lieux renommés pour l'ivòire fossile et pour les ossements; les membres des animaux se trouvent, le plus souvent, comme jetés au hasard; on dirait qu'ils ont flotté dans les eaux, et ont*

Sibiriam ubique ossibus mamonteis æquè feracem esse; optimumque reperitur ebur fossile in terris arctico circulo vicinis, inque regionibus maximè orientalibus, quæ sub eâdem latitudine Europâ multò frigidiores sunt, et quarum solum æstate tantùm in superficie regelari solet. *De reliquiis animalium exoticorum per Asiam borealem repertis complementum auctore, P. S. Pallas.* Novi commentarii academiæ scientiarum imperialis Petropolitanæ; tom. XVII, 1772, pag. 578.

été ensuite recouverts par un limon, et surtout
par des couches de galets, évidemment amassés
par l'effet des ondes et de la fluctuation; souvent
même ils se trouvent adjoints à divers restes
de corps marins (1).

Ces restes de grands quadrupèdes terrestres,
mêlés avec des corps marins, sont dignes de toute
l'attention de ceux qui aiment à méditer sérieusement sur les causes qui ont fait périr, et ont
entraîné au loin des animaux qui vivaient sous
d'autres latitudes; et ces dépouilles de la mer, qui
ont suivi la même route, ne nous apprènent-elles
pas qu'a cette époque la terre a éprouvé quelque
terrible secousse, et que l'antique Océan, rom-
pant brusquement ses barrières, a tout noyé,
a tout entraîné, a tout enseveli? Ce n'est pas une
seule fois que Pallas nous parle de ces corps marins
confondus avec des corps terrestres ; entendons-
le encore une fois sur un sujet d'un si grand
ordre.

« On doit rapporter, au même sujet, les restes
» de squelettes d'éléphants, qu'on rencontre ordi-
» nairement le long des rivières de *Tura*, d'*Isette*

---

(1) Sed in plerisque ripis, quæ fossili ebore ossibusque
inclaruerunt, membra animalium plerùmque disjecta
reperiuntur, quasi à flluctibus agitata et obruta limo
vel glareosis maximè structis evidentissimè undarum
effectu et fluctuatione congestis, imò variis sæpè corporum
marinorum reliquiis consociata. *Ubi suprà.* pag. 579.

» et de *Schiass*, au pied du mont *Oural*, du
» côté de l'orient, de même que ceux qu'on
» trouve aussi du côté occidental de ce mont,
» le long du *Kama* et des fleuves qui s'y jetent.
» Or, ces débris gissent dans des couches de terre
» *où ils se trouvent mêlés avec des restes d'ani*
» *maux marins.*

» Que ces débris ayent d'abord été submergés
» par la mer, et ensuite déposés dans les couches
» superficielles de la terre, c'est ce que m'ont
» prouvé les os que l'on a trouvés, 1°. sur l'*Isette*,
» dans le district de *Suuarisch*, à peu de dis-
» tance de la petite bourgade qui a pris son nom
» de *Koltschedanskoi Ostrog*, de la quantité de
» pyrites de cet endroit ; 2°. et encore plus près
» du village de *Tumakul*, sous différentes couches
» de sable, d'argile et d'une terre ferrugineuse :
» or, ces os étaient mêlés avec des *glossopètres,*
» *des pyrites et d'autres matières qui attestent*
» *une inondation de la mer.* J'ai donné à ce sujet
» des détails plus étendus dans le second volume
» de mon voyage, (de l'édition allemande.)

» Mais c'est particulièrement le long de l'*Irtis*
» que j'ai vu les preuves les plus évidentes de
» l'action de la mer ; j'en suivis tout le cours
» pendant l'été de 1771, jusqu'au pied du *mont*
» *Altaï* qui se continue dans l'Asie, en examinant
» les rives très-élevées qui, par intervalles, de-
» viennent fort escarpées le long du fleuve qui
» tend à se répandre dans d'immenses campagnes

» sablonneuses et dans les plaines , et est retenu
» par des escarpements formés de dépôts de ga-
» lets stratifiés, sur des couches d'argile d'origine
» marine. J'ai vu et touché moi-même des os à
» demi-détruits , d'*éléphants* , *de buffles* , *de*
» *rhinocéros*, arrêtés dans les lits vierges d'un
» sable de diverses couleurs, et j'ai vu avec la
» plus grande admiration que les sables de ces
» parages là , étaient comme ceux de l'*Irtis* ,
» mêlés de testacés calcinés qui attestaient par-
» tout une origine marine ; j'ai même trouvé des
» fragments osseux dont la forme et la texture
» montraient assez évidemment que ces os ne
» pouvaient être que ceux des restes de crânes
» des plus gros poissons marins (1) ».

———

(1) Neque non hùc pertinent reliquiæ crebræ ele-
phantinorum sceletorum, quæ secundùm *Turam, Isettum,
Shiassum* fluvios ad ipsam calcem orientalem uralensium
alpium , itemque ab occidente hujus jugi secundùm
Kamam et influentes illam fluvios iisdem sæpè in stratis
terræ cum reliquiis marinæ originis occurrere solent
quæ prius æquore verè submersa atque in strata telluris superficialia postmodum deposita fuisse præsertim
edoctus fui exemplo ossium ad *Isettum* fluvium in tracta
Suuarisch, haud longè ab oppidulo cui à copiâ pyrita-
rum in eo tractu ubique frequentium nomen est *Koltschedanskoi Ostrog* , propiusque adhuc *Tamakulensem*
vicum sub stratis variæ arenæ , argillæ atque ferru-
ginosi lapidis, simul cum glossopetris , pyritibus , aliis-

Voilà de grands faits en géologie, qu'on ne saurait trop avoir présents a l'esprit ; ce sont là des documents notables que les naturalistes doivent s'empresser de recueillir ; j'espère donc que ces derniers me sauront gré de leur présenter encore quelques détails topographiques, qui co-incident parfaitement avec la cause dévastatrice qui a occasionné ces grands deplacements d'animaux terrestres confondus avec des dépouilles marines.

L'on a vu, dans ce que j'ai dit des rhinocéros fos-

---

que marinæ inundationis argumentis repertorum, de quibus accuratam expositionem in secundo itinerarii volumine communicavi.

Sed omnium clarissima, simul cum ossibus fossilibus copiosis, vestigia maris ad Irtin fluvium inveni, cujus totum decursum relegi æstate anni 1771, ad calcem usque jugi per Asiam continui Altaici ibidem dicti Lustrans ipse ripas exaltatas, quæ alternâ vice huic fluvio per campestria jam tendenti adjacent præruptæ, et constant mera glarea super aquigena argillarum superficie stratificata variis in locis speciatim recensita sunt, ossa corrupta *elephantum, bubalorum, rhinocerotum* in virgineis arenæ versicoloris stratis hærentia tetigi, simulque mirabundus observavi arenam iisdem in locis, uti passim ad Irtin, testaceis calcinatis originem maritimam undique loquentibus satis copiosè commixtam esse. Imoque reperi simul fragmenta ossea, quæ formâ et texturâ non nisi ad majorum piscium marinorum crania pertinuisse satis evidenter perspici poterat. *Pallas ubi suprà*, pag. 581 et 582.

siles, qu'une cause de la même nature avait enleve
de leurs terres natales ces derniers quadrupèdes,
dont les restes se trouvent confondus avec les cadavres des éléphants : Pallas ne doute pas que cette
terrible catastrophe ne soit le résultat du passage
violent et rapide d'une mer qui a traversé l'Asie,
pour aller se jeter dans le Nord. Ce célèbre géologue
rappèle, à ce sujet, que l'état actuel de la chaîne
de l'Acouts, qui parcourt toute l'Asie orientale,
jusqu'au grand océan, et forme la limite méridionale des déserts de la Sibérie, porte de toute
part les caractères physiques de cet évènement de
destruction. En effet, cet immense et formidable
rempart est bordé de décombres de rochers arra-
chés évidemment de cette même chaîne; partout
d'énormes déchirements ont ouvert des routes a
des fleuves, qui se portent vers le Nord ; partout
se manifestent les épouvantables traces d'une mer,
qui semblait se précipiter des nues avec une accé-
lération de vîtesse qui arrachait, entraînait et culbu-
tait tout, et qui a mis ces grandes Alpes asiatiques
dans un état de dévastation et de désordre, qu'on
n'observe nulle part dans nos plus grandes chaînes
européennes, ni dans le mont *Oural*, qui se prolonge dans une autre direction du Midi au Nord.

Le témoignage de Patrin, qui a fait un si
long sejour dans le nord de l'Asie, et qui a visité
ces contrées lointaines, avec un œil exercé et un
esprit observateur, confirme les belles remarques
de Pallas. L'opinion de Patrin est d'autant plus

digne d'être rapportée, qu'il semble ne considérer toutes les dépouilles fossiles d'animaux, dont nous venons de faire mention, que comme ayant été transportées de très-loin, par l'action des grands fleuves qui viènent de l'Asie méridionale; en respectant ses lumières, je suis bien éloigné d'admettre son opinion; je crois trouver au contraire, dans ce qu'il dit, la preuve la plus favorable à celle de Pallas, qui est aussi la mienne.

« Je remarquerai, dit Patrin, qu'il est ordi-
» naire de voir dans l'Asie septentrionale, et sur
» tout en *Daourie*, les chaînes de montagnes et
» de collines, terminées à l'est par des élévations
» considérables, taillées à pic, sillonnées et ex-
» cavées, et qui portent évidemment l'empreinte
» de l'action des eaux long-temps continuée; ce
» qui joint à la situation des poudingues dont j'ai
» parle plus haut, annonce que l'ancien océan
» qui couvrait la terre, *avait un mouvement*
» *violent d'orient en occident*, qui a emporté la
» partie la plus orientale des chaînes de monta-
» gnes, jusqu'à ces masses considérables qui les
» terminent du côté de l'est, et qui ont préservé
» de la destruction la partie occidentale des mêmes
» chaînes. *Patrin., notice minéralogique sur*
» *la Daourie*, journal de physique et d'histoire
» naturelle, pag 238, tom. XXXVIII. »

Une belle observation de Dolomieu, sur les restes d'éléphants trouvés dans les collines du Val de l'Arno, doit trouver d'autant plus naturellement

une place ici, qu'elle est parfaitement analogue au
sujet qui nous occupe, et qu'elle est tirée d'un
mémoire qui fut communiqué, par cet excellent
géologue, aux naturalistes qui accompagnaient
d'Entrecasteau, dans le voyage autour du monde,
pour aller à la recherche de Lapérouse.

*Des restes d'éléphants dans les collines du Val
de l'Arno, et conjecture de Dolomieu sur leur
origine.*

« Les collines d'argile qui se trouvent assez
» communément entre les chaînes calcaires, pré-
» sentent le phénomène le moins observé, le plus
» intéressant, et peut-être le plus difficile à expli-
» quer de tous ceux qui tiennent à l'histoire du globe.
» Elles n'y sont point dans leur lieu natal; elles
» y sont arrivées postérieurement à l'ouverture
» des vallées, puisque les bancs des montagnes
» opposées qui se correspondent, prouvent que
» l'espace qu'elles occupent a été creusé avant elles,
» dans le massif calcaire.

» D'où sont donc venues ces argiles qui parais-
» sent avoir été refoulées par la mer? elles re-
» cèlent ordinairement;

» 1°. Des débris du règne végétal, comme
» plantes, roseaux, arbres presqu'entiers, souvent
» comprimés; ce qui annonce une longue ma-
» cération;

» 2°. Des dépouilles de grands animaux terres-

» tres, la plupart étrangers aux climats où ils
» se trouvent;

» 3°. Des corps marins de différentes espèces;
» ces fossiles y sont placées ou dans des couches
» distinctes, entassées indifféremment les unes
» au-dessus des autres, ou la même couche réunit
» des dépouilles des genres les plus dissemblables.

» Telles sont les collines d'argile du *Val de*
» *l'Arno* en Toscane, et des environs de Sienne,
» où j'ai observé une immensité d'arbres, qui
» la plupart sont des chênes, les uns pétrifiés,
» les autres un peu bitumineux, d'une couleur
» d'ébène, et si bien conservés, qu'ils peuvent en-
» core servir à des ouvrages de marquèteries.
» Ils reposent sur des couches qui renferment
» des dents d'éléphants, d'un volume énorme,
» et ils sont ensévelis eux-mêmes sous d'autres
» couches de coquilles maritimes, mêlées de plantes
» arondinacées, qui sont recouvertes par des bancs
» d'argile accumulés à plus de cent toises d'élé-
» vation.

» *La patrie des éléphants n'est pas le lieu*
» *où peut croître le chêne, et si cet arbre ap-*
» *partenait pour lors au sol de la Toscane,*
» *les dépouilles de ces grands animaux venaient*
» *de beaucoup plus loin. On a en vain voulu*
» *conclure de leur multiplicité et des ossements*
» *qui indiquent des individus de différents âges,*
» *qu'ils ont habité nos contrées, et qu'ils s'y*
» *sont long-temps propagés.*

» *Il se pourrait cependant qu'ils ne fussent*
» *arrivés dans nos climats que par l'effet d'une*
» *vague qui , se mouvant du sud au nord,*
» *aurait balayé la surface du continent qu'ils*
» *habitaient et les aurait accumulés dans le*
» *nord de la Sibérie et de l'Amerique, en même*
» *temps qu elle les ensévelissait dans les argiles*
» *de la Toscane. En les trouvant placés au*
» *milieu des dépôts de la mer , je puis supposer*
» *qu'ils ont pu flotter long-temps à sa surface, et*
» *être transportés des contrées les plus lointai-*
» *nes ; alors il n'est point extraordinaire qu'il*
» *en soit arrivé de tous les âges, depuis le fœtus*
» *jusqu'à ceux qui avaient acquis un volume*
» *double de ceux que nous connaissons , et*
» *toutes les conjectures sur le changement de*
» *la température , tirées de leur existence en*
» *Europe, tombent d'elles-mêmes.* NOTES COM-
MUNIQUÉES AUX NATURALISTES QUI DOIVENT
FAIRE LE VOYAGE AUTOUR DU MONDE , ET IN-
SÉRÉES DANS LE JOURNAL DE PHYSIQUE, 1791 ,
PAG. 510.

A tous ces détails qu'il était bien essentiel de
rappeler ici , et que celui qui s'occupe sérieusement de cette étude, doit considérer comme un
point important qui lui signale une grande révolution, l'on pourra ajouter ce que Gmelin, Forster
et Pallas , ont écrit dans de plus longs détails, sur
tout ce qui concerne et caractérise une catastrophe
que la destruction de tant d'animaux , et leur

transport dans des contrées boréales d'une si vaste
étendue, doit nous faire considérer comme tenant
à un évènement qui paraît ne pas dater d'une
époque prodigieusement reculée.

Car alors la terre était peuplée d'animaux ; les
éléphants de diverses espèces, les rhinocéros, les
hyppopotames, les quadrupèdes gigantesques qu'on
a déterrés dans le Paraguay, dans la Virginie et
ailleurs, devaient être les dominateurs d'une partie
du globe, si nous en jugeons du moins par leurs
nombreuses dépouilles, et n'oublions pas que nous
n'appercevons que ceux qui sont sur la superficie ;
les dépôts immenses de plantes exotiques, les
bois de toutes espèces, qui ont donné naissance
à des mines de charbon, où sont passés à l'état
de pétrification, annoncent que la terre était couverte de végétaux, et douée de la plus étonnante
fécondité. L'homme, en voyant un si lugubre
tableau, a donc dû avoir l'idée naturelle d'un
désastre arrivé à la terre, et cette idée a dû se
transmettre, ou plutôt se renouveler avec d'autant
plus de facilité et de croyance que les animaux, les
coquilles, les bois, enfouis dans la terre, ou transportés sur les plus hautes montagnes, retracent journellement à ses sens les effets certains d'un déplacement des eaux et d'une inondation générale (1).

_____

(1) Les chinois que l'on ne regardera pas, sans doute,
comme le peuple le plus moderne de l'Asie, ont aussi
une tradition sur le déplacement des eaux, qui a fixé l'at-

Je terminerai cet article des éléphants fossiles,
qui n'est déjà que trop long, par quelques faits
propres à donner une idée des principales défenses
de ces animaux enfouis dans la terre , et qui
peuvent servir à démontrer que leur grandeur n'a
jamais excédé de beaucoup celle des éléphants
vivants ordinaires, lorsque ceux ci sont parvenus
à leur degré d'accroissement complet.

La première est celle que le duc de la Rochefoucault découvrit lui-même , en visitant en naturaliste les collines des environs de Rome ; une
circonstance heureuse le mit à portée d'enrichir
la science de ce beau fait ; cette grande défense
qu'il reconnut pour être celle d'un éléphant , était

---

tention d'un de leurs derniers empereurs qui était philosophe; ce morceau, qui a rapport à la submersion de la
Tartarie orientale, est digne de trouver place ici : c'est
l'empereur Kang-hi qui parle.

« En s'avançant du rivage de la mer orientale vers
» *Tche-lou*, on ne trouve ni ruisseau, ni étang, dans
» la campagne , quoiqu'elle soit entrecoupée de mon-
» tagnes et de vallées ; malgré cela *on trouve, fort loin*
» *de la mer , dans le sable , des écailles d'huîtres et des*
» *cuirasses de cancres.* La tradition des Mongoults qui
» habitent ce pays , porte *qu'on a dit de tout temps , que*
» *dans la haute antiquité, les eaux du déluge avaient*
» *inondé cette plage*, et qu'après s'être retirées, les en-
» droits où elles étaient avaient paru couverts de sables;
» je me suis souvenu à cette occasion, que la figure
» *Kien* (fosse), des Hant-Kouo de l'Y-King , est mise

ensévelie dans un tuffa volcanique provenu d'éruptions boueuses ; comme elle était très-fragile, et
même friable dans quelques parties, on ne put
la retirer qu'en cinq morceaux, malgré les soins
qui furent pris pour la conserver entière. Un des
ouvriers, chargé du transport des cinq morceaux,
en perdit un, et c'était la partie qui formait l'extrémité de la défense, et se terminait en pointe ; mais
M. de la Rochefoucault, qui avait mesuré exactement les cinq portions et en avait tenu note,
apprit à M. de Buffon, en lui envoyant, pour
le cabinet du roi, les quatre pièces restantes, que
le morceau perdu avait trois pieds de longueur.

» dans le nord, et que c'est pour cela qu'il est dit que
» les grandes eaux vinrent du nord , et y restèrent
» plus long-temps ; selon Mong-Tsée, les eaux du dé-
» luge s'étendirent sur la Chine, en l'inondant ; l'ex-
» pression (s'étendirent en l'inondant), San-Kien, in-
» dique qu'elle était plus basse, et qu'il y avait une
» source ou un amas d'eau, d'où venait l'inondation.
» Quoi qu'il en soit du comment, à s'en rapporter à
» la grande géographie *Ti*-Tchi, une partie de ce pays
» est en grandes plaines, où l'on trouve plusieurs cen-
» taines de lieues que les eaux ont couvertes et puis
» abandonnées ; voilà pour quoi on appèle ces déserts
» *mer de sable*, ce qui indique qu'ils n'étaient pas couverts
» originairement de sable et de gravier. Mémoire sur
» les chinois, tom. IV , pag. 474 de la collection des
» Jésuites. »

J'ai mesuré avec la plus grande exactitude, ces quatre morceaux qui sont dans la galerie de géologie du Muséum d'histoire naturelle , en les joignant bout à bout : voici les dimensions de cette grande défense ;

Longueur des quatre morceaux, en les reunissant, cinq pieds ; ci. . 5 pieds.

En ajoutant à cette longueur celle de trois pieds, pour la partie qui manque ; ci. . . . . 3 p.

Longueur huit pieds ; ci. . . . 8 p.

La circonférence au gros bout est de deux pieds ; ci circonférence. . 24 pouces.

Diamètre, huit pouces ; ci. . . 8 p.

La cavité qu'on voit ordinairement au gros bout des défenses manque dans celle - ci , ce qui augmenterait la longueur au plus de deux pieds ; mais j'observe aussi que l'état fossile de cette défense, et son long séjour dans la terre, en désunissant et exfoliant les parties , a occasionné un boursoufflement qui donne certainement une plus grande extension au diamètre de cette défense , qui , dans son état naturel et primordial , ne devait guère avoir que sept pouces et demi de diamètre au plus.

L'on voit d'après ces faits que, quoique cette défense fossile soit très-grande, en la supposant de 10 pieds, elle n'excède que de 2 pieds la défense naturelle que M. Wolsfers , négociant à Amsterdam,

avait eue en son pouvoir, et dont il fit parvenir
la mesure à Camper. Je ne parle pas de celle de
Ryfsnyder de Rotterdam, qui, d'après une lettre
de Klockner à Camper, en possédait une du
poids de deux cent cinquante livres, parce que
j'avoue que je regarde ce poids comme inexact.
Mon intention est de rappeler simplement ici,
qu'une des plus grandes défenses fossiles connues,
ne s'éloigne pas autant qu'on pourrait le croire
pour la grandeur de celle des éléphants de nos
jours, parmi lesquels on peut trouver aussi quelquefois des géants.

Ce n'est pas ici la seule défense et les autres
restes d'éléphants qui ayent été trouvés dans les
environs de Rome ; le Tibre en a mis à découvert plusieurs du côté de Lodi, et le hasard en
fit déterrer une dans un vignoble très - élevé
au - dessus de la plaine, à une petite distance
de la ville de Rome ; *il est bien certain*, dit
Fortis à ce sujet, que *ni les anciens Etrus-*
ques, ni les premiers Romains, n'étaient pas
assez barbares pour enterrer les défenses des
éléphants qui auraient été leurs comtempo-
rains (1).

Une seconde défense fossile d'un grand volume,
est celle découverte par le soin et le zèle du comte

_____

(1) Mémoires pour servir à l'histoire naturelle de
l'Italie, par Albert Fortis, tom. II, pag. 303.

de Gazola de Vérone , à qui l'on doit cette
collection unique de poissons fossiles, tirés des
carrières de Vestena-Nova, qui fait l'admiration
et l'étonnement de tous les savants. La défense
d'éléphant, dont il est question, fut trouvée dans
un lieu nommé *Serbaro*, sur le sommet d'un des
prolongements des montagnes qui aboutissent à
Romagnano. Comme Fortis, ami du comte de
Gazola , se trouvait sur les lieux à l'époque de
cette découverte, et qu'il vient de publier dans
le tom. II de ses mémoires, pour servir à l'histoire naturelle de l'Italie , la description de cette
défense et des autres ossements trouvés dans le
même lieu , j'emprunterai de ce savant naturaliste
les traits principaux qui tiènent à cette description.

« L'état de dégradation où se trouvent les cou-
» ches de la surface du Serbaro , paraît venir
» de ce que les eaux y ont creusé de grands trous
» à la surface, et des interruptions même de dix
» à douze pieds de diamètre, tout comme on
» voit arriver le long des côtes pierreuses qui
» bordent les mers actuelles, où les vagues sou-
» lèvent, morcèlent, entraînent pièce par pièce
» les masses les plus solides, et y multiplient les
» emplacements creux : c'est dans un de ces em-
» placements creux , dont la surface était recou-
» verte de terre végétale, au pied d'une rangée
» de rochers inclinés vers le ravin du *Vajo di*
» *Squaranto* , et précisément vis-à-vis du petit
» hameau de Cancello, qu'on avait découvert en

» labourant le terrain à la pioche, des indices
» d'un dépôt d'ossements.

» Les plus grands os ont été brisés en différents
» sens... ; il y en a dont les fractures ont été resou-
» dées par de grosses croutes de spath calcaire qui
» s'est cristallisé entre deux. Les cavités tubuleuses
» de ces os sont remplies d'un mélange pierreux,
» qui renferme une quantité prodigieuse de détritus
» de moindres ossements; tout annonce que la
» concrétion pierreuse, par qui ces ossements sont
» liés ensemble, a passé de l'état terreux au com-
» pacte, par l'infiltration des eaux pluviales, à
» travers de la terre glaise jaunâtre, et des inters-
» tices qui séparent les couches originaires de la
» montagne, entre lesquelles il y a souvent des
» argiles chargées d'oxide de fer, provenant sans
» doute de la décomposition progressive des masses
» pierreuses qui en contiènent d'extrêmement sub-
» divisé. Il y a cependant quelques blocs de cette
» concrétion, dont le seul ciment est le spath
» calcaire, où l'on distingue quelques coquillages
» aussi spathifiés, qui mériteraient d'être mieux
» examinés, et qui m'ont paru rappeler *le cochlea*
» *terrestris vulgaris amehistina* de Gualtierie.
Tab. I, lit. N.

C'est-à-dire que ces ossements se trouvent dans
une brèche, composée de fragments de pierres
calcaires, plus ou moins gros, mêlés d'une terre
ocreuse rougeâtre, et non jaunâtre comme l'a dit
Fortis, liés et cimentés de spath calcaire, qui a

suinté dans les interstices, et a donné de la consistance à l'espèce de tuff qui réunit le tout, et en
forme une sorte d'amalgame pierreux. En un mot,
cette brèche, dont j'ai vu des échantillons, ressemble à celle des environs d'*Aix*, à celles de
Nice, de *Cète*, de *Gibraltar*, de la montagne de
Bastbergh, près de Buxviller en Alsace, qui
renferment les unes et les autres des ossements de
divers quadrupèdes terrestres. Mais venons au
morceau le plus capital de cette découverte, à
celui qui tient directement à notre sujet.

« Une grosse défense s'était présentée sous les
» instruments de nos journaliers, pendant que nous
» nous trouvions, le comte Gazola et moi, à les
» surveiller auprès de la fouille ; nous nous flattions
» qu'il ne fallait que montrer beaucoup d'intérêt
» à la conservation de ce beau morceau, pour
» déterminer ces bonnes gens à le ménager. Le
» jour qui était très-brumeux et très-orageux, nous
» fit malheureusement abandonner la place après
» bien des recommandations. La défense qui s'é-
» tait montrée couchée à plat, aurait dû être
» dégagée petit à petit, et à coup de ciseau ; nous
» voulions en ménager le spectacle à une com-
» pagnie très-aimable et très-instruite, qui se trou-
» vait à la campagne avec nous, à une petite
» demi-lieue du dépôt. Nos instructions ne furent
» pas suivies ; la défense fut brisée en plusieurs
» morceaux. Nous en avions mesuré la longueur
» en quittant la place ; elle était de *sept pieds*

» *et demi*, il en manquait à-peu-près *quatre*. Sa
» pointe avait été détruite, et la base n'était pas
» loin, nous l'avions reconnue dans le dépôt où
» elle se trouvait implantée verticalement. En
» calculant ce qui en restait, et ce qui aurait
» dû se trouver aux deux extrémités, nous avons
» trouvé que cette énorme défense allait peut-être
» à douze ou quatorze pieds dans son état na-
» turel. *L'ivoire de cette défense semble avoir*
» *souffert une altération de volume, en passant*
» *à l'état terreux ; ses cônes concentriques, au*
» *lieu de former, comme dans leur état naturel,*
» *une masse homogène et continue, sont séparés*
» *par des lames de spath calcaire, qui se sont*
» *déposées dans les interstices survenus par le*
» *retrait de chaque couche conique.*

» En dépit du mauvais traitement que nos pio-
» cheurs avaient fait essuyer à la grosse défense,
» le comte Gazola en fit ramasser les débris, les
» réunit soigneusement, les assujétit avec des fils
» de fer et la plaça dans son cabinet. Je n'en ai
» point vu de plus considérables pour les dimen-
» sions ; son périmètre, à la base (et il faut se
» souvenir qu'il en manque au moins deux pieds),
» est *presque de trente pouces*. Je crois que ce
» n'est pas lui trop accorder, en supposant qu'elle
» avait *douze pieds* de long, depuis la base jus-
» qu'à la pointe, dans son état originel de per-
» fection ; ce qui constitue des dimensions dont
» je ne sache pas que les défenses d'éléphant

» donnent d'exemple de nos jours. M. de Buffon
» qui aurait bien dû le savoir, a dit que les plus
» considérables que le commerce puisse fournir,
» ne dépassent pas six pieds en longueur, et
» n'ont que cinq pouces de diamètre tout au plus;
» celle que le comte Gazola possède, devait avoir
» à sa base plus que le double, puisqu'elle arrive
» *à neuf pouces dix lignes*, quoique cassée à
» deux pieds de sa plus grosse extrémité; il est
» vrai cependant que le Pline Français s'est
» trompé là dessus, puisque des défenses d'élé-
» phants qui arrivent à huit pieds de long et les
» surpassent même, se trouvent dans plusieurs
» cabinets. Celle qui existe à Florence, dans la
» riche collection du Grand Duc, et dont la base
» *a vingt pouces dix lignes de tour*, est certai-
» nement du nombre. Il ne semble pas bien prouvé
» que la race actuelle d'éléphants ait dégradé
» considérablement depuis un petit nombre de
» siècles » (1).

Tous ces détails fort curieux et fort piquants
en même temps, étant réduits à leurs justes valeurs,
prouvent à mon avis que la défense d'éléphant en-
fouie dans la brèche pierreuse mêlée de coquilles
du Serbaro, n'est guère plus grande que celle
trouvée par M. le duc de la Rochefoucault, dans les
environs de Rome; voici sur quoi j'établis mon

---

(1) Mémoire pour servir à l'histoire naturelle de
l'Italie, tom. II, pag. 309 et suiv.

assertion. Fortis nous a dit que les cones concentriques qui composent la défense fossile du Serbaro,
au lieu de former, comme dans leur état naturel,
une masse homogène et continue, sont séparés
par des lames de spath calcaire qui se sont déposées dans les interstices survenus par le retrait
dans chaque couche conique ; il peut bien y avoir
retrait, lorsqu'une défense fossile perd par le
laps de temps, ou par d'autres causes chimiques,
une partie de sa substance animale ; mais lorsque
l'ivoire est parvenu à une sorte d'état farineux,
ou *de terre a pipe*, ainsi que l'a dit figurative-
ment Fortis, il en résulte que cette terre avide
d'eau se gonfle et se dilate, et que si l'eau est
saturée de spath calcaire, comme c'est ici le cas,
la défense acquiert nécessairement un plus grand
volume ; il est à croire alors qu'une telle défense
aurait un diamètre plus considérable que dans
son état naturel. Les défenses fossiles de Sibérie, que le froid extrême a préservées de toute
altération, et qui ont encore leur ivoire naturel,
n'ont pas un volume aussi considérable, quoi qu'elles
ayent appartenu peut-être à des éléphants aussi
gros que ceux de Serbaro. Je prie le lecteur de
vouloir excuser des observations qu'on pourra
trouver trop minutieuses, mais elles sont indispen-
sables pour arriver à la vérité dans des faits où les
naturalistes n'ont pas encore une opinion bien
fixe.

Il est bon de connaître les dimensions compa-

ratives des deux défenses fossiles *les plus* considérables que nous connaissions.

Défenses de *l'éléphant* de Serbaro, d'après Fortis.

Diamètre à deux pieds du gros bout , neuf
pouces dix lignes ; ci. . 9 pouces 10 l.

Longueur, douze pieds ; ci . . . 12 pieds.

Nota. Il ne faut pas oublier que l'interposition
des lames de spath calcaire, entre les couches
coniques de cette défense, en augmentent le diamètre. Mais le pied Véronais ayant six lignes de
moins que celui de France, la longueur de cette défense doit être réduite à onze pieds six pouces;
ci. . . . . 11 p. 6 p.

Défense de l'éléphant fossile, trouvée par M.de
la Rochefoucault, dans les environs de Rome.

Diamètre au gros bout, huit pouces ; ci. 8 pouces.

Longueur, dix pieds ; ci . . . . 10 pieds.

Si nous comparons ensuite ces mesures avec
celle de la défense naturelle du cabinet de Florence,
nous aurons, pour le diamètre, eu égard à la
réduction du pied de Vérone.

Diamètre de la défense de Serbaro, neuf pouces
cinq lignes ; ci. 9 pouces 5 l.

de celle des environs de Rome. 8 pouces.

de celle de Florence. . . . . 7 p. moins 1 l.

L'on voit par ce tableau que ces éléphants , si
énormes par la grandeur , et dont on croit les
races perdues, ne diffèrent pas autant qu'on pourrait le croire d'abord, des éléphants vivants, lorsqu'ils ont acquis leur accroissement total ; et cette

différence sera encore bien moins grande , si la dilatation et le gonflement ont lieu dans les défenses fossiles qui s'exfolient , ainsi que la chose est probable.

La description d'un bloc considérable , mêlé de dents de jeunes éléphants et d'autres ossements , faite par Fortis , qui avait vu extraire ce rare morceau déposé dans le cabinet de M. le comte Gazola , ne laisse aucun doute que ces animaux exotiques n'ayent été entraînés par un déplacement de mer , et ensévelis dans des fissures , ou excavations naturelles de ces montagnes calcaires , et ne se soient mêlés avec les éclats de pierre et de terre que les flots y ont déposés , et que le spath calcaire à consolidés. Je regarde ce fait comme si probable , que j'en trouve pour ainsi dire la certitude dans la description même de Fortis , quoiqu'il paraisse être d'un avis contraire ; c'est lui que nous allons entendre , car c'est toujours avec plaisir qu'on aime à le lire.

« Les fouilles que le comte de Gazola a fait » continuer pendant quelques jours de suite , lui » ont donné , entre une grande quantité de gros » fragments , quelques morceaux choisis , et dignes » de figurer dans les plus riches cabinets. Je ne » balance pas à mettre dans ce nombre un bloc » brut de dix huit pouces de long sur quinze de » large. Cette masse est un composé d'os broyés » de stalactites calcaires et d'oxide de fer. Elle » renferme deux dents molaires de jeune éléphant,

» qui n'ont pas plus de deux pouces de large ;
» tout à côté de celles-ci , on y voit une moitié
» d'autres dents molaires , qui a trois pouces deux
» lignes de large , et qui appartient sans doute à
» un plus grand éléphant. Trois autres fragments
» de différentes dents molaires que le fer des
» piocheurs a maltraitées, et un morceau de dé-
» fenses qui a dix-sept pouces de long , rendent
» ce bloc d'autant plus curieux, qu'il peut donner
» une idée juste de la manière générale de tout le
» dépôt L'ivoire du fragment de la défense avait
» déja été décomposé et crevassé avant que la
» concrétion pierreuse s'en emparât. » (1).

En attribuant à un prompt et terrible déplacement des eaux de la mer, la révolution qui a transporté dans l'Asie boréale, et jusques dans le nord
de l'Europe et de l'Amérique, les restes de tant de
grands quadrupèdes, dont plusieurs espèces sont
connues, et nous apprènent que ce déplacement a
eu lieu dans la direction du sud au nord, je ne prétends pas avancer par là que cet événement a été
le seul de ce genre. Je suis bien éloigné de le penser
ainsi , puisque je crois au contraire que les causes
qui donnent lieu à des perturbations dans le
système de nos mers , non seulement peuvent se
renouveler à de longs intervalles, et à certaines
périodes de temps , mais encore qu'il en existe
d'autres d'un ordre différent propre à occasionner

(1) Mémoire pour servir à l'histoire naturelle de
l'Italie , tom. II, pag. 307.

de plus grands désastres ; mais comme je dois avant
tout m'occuper ici des faits, ce que je vais dire
sur la manière de distinguer, et de classer ces faits
dans un ordre convenable , prouvera mieux que
tout le reste , *combien je sens qu'on ne doit
pas trop généraliser les choses.*

*Quelques remarques sur le gissement des élé-
phants , et autres quadrupèdes fossiles dans
le sein de la terre.*

1°. Il est important de distinguer d'abord si les éléphants, les rhinocéros de diverses espèces , et autres
animaux ensévelis pêle - mêle au milieu des galets et autres pierres, sont dans des sables et des
terres de transport ; s'ils y sont à de petites profondeurs, ainsi que ceux qu'on découvre en si grande
abondance en Sibérie , en Tartarie , en Allemagne,
en France , en Angleterre , en Italie , et même
au nord de l'Amérique ; car alors se trouvant
près de la surface de la terre, il est naturel de
penser qu'ils appartiènent à une révolution moins
ancienne que les autres. Nous n'avons pas encore
des données suffisantes pour déterminer, avec précision, jusqu'à quelle profondeur cette dernière
catastrophe a pu ensévelir ces animaux, ou les
transporter à telle ou telle hauteur. Cependant les
bancs de pierre coquillière, les argiles anciennes ,
avec des corps marins, et qui tienent à une autre
époque, pourraient servir en quelque sorte de
ligne de demarcation.

2º. Lorsqu'au milieu d'anciennes couches régulières d'argile, ou plutôt de vases marines, on trouverait des ossements d'éléphants, sur lesquels des huîtres, ou autres corps marins se seraient attachés, il faudrait les considérer comme appartenant à une époque bien plus ancienne sans doute. Targioni Tozzetti possédait dans ce genre un humerus, recouvert *d'ostracites*, qui avait été découvert dans une couche de vase marine bleuâtre du *Val-d'Arno supérieur*. Ce rare morceau fut envoyé par Targioni Tozzetti, au grand duc Léopold, comme un objet digne d'être placé dans le superbe cabinet que ce prince avait fondé.

3º. Mais si de pareilles dépouilles d'animaux terrestres, étaient trouvées au milieu d'anciennes couches de pierre, il faudrait croire qu'une révolution bien antérieure aux deux précédentes, aurait eu lieu à une époque où il y avait déjà des continents à découvert, puisqu'alors il existait de grands quadrupèdes. Je lis dans le dernier ouvrage de mon excellent ami Fortis, sur l'Histoire Naturelle de l'Italie, tom. II. page 3oo, un fait qui s'applique directement à ce que je viens de dire : il nous apprend que *Scali possédait autrefois une belle défense d'éléphant fossile, qui avait été détachée à quatre pas de Livourne, près le village de Saint-Jacques, à coups de ciseau, d'une couche toute pétrie de corps marins exotiques. Ce n'est donc pas toujours vrai, ce que le savant Deluc a avancé, et que plusieurs autres natu-*

ralistes ont adopté sur sa parole , « que les
» restes des quadrupèdes vivipares ne se trouvent
» que dans les couches meubles de la terre. »

Je desirerais cependant que pour la stricte
exactitude des faits, l'on vérifiât avec un œil attentif, si la carrière du village de Saint-Jacques,
d'où la défense d'éléphant que possédait Scali, a
été tirée, n'est pas composée d'un grès coquillier,
ou les coquilles seraient usées et arrondies, comme
le quartz en grain, dont sont composés plusieurs
grès, parce qu'un semblable amalgame, où les
corps marins porteraient le même caractère de
frottement que le sable, supposerait l'accumulation de toutes ces matières, par l'action d'un
grand mouvement des eaux de la mer, et que
dès-lors, quoique *l'aggregat* eût la consistance
d'une pierre très-dure, le phénomène tiendrait
néanmoins à une cause beaucoup moins ancienne,
qu'on ne pourrait le présumer d'abord.

4°. L'on ne saurait révoquer en doute, cependant, qu'on ne trouve des débris de quadrupèdes
fossiles bien caractérisés, dont on peut souvent
déterminer les genres, quelquefois même les espèces, qui gissent dans des bancs épais et profonds
de pierre calcaire dure, susceptible de recevoir
le poli, d'autrefois dans des bancs gypseux d'une
grande épaisseur, recouverts eux-mêmes de bancs
d'huîtres ; les environs de Paris offrent des exemples
très-remarquables dans ce dernier genre, et qui
sont propres à renverser l'opinion de quelques

naturalistes , qui croyaient de très-bonne foi , que
les os fossiles ne se trouvaient que dans des couches
meubles, et les plus nouvelles de toutes celles qui
reposent sur la terre , ce qui est véritable, relativement à la dernière révolution , mais ce qui est
entièrement contraire à l'observation, dans d'autres
circonstances. Il est bon encore de savoir que ce
n'est pas une seule espèce de quadrupèdes que l'on
trouve assez fréquemment dans les profondeurs
des carrières gypseuses des environs de Paris ;
on en compte au moins six espèces différentes.

Je possède de superbes échantillons en ce genre
dans ma propre collection; mais personne n'a poussé
aussi loin, ni avec autant de fruit, les recherches à
ce sujet que Cuvier : » *les seules carrières des en-*
virons de Paris , dit ce savant zoologiste, *m'ont*
fourni six espèces fossiles , de trois desquelles
j'ai déjà parlé ailleurs. Elles sont toutes les six
d'un genre inconnu jusqu'ici , et intermédiaire
entre le rhinocéros et le tapir. Leur différence
entr'elles consiste surtout dans le nombre des
doigts des pieds , et dans la grandeur qui va
depuis celle du cheval jusqu'à celle du lapin.
J'ai un si grand nombre d'os de cette espèce ,
que je pourrais en rétablir presqu'entièrement
les squelettes. » Extrait ou annonce d'un ouvrage
sur les especes de quadrupèdes , dont on a trouvé
les ossements dans l'intérieur de la terre , adressé
aux savants et amateurs , page 7.

5°. « Je crois, dit Cuvier , dans le même ou-

» vrage cité ci-dessus, avoir remarqué un fait
» d'autant plus important, qu'il a ses analogues
» par rapport aux autres fossiles ; c'est que plus
» les couches dans lesquelles on a trouvé ces os
» sont anciennes, plus ils sont différents de ceux
» des animaux que nous connaissons aujour-
» d'hui, pag. 5. »

Une assertion avancée par un zoologiste aussi
éclairé, mérite sans doute la plus grande attention,
et si l'expérience la confirmait un jour, elle for-
merait un épisode digne de nos méditations dans
l'histoire physique de la terre. Elle nous tracerait
une ligne de démarcation très-remarquable et
très-importante entre les types de l'animalité
dans ces temps reculés, où des êtres existaient
sous un mode différent de ceux d'à présent, et
nous ferait voir en même temps de grandes lacunes
dans la serie actuelle des genres et des espèces dont
plusieurs auraient totalement péri, sans que nulle
part seulement deux individus eussent échappé,
pour renouveler la race ; si cela est dans l'ordre des
choses possibles, si le fait existe sans exception, ce
que je n'ose ni contester ni admettre, il devient dès
lors si intéressant, que je desire bien sincèrement
qu'il soit approfondi, et que les hommes zélés
pour l'avancement de la géologie, s'empressent
de s'en occuper, pour l'admettre définitivement,
s'il est exact, ou le rejeter, s'il ne porte que sur
une hypothèse ; car je ne saurais trop le répéter,
si l'on parvient jamais à obtenir la certitude que

les animaux qu'on trouve dans les couches les plus
anciennes diffèrent des autres , il en résultera ,
n'en doutons pas , une grande donnée , non seulement pour l'histoire naturelle des êtres organisés
et des différentes périodes de leurs formations ,
mais sur les cataclismes divers qui ont concouru
à leur destruction.

6° Il ne faut pas négliger aussi dans les faits analogues à ceux que nous venons d'exposer ceux qui
peuvent être relatifs aux filons métalliques, dans
la profondeur desquels on a trouvé quelquefois
des restes de quadrupèdes fossiles minéralisés, tels
que les dents molaires à surfaces protubérantes et
coniques, des mines d'argent du Chily ; tel que le
crocodile , dont Spener a donné une bonne description , et qui gissait à une grande profondeur
dans les mines de cuivre de la Thuringe. Mais
lorsqu'on a étudié la théorie des filons, sur les
lieux, et qu'on a bien médité l'excellent ouvrage
de Werner à ce sujet , l'on ne peut s'empêcher
de considérer ces filons comme le resultat des
fentes , ou des fissures, plus ou moins grandes ,
plus ou moins profondes , occasionnées tantôt par
des affaissements , tantôt par de trop grandes pres-
sions sur des masses trop faibles ou mal assises ,
d'autres fois enfin par des commotions ou autres bouleversements qui ont séparé ces énormes masses.

Mais dans bien des circonstances, ces filons paraiss-
ant s'être remplis par les ouvertures ou fentes supérieures , dans ce cas des dépouilles d'animaux

peuvent y avoir été ensévelies, non seulement avec
des matières minérales, mais même avec des galets
et d'autres pierres. On a plusieurs exemples de
coquilles trouvées ainsi dans des filons : il est bien
difficile sans doute de se former une idée même
approximative de l'époque où ces filons ont été
comblés par des matières minérales, et ont reçu
en même temps des dépouilles de corps organisés;
car nous ne savons, il faut en convenir, comment
et d'où sont venues ces matières minérales, variées
par la couleur, par l'éclat, par la pesanteur et
qui présentent tant de différences entre elles.
Nous ne pouvons pas même soupçonner où elles
étaient accumulées, ni sous quelles formes elles
existaient avant d'être transportées dans ces fentes
où elles ont été déposées par encaissement, et par
l'effet d'une force quelconque, c'est-à-dire par les
eaux de la mer.

Je ne sais pas si dans la théorie des filons, il
ne serait pas nécessaire d'établir des distinctions
relatives aux matières adventives qui accompagnent tel ou tel minéral, et qui ont été entraînées
pêle-mêle, et conservent les caractères qui annoncent de grands mouvements dans les eaux,
tels que les galets, les sables quartzeux, d'avec les
filons, où le minerai semble annoncer moins de
mélange, et une sorte de précipitation chimique,
qui paraît s'être opérée dans un fluide plus tranquille ; il reste encore beaucoup d'observations à
faire et de faits à recueillir, malgré l'excellent

ouvrage de Werner; mais ce sujet est si difficile,
si délicat, si compliqué, il exige l'examen et
l'étude de tant de localités différentes, que nous
avons de grandes obligations à ce savant minéralogiste géologue d'avoir fait des efforts heureux
pour le débrouiller, et d'avoir établi les meilleurs
principes et les remarques les plus propres à répandre de véritables lumières sur cette question.

L'on a pu voir que si je me suis peut-être trop
appesanti sur les grands quadrupèdes fossiles disséminés sur la surface de la terre, je l'ai fait
essentiellement dans l'intention d'insister sur une
des dernières catastrophes, dont tout nous retrace
la violence, les grands effets, et en même temps
le peu d'ancienneté, comparativement à d'autres
révolutions plus calmes, d'une plus longue durée,
dont les caractères sont tout au moins aussi marqués, et qui paraissent tenir à un autre ordre de
choses. Je dois ajouter, (et un fait aussi extraordinaire et aussi important ne doit pas être oublié
ici), qu'au milieu de tant de ruines, de tant de
décombres, de tant de bouleversements de matières diverses, qu'au milieu de la mort, de la
destruction et du transport de tant d'animaux
et de tant de végétaux qui ont succombé dans la
dernière révolution, l'œil du naturaliste le plus
exercé, de celui qui n'a d'autre but que la recherche de la vérité, n'a jamais pu découvrir
ni reconnaître encore rien de ce qui a appartenu à l'espèce humaine, rien même de ce qui

aurait pu être relatif à la plus grossière ébauche
des arts.

Mais comme j'ai promis avant tout des faits et
non des théories, je m'écarterais du but principal
que je me suis proposé, si je cherchais à donner
ici le développement et la preuve de ce que j'a-
vance, et j'intervertirais sur tout l'ordre et la
marche, en quelque sorte didactique, que je me
suis tracée, ou plutôt que j'ai cherché à puiser
dans la nature, en m'efforçant de la suivre pas à pas.
Ceux qui ont l'habitude de méditer sur ces grands
objets, et qui se sont familiarisés de bonne heure
avec les détails, afin de pouvoir s'accoutumer
à saisir et à embrasser les masses, s'apperce-
vront facilement, en lisant cet essai, que ce n'est
pas sans raison que j'ai établi mes premières
bases, d'abord sur les êtres organisés les plus
simples qui vivent et se multiplient à l'infini dans
le sein des mers, parce que, pour me servir de
l'expression figurée d'un des plus grands poètes,
c'est le vieux océan qui est le père des choses:
j'ai fixé mes premiers regards sur les animaux
qui forment les coquilles et les madrépores, parce
que je les considère comme les fabricateurs constants et perpétuels de la terre calcaire, ou plutôt
de la *terre animale.* Ces êtres vivants, que
des naturalistes ont regardés en quelque sorte
comme une ébauche de l'animalité, je les considère moi, comme d'autant plus parfaits, que leur
organisation est plus simple, et qu'avec moins

d'instruments et avec des moyens faciles, ils consomment peu, et produisent beaucoup.

L'on sait que le nombre de ces polypes marins est si immense, que le calcul ne saurait jamais l'atteindre; que les espèces sont aussi variées par les formes, que par l'admirable perfection de leurs ouvrages; l'on sait que leur industrieuse activité est telle, qu'ils entourent nos continents et nos îles, d'un rempart progressif et toujours croissant de matière madréporique; qu'ils peuvent avec le temps combler le fond des mers, diminuer la masse des eaux, et transmuer, pour ainsi dire, l'élément liquide, en substance solide et brute. Ils doivent donc fixer la première attention du géologue.

Les poissons, dont le nombre est immense, dont les formes variées à l'infini, démontrent que tout ce qui peut exister en ce genre existe, et dont l'organisation plus composée, mais non moins merveilleuse, produit d'autres résultats, ont dû nous occuper après les coquilles et les madrépores. Ces poissons sont des instruments chimiques vivants, qui forment des huiles animales en immense quantité, qui combinent les éléments du phosphore, qui l'unissent avec une portion de la terre animale qui constitue leur charpente osseuse.

Enfin, et pour abréger, les poissons nous ont conduits aux cétacés, ces géants de la mer, qui commencent à se rapprocher des quadrupèdes.

Les amphibies ont dû venir après eux ; et les animaux terrestres , entièrement étrangers à la mer , ont formé la transition qui , de proche en proche , doit nous conduire à d'autres objets. Il était impossible de faire un pas solide dans la géologie , sans s'attacher à cette chaîne pour ne plus l'abandonner. Nous les avons considérés , ces animaux divers , dans leurs éléments naturels , pour les retrouver ensuite et les reconnaître , ou plutôt leurs cadavres, dans des places et des gissements , qui attestent des évènements d'un grand ordre. Ces résultats de l'animalité une fois produits se mélangent , s'amalgament , se combinent , mais ne se détruisent plus , et nous les retrouverons , lorsqu'il sera temps de traiter ces grandes questions, sous des modes divers , qui ont effacé les traces premières de leur organisation , mais qui ont conservé les bases de leurs principes constitutifs.

CHAPITRE X.

Du Mégalonix ou de l'animal inconnu du Paraguay.

L'on découvrit, il y a quelques années, à peu de distance de la rivière *de la Plata*, dans le Paraguay, à cent pieds au-dessous de la surface d'un terrain sablonneux, le squelette fossile entier d'un tres-grand quadrupède, ce qui occasionna autant d'étonnement que d'admiration aux ouvriers employés à faire cette excavation pour un autre objet. La personne qui présidait au travail de cette fouille, eut heureusement le bon esprit de faire recueillir avec soin tous les ossements de cet animal Ils furent envoyés à Madrid, et l'on en forma le squelette que l'on voit dans le riche cabinet d'histoire naturelle du roi d'Espagne.

On a fait graver ensuite, à Madrid, ce squelette, avec tous ses développements anatomiques, en cinq planches in-folio. C'est d'après ces gravures, et d'après un dessin particulier fait avec beaucoup de soins, sur le squelette même, par un savant versé dans l'anatomie comparée, et qui m'a été communiqué, que j'engageai Maréchal à en faire une copie dans laquelle il devait corriger quelques

omissions, et quelques erreurs de perspective dans
les positions.

Comme cet habile peintre était très-versé dans l'a-
natomie des animaux, il se chargea avec plaisir de
ce travail, et exécuta, sur la même feuille, un fort
beau dessin, où il ménagea assez la place pour
pouvoir y figurer à part le bassin de l'animal,
la forme des dents et celle des ongles qui sont
placés à l'extrémité des pieds. C'est ce dessin,
réduit par Maréchal lui-même, que j'ai fait
graver. Voy. planche XVI (1).

Ce grand quadrupède, d'une charpente plus
forte encore que celle du rhinocéros et de l'éléphant, a douze pieds de longueur, sur six de
hauteur; l'épine du dos est composée de sept vertèbres cervicales, de seize dorsales, et quatre
lombaires. L'on a imprimé à la suite des gravures
faites en Espagne, une notice que je regrette de
n'avoir pas pu me procurer, parce que j'y aurais
certainement puisé de bonnes observations; mais
la figure que je publie de cet animal, donnera
aux naturalistes les moyens suffisants de le comparer à d'autres grands quadrupèdes connus.

_____

(1) Depuis cette époque, les arts ont perdu Maréchal;
cet habile peintre d'histoire naturelle, mort dans la
force de l'âge, à l'époque où il avait de grandes connaissances acquises en zoologie, et où il dessinait avec
autant de vérité que de supériorité de talent. Voyez
la notice insérée à son sujet, dans les annales du Muséum, second vol.

Des restes d'animaux de la même espèce , mais d'une grosseur beaucoup moindre , ont été trouvés dans l'Amérique septentrionale. M. Jefferson, qui les a décrits dans les Transactions philosophiques de la société de Philadelphie , a donné à cet animal inconnu le nom de *Mégalonix* ; on peut consulter ce qu'il en a dit dans le quatrième volume de cette collection , où l'on trouvera aussi une autre description des ossements du même quadrupède, par le docteur Vistas.

Cuvier, ayant vu les planches représentant l'animal du cabinet de Madrid , que l'abbé Grégoire avait communiquées à l'Institut, et ayant reçu de son côté une courte description de ce squelette, envoyée de Madrid par le chargé d'affaires Roume, publia dans une notice insérée dans le magasin encyclopédique, tom. I, pag. 303, année 1796 , les recherches comparatives qu'il avait faites, pour rapprocher systématiquement cet animal extraordinaire des genres connus, et lui attribuer la place la plus convenable d'après les méthodes zoologiques.

Il est entré dans les détails ostéologiques relatifs à sa structure , que je me dispenserai de retracer ici , parce que la figure que je publie parle aux yeux, et donne une idée directe de la structure singulière et en quelque sorte disparate de cet animal. Cuvier trouve, avec raison , qu'il diffère par l'ensemble de ses caractères, ainsi que par les détails des os pareils, de tous les autres animaux.

Malgré cela , et sans s'arrêter à la grosseur de

ses os , à sa taille gigantesque, à sa forte membrure , qui pourrait le faire passer à bon droit pour l'hercule des quadrupèdes , Cuvier croit que sa place est parfaitement marquée par la seule inspection des *caractéres indicateurs* ordinaires, c'est-à-dire des ongles et des dents, et qu'il doit être rangé dans la famille des *onguiculés* dépourvus de dents incisives, et ce savant lui trouve des rapports frappants par toutes les parties de son corps avec cette section.

L'on sait que cette famille est composée des *paresseux* (bradipus Lin.), des *tatous* (dasypus Lin.), des *pangolins* (manis Lin.), des *fourmilliers* (myrmecophagus Lin.), et de *l'orycterope* ou *fourmillier du Cap* (myrmecophaga Capensis, Gmelin).

« Les paresseux et les fourmilliers ont des on-
» gles parfaitement semblables , dit Cuvier , à
» ceux de notre animal, portés de même sur un
» axe , et enchâssés à leur base par une gaîne
» osseuse; ils ont, comme lui, plusieurs doigts
» oblitérés et dépourvus d'ongles , en sorte que
» c'est parmi leurs espèces qu'on trouve à cet
» égard les arrangements les moins communs ,
» comme deux doigts devant et trois derrière, etc.
» Notre animal a aussi un nombre d'ongles sin-
» gulier et même unique jusqu'ici; savoir, trois
» devant et un seul derrière (1).

_____

(1) Notice de l'animal inconnu trouvé au Paraguay, magasin encyclopédique; tom. I, pag. 305.

Malgré quelques rapprochements heureux qui se rencontrent quelquefois dans les méthodes systématiques, le plus grand avantage qui peut en résulter, est celui de faciliter les moyens de se retrouver au milieu de l'immensité d'objets que présente l'histoire de la nature; j'en sens la nécessité, et j'en suis certainement un des partisans, mais je conviens, de bonne-foi, qu'il est quelques cas, comme dans l'ordre méthodique des quadrupèdes, par exemple, dont le nombre n'est pas assez grand pour qu'on ne puisse bien les distinguer et s'y reconnaître; qu'il est malheureux qu'on abuse quelquefois d'une méthode artificielle pour contraindre, pour ainsi dire, la nature à se plier à des classifications factices, qu'elle ne connut jamais, elle qui a épuisé toutes les manières possibles d'être et d'exister, ainsi que les formes, depuis la plus parfaite jusqu'à la plus disparate.

Lorsqu'on voit, par exemple, un quadrupède aussi grand au moins que l'éléphant, d'une charpente osseuse beaucoup plus forte, qui n'a pu exister qu'en détruisant beaucoup, qui a dû avoir nécessairement de grands moyens d'attaque et de défense contre d'autres animaux, tels que les rhinocéros, les éléphants, les lions, peut-on, parce qu'on lui verra à l'extrémité des pieds, des ongles pointus, qui auront quelques rapports, par la forme et le nombre, avec ceux des paresseux, ces êtres malheureux, faibles, indolents, dont la difficulté et la lenteur des mouvements sont

telles, qu'il perd un temps infini pour pouvoir
atteindre l'arbre dont il doit ronger l'écorce ou
manger la feuille ; peut on, dis-je, sans s'écarter
directement de l'ordre naturel, et de cette dis-
tribution progressive de force , de puissance, dé-
partie aux êtres dans de certaines proportions,
et qui tient à de grands moyens d'organisation,
assimiler de si vastes colosses, et les mettre sur la
même ligne , ou même dans le voisinage des *tatous* , des *pangolins* et des *paresseux* ? J'ose dire
que je ne le crois pas.

Car Cuvier, lui-même, ne nous a-t-il pas dit *que
les paresseux ont une lenteur, une difficulté de se
mouvoir, qui paraît en faire des êtres vraiment
misérables ; ajoutez à cela que leurs doigts sont
joints, jusqu'aux ongles, ce qui leur en ôte presque l'usage : aussi dit - on que lorsqu'ils ont dé-
vore toutes les feuilles d'un arbre, ils se jètent
simplement à bas , pour en gagner un autre en
rampant ; que pour peu qu'il soit éloigné , le
paresseux emploie plusieurs jours au trajet, et
qu'il maigrit considérablement* (1). D'après ce
tableau , je ne crois pas que les plus grands amis
des méthodes systématiques, s'empressent, sans
autre examen , de placer le *Mégalonix*, ce fort
et terrible animal, à côté des *fourmilliers*, des
tatous ou des *paresseux*.

---

(1) Cuvier, tableau élémentaire des animaux ; pag.
145.

Mais où placer, dira-t-on, un quadrupède de cette espèce? Je répondrai qu'il faut le tenir, en quelque sorte, comme en réserve, jusqu'à ce que de nouvelles découvertes ou d'autres circonstances favorables nous mettent à portée d'avoir des idées plus justes sur ce singulier animal, qui diffère si considérablement des autres grands quadrupèdes connus, par la tête, par les dents et par les pieds armés d'espèces de griffes.

Déjà la Nouvelle Hollande nous a fourni plus de dix quadrupèdes nouveaux et deux en dernier lieu qu'on n'aurait pas manqué de regarder comme des espèces perdues, si on les avait trouvés dans l'état fossile : *les ornithoringues.*

Le premier, *Platypus Anatinus,* décrit et figuré par Wiedmann (1) ; le second, non moins extraordinaire, a le *facies* d'un gros hérisson, et le museau d'un fourmillier, *ornitho-rhynchus hystrix,* décrit et figuré par M. Home, trans. phi. 1802. M. le chevalier Bancks a enrichi le Muséum d'histoire naturelle de Paris, de ces deux rares quadrupèdes. Je ne fais pas mention ici du *kanguro* de haute taille, (*didelphis gigantea* Lin.), ni du *kanguro* rat (*didelphis murina*), que tous les naturalistes connaissent, et qui vivent aussi dans la Nouvelle Hollande ; je ne rappèle ces faits, que parce qu'ils nous laissent l'espoir que cette

---

(1) Archiv. Sur zoologie und zootomie, par Wiedmann; in-8°. , pag. 175.

île immense , qu'on peut regarder en quelque
sorte comme une cinquième partie du monde, nous
procurera, à mesure que la population européenne
augmentera et s'avancera dans les terres , d'autres
animaux , et même de grands quadrupèdes , qui
pourront nous fournir des objets utiles de comparaison et de rapprochement , avec des espèces
fossiles que nous considérons comme perdues.

L'on est d'autant plus fondé à concevoir ces
espérances, que l'on voit avec intérêt dans le savant
voyage de la Billardière autour du monde, pour
aller à la recherche de Lapérouse , qu'il a reconnu des traces de grands quadrupèdes. « Après
» nous être enfoncés dans les bois , (vers le voi-
» sinage de la baie des tempêtes), dit ce natu-
» raliste , un quadrupède de la taille d'un gros
» chien, sortit d'un buisson tout près d'un de nos
» compagnons de voyage ; cet animal de couleur
» blanche , tacheté de noir , avait l'apparence
» d'une bête féroce. Il n'y a aucun doute que
» ces contrées n'ajoutent , par la suite, plusieurs
» espèces au catalogue des zoologistes.

» Une vertèbre , dont le corps avait plus de
» *quatre pouces une ligne d'épaisseur* , trouvée
» dans l'intérieur des terres, fait espérer qu'on y
» rencontrera de fort grands quadrupèdes. T. I ,
» pag. 163 de l'édit. in-4°.

» Nous arrivâmes , continue le même auteur,
» (étant alors à la baie le Grand, dans la Nou-
» velle Hollande) , au bout de quatre heures

» d'une marche assez rapide, sur les bords d'un
» grand lac qui communique avec la mer. Les
» naturels du pays avaient récemment mis le feu
» dans plusieurs endroits où nous venions de
» passer ; nous ne vîmes aucun *kangourou*,
» mais leurs excréments que nous apperçûmes
» de toute part, en grande abondance, nous firent
» connaître que ce quadrupède est très-multiplié
» sur cette côte. Nous y remarquâmes aussi d'au-
» tres excréments qui ressemblaient singulière-
» ment *à ceux de vache*, mais nous n'apper-
» çûmes pas l'animal à qui ils appartenaient ;
» on voyait dans le sable l'empreinte de pieds
» fourchus, (*larges de plus de trois pouces et*
» *demi*.) Il n'y a aucun doute que cette terre ne
» nourrisse des quadrupèdes beaucoup plus gros
» que le kangourou. » Voyage de la Billardière,
tom. I, pag. 414 de l'édit. in-4°.

Il reste donc de ce côté là de grandes espérances
pour l'avenir, très-propres à avancer, je dirais
même, presque à finir l'histoire naturelle des quadrupèdes, dont la géologie pourra un jour tirer un
grand parti, lorsque d'autres nations, à l'exemple
des anglais, formeront des établissements dans la
Nouvelle Hollande ; nous devons aussi concevoir
beaucoup d'espoir sur une autre partie du globe,
si un jour les nations policées de l'Europe, au lieu de
se jalouser et de se haïr sans cesse, au lieu de s'entr'égorger périodiquement les unes et les autres,
pour satisfaire la frénésie ou l'ambition atroce

de quelques esprits malfaisants, voulaient diriger
un jour leurs moyens, et il en faudrait peu, pour
adoucir le sort de la multitude, pour propager
l'instruction et les arts parmi les nations sauvages,
particulièrement dans cette Afrique inconnue, qui
est pour ainsi dire à notre porte, et qui nous est
mille fois plus étrangère que les parties les plus désertes du nouveau monde. L'humanité et les sciences
marchant de front, feraient sans doute des progrès
étonnants, et l'homme pourrait alors finir sa destinée sans crainte et sans remords, puisqu'il n'aurait
vécu que pour le bonheur de ses semblables, et que
sa vie adoucie par les charmes de la sensibilité, se
serait trouvée encore embellie par les jouissances
de l'instruction.

Des idées pareilles sont des chimères pour la
plupart des hommes, je le sais ; mais je ne les
effacerai pas, et je me plais à croire que les tenta-
tives faites par quelques français, que celles plus
hardies encore entreprises par quelques anglais,
pour pénétrer dans l'intérieur de l'Afrique, ne
s'éteindront pas, et qu'il en résultera tôt ou tard
des découvertes heureuses pour les sciences et
pour les progrès de la civilisation.

Les voyages faits dans l'Afrique ne l'ont
jamais été vainement pour l'histoire naturelle ;
c'est la patrie des oiseaux les plus singuliers, des
plantes les plus rares et les plus extraordinaires ;
c'est le berceau des éléphants, des rhinocéros,
des hyppopotames, des giraffes, des lions, des

tigres, des panthères; la minéralogie de cet antique continent nous est presque totalement inconnue; et ce qu'il y a peut-être de plus extraordinaire encore dans cette terre si extraordinaire, c'est que les sciences y ont été cultivées anciennement dans quelques parties, j'allais presque dire qu'elles y avaient pris naissance.

C'est parce que les animaux d'Afrique ont presque tous un caractère qui leur est propre, ainsi qu'on a pu le voir a l'égard des éléphants, des rhinocéros et des crocodiles, que j'insiste sur cet objet, parce qu'il est possible qu'il nous arrive un jour de cette partie du monde des quadrupèdes, qui nous prouvent qu'il n'y a point d'espèce perdue; car il est difficile de concevoir, je le répète, qu'une révolution qui a conservé un si grand nombre de genres et d'espèces d'animaux, dont la terre est encore peuplée, ait éteint radicalement des races entières, sans qu'il en reste nulle part d'autres vestiges, que ceux que nous trouvons ensévelis au milieu des décombres et des ruines qui caractérisent cette dernière révolution qui ne saurait dater d'une très-grande antiquité. Je plaide ici la cause des partisans du déluge de Moïse; mais je pourrais leur demander, si Noë oublia de placer dans son arche, le *Mégalonix*, le *grand éléphant de l'Ohio*, et cette suite d'animaux que Cuvier regarde comme ayant disparu; j'aime à croire qu'on les retrouvera un jour, et que Noë ne les aura pas oubliés.

Il faut donc, en attendant qu'on puisse avoir des renseignements plus positifs, considérer ce squelette comme ayant appartenu à un grand quadrupède *sui generis*, qui diffère par plusieurs caractères très-remarquables des grands animaux terrestres que nous connaissons, et sous ce point de vue, il est d'autant plus digne d'attention, que jusqu'à présent on n'a rien trouvé de vivant qui lui ressemble ; qu'au reste on a découvert, en Virginie, des ossements d'animaux du même genre, mais d'espèce beaucoup plus petite, et qu'il est possible, à présent que l'attention des naturalistes est réveillée sur cet objet, qu'on retrouve ailleurs des dents ou d'autres parties fossiles du même animal ; enfin ce squelette est un type original qui nous apprend un beau fait en zoologie, et doit être regardé comme une médaille antique qu'il faut tenir en réserve, jusqu'à ce que des circonstances plus favorables nous mettent à portée d'avoir des notions plus distinctes et plus positives sur cet étonnant quadrupède.

EXPLICATION

DE LA PLANCHE XVI.

Squelette fossile de l'animal inconnu du Paraguay, placé dans le cabinet d'histoire naturelle de Madrid.

Cette figure représente le squelette de l'animal trouvé à cent pieds au-dessous de la surface d'un terrain sablonneux, à peu de distance de la rivière de la Plata, tel qu'il est monté dans le cabinet d'histoire naturelle, de Madrid. Il a six pieds de hauteur et douze de longueur; les os des cuisses sont d'une force et d'une épaisseur extraordinaires; l'occiput est oblong et applati; les deux mâchoires s'allongent en forme de bec, et n'ont que quatre dents molaires de chaque côté, tant en haut qu'en bas, placées dans le fond de la gueule. La gravure que j'en donne est d'après un dessin de Maréchal, et la figure est la trentième partie de la grandeur de l'animal.

J'ai fait graver séparément, sur la même planche, une des dents, afin qu'on puisse en distinguer la forme et la couronne; l'on verra qu'elle n'a aucun rapport avec celles de l'éléphant et du rhinocéros.

L'on voit, à côté de cette dent, un des ongles pointus, avec sa gaîne ou enveloppe osseuse. Si rien ne s'est égaré ou n'a été brisé, lorsqu'on a déterré ce grand quadrupède, il paraît qu'il n'avait que trois de ces ongles aux

pieds de devant, et un seul à ceux de derrière; enfin,
la même planche représente les os des îles formant un
très-grand bassin. C'est en réunissant ainsi ces objets,
sous un même point de vue, qu'il est plus commode
et plus facile de les observer.

Ceux qui desireraient de plus grands détails anatomiques, pourront consulter les cinq planches de format
in-folio, qui ont été gravées à Madrid.

CHAPITRE XI.

D'un animal inconnu de la famille des bœufs.

Buffon a publié, dans le onzième tome,
édit. in-4°. pag. 284, de l'histoire naturelle, une
très-savante dissertation dans laquelle il a traité
fort au long la question difficile relative aux distinctions à faire entre divers animaux de la race
des bœufs, que les auteurs anciens ont qualifiés
tantôt du nom de *bonasus*, de *bubalus*, d'*urus*;
les modernes, d'*aurochs*, de *bison*, de *zébu*,
de *bufalo*, etc. La tâche était difficile à remplir,
et malgré les grandes connaissances de l'illustre
historien de la nature, il reste encore plus d'un
embarras à ce sujet. Voici le résultat des observations de M. de Buffon :

« 1. L'animal que nous connaissons aujourd'hui
» sous le nom de buffle, n'était point connu des
» anciens. »

M. de Buffon était dans l'erreur à ce sujet;
l'on peut voir dans les pag. 49 et suiv du tom.
VI des suppléments du même auteur, les recherches faites dans les auteurs anciens, ainsi que dans
les vocabulaires des langues grèque et latine,
par le prélat Caëtani de Rome, et l'on y verra

que les Grecs et les Latins avaient connu de tout
temps les buffles.

» 2°. Ce buffle, maintenant domestique en Eu-
» rope, est le même que le buffle domestique
» ou sauvage aux Indes et en Afrique. »

Le même M. Caëtani douté avec assez de fondement qu'il y ait des buffles dans l'Afrique ; c'est
un fait à vérifier.

« 3°. Le *bubalus* des Grecs et des Romains,
» n'est point le buffle, ni le petit bœuf de Belon,
» mais l'animal que Messieurs de l'Académie des
» sciences ont décrit sous le nom de vache de
» Barbarie, et nous l'appelons *bubal.* »

M. Caëtani observe ici à M. de Buffon, que
les Grecs appelaient le buffle *bupharus* ; que les
Latins, qui employaient souvent la lettre l à la
place de l'r, en avaient fait *buphalus*, et puis
bubalus ; il s'en suivrait d'après cela que ce mot
aurait rapport simplement à celui de buffle.

» 4°. Le petit bœuf de Belon, que nous avons
» vu et que nous nommons *zébu*, n'est qu'une
» variété dans l'espèce du bœuf.

» 5°. Le *bonasus* d'Aristote, est le même animal
» que le bison des Latins.

» 6°. Le *bison* d'Amérique pourrait bien venir
» originairement du bison d'Europe.

» 7°. L'*urus* ou *aurochs* est le même animal
» que notre taureau commun, dans son état na-
» turel et sauvage.

» 8°. Enfin, le bison ne diffère de l'aurochs

» que par des variétés accidentelles, et par con-
» séquent il est, aussi bien que l'aurochs, de la
» même espèce que le bœuf domestique ; en sorte
» que je crois pouvoir réduire à trois toutes les
» dénominations, et toutes les espèces prétendues
» des naturalistes, tant anciens que modernes,
» c'est-à-dire à celles du *bœuf*, du *buffle* et du
» *bubal*. »

Comme nous avons vu que le *bubal* n'est autre
chose que le buffle, il s'en suivrait, d'après M. de
Buffon, qu'au lieu de trois espèces qu'il prétend établir, il n'en resterait plus que deux, le bœuf proprement dit, et le buffle ; ce qui prouve que la question reste tout aussi embrouillée, car l'urus n'est
certainement pas une variété du bœuf ordinaire.

Pallas, qui avait été à portée de voir des *urus*, a
traité la même question dans les mémoires de l'A-
cadémie des sciences de Pétersbourg; il est important d'entendre ce célèbre naturaliste.

» Rien n'est plus clair, dit Pallas, que d'expli-
» quer d'après Gesner, le *bonasus* d'Aristote,
» qu'Elien répète sous le nom de *monops*, par les
» taureaux sauvages de la Péonie, qui sont exacte-
» ment le même animal que Jules-César décrivit
» sous le nom germain *d'urus*. Cette espèce jadis
» bien plus nombreuse et bien plus répandue en
» Europe, qu'elle ne l'est depuis que cette partie
» du monde se trouve foulée par une population
» étrangère de hordes asiatiques, qui sont venues
» s'y établir, n'existe plus aujourd'hui que dans

» les vastes forêts de la Lithuanie , dans quelques
» parties des monts *Crapacs* , et peut-être dans le
» *Caucase*. Elle cherche un climat tempéré, et
» semble n'avoir jamais fréquenté le nord de
» l'Europe et de l'Asie. Or il serait impossible
» qu'elle eût été entièrement détruite dans cette
» vaste étendue de forêts, qui couvrent toute la
» partie boréale de l'empire Russe , jusqu'à la
» Sibérie orientale, où certainement la population
» n'a jamais suffi pour l'exterminer. *Pallas, observation générale sur les espèces sauvages du gros bétail. Mémoires de l'Académie de Petersbourg ; 1777, part. 11 , page 232.*

Le même Auteur considère l'urus et le bison
comme un même animal. L'odeur musquée que
» l'on trouve aux mâles de l'urus , et que les Alle-
» mands expriment par le mot de *bisem* , a sans
» doute produit le mot *bison*, dans les langues
» étrangères : or, cette odeur ne semble être bien
» sensible que dans les taureaux sauvages d'un âge
» avancé , surtout au temps du rut. Ce n'est aussi
» que l'âge qui produit ce pelage hérissé sur les
» parties antérieures des taureaux sauvages , et qui
» les rend plus bossus et plus robustes de l'avant
» train. Ainsi les noms *urus* et *bison* auront ori-
» ginairement désigné , non pas deux variétés de
» l'espèce , mais l'état différent du même animal
» selon l'âge et le sexe.

» M. Le baron de Herbstein a bien indiqué deux
» races distinctes de bêtes à cornes sauvages en

» Lithuanie ; mais il est plus que probable que
» celle qu'il indique sous le nom de *thour* , et
» qui est sans bosse, n'était qu'une race introduite
» de buffles devenus farouches » : *page 233 du
même mémoire.*

M. le Baron de Herbstein pourrait bien avoir
raison, si les cornes fossiles qu'on croit être de
l'urus lui appartenaient en effet, puisqu'on trouve
deux têtes bien distinctes d'urus dans l'état fossile,
ainsi qu'on le verra bientôt.

» D'un autre côté, continue Pallas, page 234.
» Je suis tout-à-fait du sentiment de M. de Buffon,
» que le Bison ou taureau sauvage ordinaire de
» l'Amérique septentrionale , pourrait être con-
» sidéré comme une variété de l'urus d'Europe ,
» changée par le climat.

» Par toute la Sibérie, on ne trouve ni l'un ni
» l'autre sauvage ; aucune trace , pas même des
» crânes fossiles de ces animaux, pour faire soup-
» çonner que leur race eût autrefois existé quelque
» part dans cette partie de l'Asie . . . . D'ailleurs,
» comme la race sauvage était déjà, lors de la
» découverte de l'Amérique, infiniment nombreuse
» et plus répandue dans le continent, qu'elle ne
» l'a jamais été en Europe , et qu'en Asie elle n'a
» pas même pénétré aussi avant que certains
» autres animaux communs à l'Europe et à l'A-
» mérique , mais étrangers de même à la Sibérie ,
» comme la petite Loutre (*lutreola* Lin.) et la
» Marte , l'on pourrait supposer avec quelque

» vraisemblance que l'Amérique était la patrie
» primitive du taureau sauvage, d'où il peut avoir
» passé en Europe dans un temps où le continent
» était peut être très-voisin de l'autre , par une
» continuation de terres élevées , et depuis sub-
» mergéés par les effets de feux souterrains, dont
» les Iles Hébrides , les Orcades , les Iles de
» Feroë et l'Islande , semblent nous indiquer les
» traces. D'après cette supposition , le bison d'A-
» mérique serait la race originale de l'espèce, et
» l'urus d'Europe , changé par le climat de sa
» nouvelle patrie , aurait acquis un poil plus
» rude au lieu de la laine du premier , et une
» taille encore plus gigantesque : *page* 235.

M. Pallas fait ensuite, page 235 et suivantes, la
comparàison du bison et de l'urus, d'après une
description fort exacte de l'*urus* , faite en 1739,
par M. Wilde , alors anatomiste de l'académie de
Pétersbourg. Quant au bison d'Amérique , il parle
de celui qu'il avait vu en Hollande , le même
qu'on promenait de ville en ville, et dont M. de
Buffon a donné une figure dans le 5e. vol. des
suppléments à l'histoire naturelle des animaux ,
pag. 57 , pl. V. M. Pallas dit que cette figure *n'est
pas tout a fait exacte.* » Je n'ai presque rien
trouvé , dit ensuite ce savant , dans la forme de
» cet animal , qui pût le distinguer considéra-
» blement des bonnes figures de l'urus, que nous
» avons dans les ouvrages de Ridinger , et dans
» les gravures de la ménagerie du prince Eugène à

» Vienne. » M. Pallas trouve cependant que la tête
du bison d'Amérique, ainsi que sa queue, sont pro-
protionnellement plus courtes que celles de l'urus ;
qu'il a le dos plus élevé à l'endroit des épaules, et la
croupe plus faible et plus rétrécie. La différence du
poil lui paraît bien plus considérable; *toute la tête,
le col et l'avant-train, jusqu'au delà des épaules,
étaient couverts d'une laine crépue, extrêmement douce et touffue, élastique et presque
noire, avec une légère teinte de brun, etc.*

L'urus de Lithuanie, qui a servi d'objet de
comparaison à Pallas, était un vieux taureau
sauvage de la plus forte taille, envoyé avec plusieurs vaches à Petersbourg, par le roi de Prusse,
et qui étant mort d'une espèce de contagion en
1759, fut observé anatomiquement.

» L'urus, dit Pallas, était d'une taille qui semble
» égaler celle du rhinocéros, et qui surpasse le
» buffle domestique; *sa longueur, depuis le bout
» du museau jusqu'à l'anus, était de dix pieds
» trois pouces, mesure d'Angleterre.* Le tronc
» de devant était haut de six pieds, et celui de
» derrière l'égalait, à cause de la plus grande
» hauteur des jambes postérieures, quoique le
» tronc allât en diminuant vers la croupe. *La tête
» était longue de deux pieds six pouces,* jusqu'à
» la nuque, etc. »

Au reste, continue Pallas, page 250. » Plus le
» bison d'Amérique semble voisin de l'espèce de
» l'urus d'Europe, plus il diffère d'une autre

» espèce de bête à corne, toute particulière à l'A-
» mérique, et très-distincte de toutes les variétés
» du taureau et du buffle; c'est le même animal
» dont le père Charleroix parle à la suite de la des-
» cription qu'il a donnée du bison d'Amérique,
» et qu'il appèle du nom de bœuf musqué. »

C'est celui à grandes et grosses cornes, dont
les racines se joignent vers le haut de la tête, et
descendent à côté des yeux, presque aussi bas
que la gueule, et remontent ensuite en haut par le
bout. Le même, dont la tête est figurée dans le
dernier supplément de Buffon, tom. 6. pl. 3. On
trouve ce bœuf musqué aux environs de la baye
de Hudson. Il porte aussi de la laine. Il en existe
une belle tête au muséum d'histoire naturelle de
Paris. M. de Buffon, dans son supplément ci-
dessus cité, ne le regarde que comme une variété
du bison. L'on doit à Pennant la première figure
du bœuf musqué; mais il le considére comme le
bison d'Amérique des auteurs, et comme le
même que le bœuf du Canada de Charleroix,
en ajoutant que le bœuf musqué du même, ne
lui semble pas être d'une espèce différente (1).
» D'après la description et les éclaircissements de
» M. Pennant, dit M. Pallas, page 243 du même
» mémoire, et d'après quelques notes prises sur
» une tête entière du bœuf musqué, que j'ai vu

(1) Pennant, synopsis of quadruped. p. 8, 9, tab. II,
fig. 2.

» dans le Muséum de Londres ; il n'est plus douteux
» que ces crânes singuliers que j'ai décrits dans le
» 17e. tome des nouveaux commentaires de l'aca-
» démie, page 602, tome 17, sont effectivement
» ceux du bœuf musqué de l'Amérique septen-
» trionale, dont les cadavres ont pu avoir été flotés
» ou arriver avec les glaces, jusques sur les côtes
» arctiques de la Sibérie, où ces crânes ont été
» trouvés. Je ne répéterai point ici la description
» de leur forme singulière, et de la position de
» leurs cornes, dont le caractère décisif indique
» absolument le même animal que Charlevoix dé-
» crit, d'après M. Jérémie, et dont M. Pennant a
» fait graver le dessin. »

De tout ce qui vient d'être dit par Pallas, l'on
peut conclure, 1°. que quoique le bison d'Amérique ait une grande ressemblance avec l'urus de
Lithuanie, c'est-à-dire, avec l'urus de Jules César,
il *en diffère néanmoins par la tête ainsi que par
la queue qui sont plus courtes que dans le bison;*
il serait donc possible que ce ne fût pas le même
animal, et ceci mérite un nouvel examen.

2°. Que l'urus est d'une grandeur qui surpasse
celle du buffle.

3°. Que par toute la Sibérie, on ne trouve ni
le bison d'Amérique, ni l'urus de Lithuanie,
*pas même des crânes fossiles de ces animaux,
pour faire soupçonner que leur race eût autrefois
existé quelque part dans cette partie de l'Asie.*

J'observe que je rappèlerai bientôt un passage

Tome Ier. 22

important, tiré d'un autre mémoire de Pallas,
que j'ai déjà cité, où ce célèbre géologue a dit
qu'on trouve, en Sibérie, à côté de défenses
d'éléphants et de têtes de rhinocéros, des crânes
du *bubalus*. Ce fait trouvera son application.

4°. Enfin, Pallas nous a dit qu'il ne fallait pas
confondre le bœuf musqué du Canada, celui que
le père Charlevoix a décrit, avec le bison et l'urus;
qu'il forme une espèce bien distincte, et que c'est
cette dernière espèce de l'Amérique septentrionale,
dont les lourdes cornes ont été trouvées sur les
côtes arctiques de la Sibérie, et dont les crânes
ont pu floter avec les glaces, et arriver sur les
bords de cette partie de la mer glaciale.

Je rappèle ce fait qui a donné lieu à un mémoire de Pallas, inséré dans le tom. 17, pag.
602, planch. 17 des nouveaux commentaires de
l'Académie de Pétersbourg, afin qu'on ne confonde pas ces crânes de bœufs musqués, accidentellement arrivés, et trouvés par hasard sur
le rivage des côtes arctiques de la Sibérie, avec
des crânes fossiles tels que ceux du *bubalus*, dont
il sera bientôt fait mention; car dans un sujet
où les noms divers que les auteurs ont employés,
ont plutôt servi à embrouiller la question, qu'à l'é-
claircir, on ne saurait trop élaguer ce qui peut
augmenter l'embarras ou détourner l'attention,
afin de ne pas perdre de vue l'objet principal.

Il nous reste à présent à dire un mot sur la
monographie de l'*urus* ou du *bison*, que le na-

turaliste Gilibert vient de publier depuis peu,
dans l'Abrégé du systême de la nature de Linné,
ouvrage utile que ce professeur d'histoire naturelle, à l'école centrale de Lyon, avait fait pour
ses disciples.

Gilibert, ayant résidé long-temps à Vilna, où
il professait la médecine dans l'université de cette
ville, a été à portée de voir plusieurs bœufs
sauvages, des forêts de la Lithuanie ; il a même
fait élever sous ses yeux, pendant quatre ans,
une femelle de ce bœuf sauvage ; ce qui lui a
procuré tous les moyens de bien étudier cet animal, et de suivre ses habitudes et son caractère ;
il conclut, d'après une suite d'observations, *que
nous devons, avec le grand Haller, regarder
le bison comme une espèce aussi réelle, que peut
l'être le lièvre et le lapin.* Gilibert regarde comme
synonimes le mot *bison* et celui d'*urus* ; mais
comme ce dernier nom est consacré par Jules
César et par Pline, et qu'il a été anciennement
donné à ce bœuf sauvage, par les Gaulois, je
le préfère à celui de bison, quoique l'un ou
l'autre puisse être applicable au même animal.

Gilibert a donné une figure de l'urus femelle,
qu'il a fait déssiner d'après l'animal vivant, et qu'il
a publiée dans l'Abrégé du systême de la nature
de Linné (1).

_____

(1) Abrégé du systême de Linné. Hist. des quadrupèdes et des cétacés, par J. F. Gilibert, professeur

Tout ce qui vient d'être dit relativement au
bœuf sauvage, ou *urus*, ou *bison*, devenait absolument indispensable, et devait servir de préliminaire aux recherches que je me proposais de
faire, relativement aux cornes fossiles d'un très-
grand animal du genre des bœufs, qu'on trouve
en France, en Allemagne, en Italie, et qu'on
vient même de découvrir depuis peu en Amérique, dans la partie de la Virginie. L'on était
dans la croyance générale, que les crânes et les
cornes fossiles de ce bœuf étaient ceux de l'urus
de Jules César, et on se doutait si peu du contraire, qu'on ne se donnait pas la peine d'y
regarder de près ; aussi trouve t-on ces cornes
fossiles dans les cabinets d'histoire naturelle,
avec le titre de cornes d'*urus*.

Nous voyons bien clairement, tant par le mémoire de Pallas, que par l'opinion de Haller et
par celle de Gilibert, que l'*urus* ou *bison* forme
une espèce bien distincte ; mais nous savons en
même temps, malgré toutes les peines que s'est
données Buffon, que tout ce qui tient à l'histoire
naturelle des bœufs des Indes, de ceux d'Afrique

---

d'histoire naturelle à l'école centrale du département
du Rhône, etc.

Lyon, chez François Matheron, libraire ; et à Paris,
chez Gérard, libraire, rue Saint-André des Arcs, n°.
44.

et même de ceux de l'Amérique, présente encore
tant d'incertitudes, d'équivoques, de confusion dans
les noms que cette matière, mérite d'être revue
à neuf. La manière la plus certaine de la traiter,
je dirais presque la seule, est celle de se procurer,
par des personnes de confiance, les squelettes des
têtes de toutes les espèces de bœufs des Indes,
et même du Tibet, et personne n'est plus à
portée de faire ces recherches que les Anglais.
Une seule demande de la société royale de Londres, à celle de Calcutta, suffirait pour cet objet.

La société des sciences de Philadelphie, aurait
les plus grandes facilités pour se procurer tout
ce que l'Amérique septentrionale pourrait nous
fournir en ce genre. On ne manquerait pas de
ressources pour les parties connues de l'Afrique, tant
par les Hollandais, au Cap de Bonne-Espérance,
que par les comptoirs du Sénégal, d'Egypte, de
Tunis ou d'Alger. C'est de cette manière, qu'en
réunissant dans une seule ou deux collections publiques, soit à Londres, soit à Paris, (car les
sciences ne connaissent ni distinction de territoire, ni distinction d'empire,) on aurait l'histoire naturelle la plus complète de la classe des
animaux la plus utile et la moins connue, de celle
qui nourrit le plus grand nombre d'hommes et
les soulage dans leurs travaux.

J'ai été très-surpris, en comparant plusieurs
têtes fossiles, de la grande espèce de bœuf, trouvées dans divers départements de la France, et

dont on peut observer les cornes et des portions de
crânes dans le muséum d'histoire naturelle de
Paris, de voir que non seulement elles diffèrent
par la grandeur et par la forme, mais encore par
d'autres caractères, de celles de l'*urus* des forêts
de la Lithuanie; j'ai reconnu de plus qu'il existait
deux espèces bien distinctes et bien prononcées
parmi ces bœufs, dont on trouve les restes fossiles. Le muséum de Paris possède l'une et
l'autre; je les ai fait figurer dans une même
planche, afin qu'on puisse avoir la facilité de juger
d'un seul coup d'œil des différences.

Je considère ces cornes fossiles de grands bœufs,
comme transportées de loin, et ensévelies par
l'effet de la même révolution, qui a déplacé les
éléphants et les rhinocéros, dont on trouve les
restes dispersés avec ces éléphants dans l'Asie
boréale, dans le Nord de l'Europe, en France,
en Italie, en Angleterre. M. Peales vient, en
dernier lieu, de découvrir, dans la Virginie,
des cornes fossiles absolument semblables à une des
espèces qu'on trouve en France et ailleurs, et je présume qu'on reconnaîtra également les deux espèces
fossiles dans l'un et l'autre continent, lorsqu'on
portera une plus grande attention sur cet objet.
Ces cornes, je le répète, ne sont point celles de
l'*urus* ou *bison* de Lithuanie; je les ai comparées
non seulement avec les meilleures figures de l'*u-*
rus, publiées par de bons auteurs, mais avec la
tête d'un squelette d'*urus*, qui est dans les galeries

d'anatomie du muséum d'histoire naturelle de
Paris ; les caractères sont trop différents pour
qu'on puisse les regarder comme les mêmes ;
si dans cette circonstance les analogies ne sont
pas trompeuses, je pense qu'il faudra peut-être
chercher cette grande espèce, ou plutôt ces deux
grandes espèces de bœufs, dans la patrie de ces
mêmes éléphants et de ces mêmes rhinocéros,
dont on trouve de si nombreuses dépouilles dans
le Nord de l'Asie, en Europe, en Amérique et
ailleurs, et dont le déplacement et la submersion
tiènent à un des derniers cataclysmes.

Mais disons un mot de ces deux espèces fossiles, afin qu'on ne les confonde plus, ainsi que
je l'avais fait moi-même, avant d'avoir été à portée
de comparer un assez grand nombre de leurs
crânes et de leurs cornes ; d'ailleurs les animaux ne
faisaient pas à cette époque, l'objet spécial de mon
étude.

§. I.

*Première espèce d'un animal fossile du genre
du bœuf.* (Voyez planche XVII, fig. I.)

Les cornes sont placées dans une position horizontale, depuis la naissance de l'os jusqu'à
la distance d'un pied trois pouces, où les deux
cornes sont fracturées ; mais quoiqu'il en manque,
ce qui en reste est assez grand pour faire voir que

si elles ont eu une courbure, elle ne devait exister que vers l'extrémité.

Quoique l'animal fût jeune, ainsi qu'il est facile d'en juger par les sutures frontales, les os
de la corne ont cependant, à leur naissance,
douze pouces cinq lignes de circonférence, tandis
que l'os de la corne des plus gros bœufs d'Auvergne, n'a que six à sept pouces au plus de
circonférence, prise dans la même partie.

La distance d'un orbite à l'autre, est de treize
pouces une ligne.

La distance de l'extrémité supérieure du front
au bord du trou occipital, n'est que de quatre
pouces six lignes. Une espèce de calotte ou protubérance osseuse, figurée en ovale, forme une
espèce de proéminence au-dessus du front,
entre la naissance des deux cornes; c'est ce caractère principal ainsi que celui du rapprochement du trou occipital, qui établit une différence bien marquante entre cette tête fossile et
la seconde dont je vais parler.

Elle est dans la salle de géologie du muséum,
sans indication du lieu où elle a été trouvée;
mais il est à présumer qu'elle a été envoyée de
quelque partie de la France, et que l'étiquette,
qui n'était attachée qu'avec de la cire molle, dont
on voit les restes, se sera perdue. Voyez la figure
qui est d'une très-grande exactitude, et l'explication de la planche où toutes les dimensions sont
prises avec beaucoup de soin.

§. II.

Seconde espèce de Bœuf fossile. (Voyez planche XVII, fig. II.)

Cette portion de crâne où sont les os des deux cornes bien entières, diffère de la précédente, 1°. par le front disposé, vers l'extrémité supérieure, en ligne plutôt un peu convexe vers le centre que bombée; 2°. les cornes forment une espèce de croissant, dont le contour se dirige vers le bas; 3°. la distance intérieure d'une corne à l'autre, prise vers les deux extrémités, est de deux pieds six pouces trois lignes ; la circonférence de l'os de la corne, prise à la base, est de douze pouces huit lignes ; 4°. le front est totalement plat; 5°. de l'extrémité supérieure du front, au bord du trou occipital, la distance est de *sept pouces.* On a vu que dans le crâne de l'autre, le bord du trou occipital n'est éloigné du sommet du front que de *quatre pouces*, différence bien remarquable. S'il n'y avait eu de la dissemblance que dans la forme des cornes, j'aurais considéré ce fait comme une simple variété; mais les caractères que je viens d'énoncer sont trop tranchants, pour ne pas engager les zoologistes à les regarder comme deux espèces bien distinctes. Cette seconde espèce avait été envoyée à Daubenton, postérieurement à la publication de la partie

anatomique de l'histoire naturelle des animaux
de Buffon : voilà pour quoi il n'en a pas fait mention. Comme elle était sans étiquette, j'ignore
le lieu où elle a été trouvée. Je crois cependant
avoir entendu dire à M. Daubenton qu'elle avait
été envoyée du côté d'Abbeville, ou des environs
d'Amiens.

L'os de la corne gauche fossile d'un animal de
l'espèce dont je viens de faire mention, et tenant à une partie de l'os frontal, fut trouvé en
1753, par M. le marquis de Rennepont, en pêchant
dans la rivière d'Orne près de Moyeuvres ; elle
fut donnée à M. de Buffon, qui en fit présent à
cette époque au cabinet du roi. C'est le même
que M. Daubenton a cité sous le n°. MLXXIX
du tom. XI, page 423, de l'histoire naturelle de
Buffon de l'édit in-4°.

L'os de cette corne tronqué au bout est remarquable par sa grosseur ; il a treize pouces huit
lignes de circonférence à l'endroit le plus gros.

« On a trouvé dans les sables de la baie de
» Somme, département de la Somme, au pied
» d'un ancien banc de sable, aujourd'hui couvert
» par la mer, (et depuis des siècles) un fragment
» de la tête d'un bœuf énorme semblable à celui
» dont parle M. de Buffon. Les deux cornes
» sont, dit-on, pétrifiées : je n'ai pas vu le mor-
» ceau, mais on va me l'envoyer. *Lettre de M.*
*Traullé, président du tribunal du département
de là Somme, sur quelques pétrifications trouvées*

dans les sables qui bordent les vallées de la Somme, inserée dans le magasin encyclopédique, tom. 1er. *page* 182.

J'ai vu à Francfort, dans le cabinet de M. Sallz-wedel, deux très-grosses cornes fossiles tenant encore à une partie de l'os frontal qui se rapportent à l'espèce 11. Je lui demandai d'où il les avait tirées, et il me répondit, qu'il avait entendu dire à son père qu'elles avaient été trouvées sur les bords du Rhin.

La collection d'histoire naturelle du Landgrave de Hesse d'Armstad, qui réunit plusieurs restes d'animaux fossiles, renferme aussi deux cornes de la même espèce de bœuf que celle que j'ai fait figurer planche XVII, fig. 2.

Le cabinet de Manheim en a aussi une très-belle de la même espèce.

Fortis m'a dit qu'on en trouve de semblables en Italie dans le Véronais, et en Toscane. M. Péales directeur du muséum d'histoire naturelle de Philadelphie, écrivit le 13 Juillet dernier 1802, à M. Geoffroy, une lettre dans laquelle après être entré dans des détails sur le squélette de l'éléphant à dents molaires protubérantes, dont il s'était enfin procuré toutes les parties presque complettes, il ajoute: « Comme je fesais des perquisitions pour » me procurer une autre tête du même animal » qui fût plus entière que celle de mon squélette, » j'ai découvert dans une petite baie, à dix milles » de Bid-Bone-Liek, dans le Kentuckey, la tête

» fossile d'un animal évidemment du genre des
» bœufs, qui m'a étonné par sa grandeur extra-
» ordinaire; je me suis empressé de la faire mouler
» et j'en envoie un plâtre à votre muséum ».

On a recu en effet, au muséum d'histoire naturelle de Paris, cette corne; car il n'y en a qu'une,
et même elle est fracturée au bout; elle est adhérente à l'os frontal, et se rapporte parfaitement
à l'espèce première que j'ai décrite, sans aucune différence, si ce n'est dans la grosseur; en
voici les dimensions :

Longueur de l'os de la corne,
quatorze pouces ci . . . . . .   1 pied 2 p.

Circonférence à la base, un
pied huit pouces deux lig. ci.   1 pied 8   2 lig

Largeur du front, depuis la
corne jusqu'à la fracture, onze
pouces, ci.   11

Largeur, depuis la partie
antérieure à la postérieure,
dix pouces, ci.   10

Largeur, depuis le trou
occipital jusqu'au haut de la
tête, six pouces six lig. ci . .   6   6

L'animal, malgré la grosseur de ses cornes, n'é-
tait pas âgé; car on distingue encore les sutures
des os du crâne, imprimées sur le plâtre, comme
dans celui que j'ai fait graver.

Patrin m'a dit qu'il avait vu de semblables
cornes en Sibérie.

D'un autre côté, Pallas, dans un mémoire inséré
dans le tom. XVII des mémoires de Pétersbourg,
où il est question des restes des animaux exotiques
fossiles que l'on trouve en différentes parties de
l'Asie boréale, et que j'ai déjà cité à l'article des
rhinocéros fossiles , fait mention aussi des crânes
qui furent apportés des contrées hyperboréennes de
Tundra, à la petite ville de Bereso, située sur l'Oby.
M. Pallas dit que l'animal à qui appartiènent les cornes est *une espèce de taureau sauvage*, qu'il compare tantôt à un buffle, tantôt à un bison d'Amérique.» *Je n'oserais cependant pas , dit-il , affir-*
mer positivement que ces cornes pussent être rap-
portées au second exemple que je cite: il serait pos-
sible qu'elles fussent celles d'une espèce de bison
analogue , mais d'une origine indienne, et qui est
jusqu'à présent demeuré inconnu comme plu-
sieurs autres quadrupèdes de l'Asie; je laisse donc
à des observateurs à déterminer de quelle espèce
d'animaux sont ces cornes (1). Je ne rapporte ce
passage que pour prouver combien il reste encore
d'embarras sur l'histoire naturelle des bœufs , et

(1) Nollem tamen pro certo affirmare ad posteriorem
crania ista referenda esse ; possent alii forte affini, sed
indicæ originis bisunti deberi , qui cum multis aliis inte-
rioris Asiæ quadrupedibus huc usque incognitus mansisse
potuit. Itaque serioribus observationibus determinandum
relinquo cuiusnam animalis verè fuerint quæ describo
crania. *Nov. Com. Acad. Scient. Petrop.* T. XVII. p. 601,

faire voir en même temps, que l'habitude d'observer et un tact heureux faisaient pressentir a M.
Pallas, que c'était dans l'Inde qu'il fallait chercher
les analogues de ces quadrupèdes, et c'est bien là
mon opinion.

Je la fonde 1°. sur ce que l'on a vû que les
crânes et les cornes fossiles de l animal que l'on
avait regardés jusqu'à présent comme ayant appartenu à l'*Urus* dont parle Jules César, lui sont
étrangers.

2°. qu'il y en a deux espèces bien distinctes, et
que les crânes fossiles dont M. Pallas a fait mention dans le passage cité ci-dessus, et qui ne sont
certainement pas les mêmes que les deux autres,
ainsi qu'il est facile d'en juger par la figure qu'il
en a donnée planche XVII, fig. 1, 2 et 3 du même
mémoire, pourraient bien former une troisième espece.

3°. Sur ce qu'on trouve des cornes fossiles en
Amérique dans des lieux où sont aussi des restes
d'éléphants; qu'il en existe en Allemagne, en Angleterre, en France, en Italie, en un mot partout où
l'on a reconnu jusqu'à présent des défenses, des
dents molaires et autres restes d'éléphants, ainsi que
des crânes de rhinocéros; c'est ce qui donne lieu de
croire qu'ils ont habité les mêmes contrées,
qu'ils ont péri en même temps, et que le même
deplacement de mer s'en est emparé pour les
disséminer depuis l'Asie boréale jusque vers le
Nord de l'Europe et de l'Amérique; or comme

nous ne reconnaissons parmi ces animaux que des
espèces asiatiques, l'on est fondé a présumer que
ce grand accident de la nature, a submergé d'a-
bord les vastes et fertiles contrées de l'Inde, et
en a enlevé cette quantité étonnante de grands
quadrupèdes, dont il semble qu'elle était alors
entierement peuplée, au point que ces animaux gigantesques devaient en être alors les dominateurs
absolus. Le nombre de ces grands quadrupèdes a
véritablement de quoi nous étonner, lorsqu'en
lisant Gmelin, Pallas et autres voyageurs naturalistes, on voit que les dépouilles de ces éléphants, de ces rhinocéros et de ces espèces d'a-
nimaux dont les cornes ressemblent à celles des
buffles, occupent des espaces immenses, non seulement dans les déserts de la Sibérie, et bien
plus loin encore; mais l'étonnement ne peut qu'augmenter par la relation qu'a publiée depuis peu l'auteur du voyage du capitaine Billings, qui nous
apprend que les restes de ces animaux se trouvent
avec la même profusion, non seulement sur les
bords de la mer glaciale vers le 69°. 35′ 56″,
mais dans des îles voisines connues sous le nom
d'*îles Lachoff*, du nom de celui qui les découvrit,
et qui furent visitées ensuite par le géographe
russe *Chvoinoff*.

La relation du capitaine Billings, nous apprend:
« Que la première de ces îles où Chvoinoff,
» aborda le 6 mai 1775 a 150 verstes de long sur
» 80 de large; dans son centre est un lac très-

» etendu mais peu profond , et dont les bords
» sont escarpés à l'exception de quelques rochers.
» Cette île est toute composée de sable et de glace,
» et lorsque dans l'été les glaces fondent et qu'il
» se forme des escarpements , *on voit saillir les*
» *os et les défenses des mammouth en très-*
» *grande abondance*, et pour me servir de l'ex-
» pression du géographe Chvoinoff, *l'île est com-*
» *posée des os de cet animal extraordinaire*
» *mélés avec les cornes et les cránes de buffle*
» *ainsi que des cornes de rhinocéros.* L'on trouve
» aussi de temps en temps des os très-longs qui
» ont la forme d'une vis ». *Voyage d'une expé-*
dition géographique et *astronomique* dans les
parties septentrionales de la Russie , par le com-
modore Joseph Billings , depuis 1785 à 1794.
Londres 1800.

En supposant même que cette relation fût exa-
gérée , il n'en est pas moins véritable que les éléphants, les rhinocéros et des espèces de buffles,
ont été entraînés au milieu des sables jusqu'à cette
latitude.

C'est le cas sans doute de rappeler ici qu'il paraît que l'homme n'existait pas à cette époque où
les grands animaux semblaient être les maîtres de
la terre, et devaient l'être en effet , à en juger par
la multitude de ceux dont nous retrouvons les
restes ; il est à remarquer que nous ne pouvons voir
que ceux qui sont pour ainsi dire sur la superficie
de la terre, et que quelques fleuves, ou quelques

eboulements de collines mettent à découvert; mais
nulle part des traces de l'espèce humaine, ni rien
de ce qui a pu lui appartenir, ne s'est montré
aux regards des naturalistes. (1)

---

(1) Ce n'est que depuis qu'on s'est livré à l'anatomie
comparée, que toutes ces races d'hommes de dix, de
quinze et de vingt pieds, trouvés enfouis dans la terre,
ont disparu; ces os de géants ne sont plus que des
fémur, que des tibia d'éléphants ou d'autres animaux;
les crânes humains qu'on trouvait dans la carrière
d'Aix en Provence, que des écussons d'une espèce par-
ticuliére de tortue, etc. Si l'on voulait même supposer,
ainsi que l'ont fait quelques personnes, que les os de
l'homme sont plus fragiles, plus périssables, que ceux
des autres animaux, ce qui n'est pas, on leur répondrait :
pourquoi n'en trouve-t-on jamais de pétrifiés, de passés
à l'état siliceux, de conservés dans les couches calcaires
ou argileuses, tandis qu'on y trouve les restes des poissons les plus corruptibles et les plus délicats? Enfin, ces
hommes avaient des arts quelconques, avant l'inondation qui les a tous noyés, à l'exception d'une seule famille : où sont les pierres, les briques mêmes qu'ils ont
faconnées ? Tout nous retrace, sans doute, le long séjour
des mers sur les continents que nous habitons, leur
disparution, leur retour, et dans quelques circonstances
leur déplacement brusque et tumultueux ; mais nous
ne trouvons rien sur la partie du globe qui est à découvert, rien qui puisse rappeler l'existence de l'homme
même dans la dernière époque. Pierre Camper, Saussure,
Dolomieu avaient fait de vains efforts pour trouver des

EXPLICATION

DE LA PLANCHE XVII.

*Portions de crânes et cornes de deux espèces de grands
quadrupèdes du genre des bœufs.*

Fig. I. Première espéce à front large et bombé sur le
milieu, surmonté d'une protubérance osseuse, ovale
en-dessus, avec des sutures à l'os frontal. Les os de
ces cornes sont cannelés et, décrivent de chaque côté une
ligne horizontale, dont les deux extrémités se relèvent
un peu vers le haut. Cette espèce fossile se trouve
en France ; la même a été trouvée en Amérique,
dans le Kentukey, par M. Peales.

, Voici les dimensions d'une de celles du muséum d'histoire naturelle de Paris, représentée dans cette figure.

Longueur d'une des extrémités des os fracturés
de la corne à l'autre, trois pieds six
lignes ; ci. . . . . 36 pouces 6 lignes

Circonférence à la base de l'os
de la corne, douze pouces cinq lig. ;
ci. . . . . .12 pouces 5 lig

(*Nota*. Celle trouvée dans l'A-

restes humains, et ils convenaient qu'ils n'avaient jamais
rien vu en ce genre. Adrien Camper, Cuvier et tant
d'autres célèbres naturalistes que je pourrais citer, sont
de la même opinion.

mérique septentrionale, par Monsieur Peales, a un pied huit pouces de circonférence.

Largeur de l'os frontal prise entre les deux cornes, treize pouces trois lig. ; ci. . . . . 13 pouces 3 lig.

Distance d'un orbite à l'autre, treize pouces une ligne; ci. . . 13 pouces 1 lig.

Depuis l'extrémité supérieure du front jusqu'à la naissance des os du nez, onze pouces trois lignes; ci. 11 pouces 3 lig.

De l'extrémité supérieure du front, au bord du trou occipital, quatre pouces six lignes; ci. . . 4 pouces 6 lig.

(*Nota.* Le trou occipital, est relevé et presque horizontal avec le haut du front).

Longueur des os de la corne qui sont à-peu-près égaux, quoique fracturés, un pied trois pouces; ci. 15 pouces.

Fig. II. Seconde espèce à front plat, un peu concave vers le milieu; la partie supérieure presque droite et sans calotte arquée; les cornes courbées en-dedans : cette espece se trouve en France, en Allemagne, en Italie, en Angleterre, etc., et est plus commune que la précédente.

Voici les dimensions d'une de ces têtes que j'ai fait figurer d'après celles qui sont dans le muséum d'histoire naturelle.

D'une extrémité de la corne à l'autre, la mesure prise intérieurement, deux pieds six pouces trois lignes; ci. . . . . - 30 pouces 3 lig

Circonférence à la base de l'os

25.

de la corne, douze pouces huit lig ;
ci. . . . .   12 pouces 8 lig.
    Longueur de la corne prise dans
son contour , deux pieds trois
pouces; ci. . . . .   27 pouces.
    Largeur de l'os frontal prise en-
tre les deux cornes, douze pouces
trois lignes; ci. . . . . . .   12 pouces 3 lig
    Distance d'un orbite à l'autre,
onze pouces dix lignes; ci . . .   11 pouces 10 lig.
    Depuis l'extrémité supérieure du
front, jusqu'à la naissance de la frac-
ture, huit pouces deux lignes ; ci.   8 pouces 2 lig.
    De l'extrémité supérieure de la
tête à la naissance du trou occipital,
sept pouces ; ci. . . . .   7 pouces.

Nota. Le trou occipital est situé très-bas dans cette
espèce, tandis que dans la précédente il est relevé, et
presque de niveau avec la partie supérieure de la tête.
    Nous ne voyons certainement pas des bœufs de
cette espèce, vivants en Europe; ceux que nous connaissons jusqu'à present en Amérique et en Afrique,
ne leur ressemblent pas. Mais comme on trouve les deux
espèces de bœufs fossiles, dont il s'agit, dans les mêmes
lieux où sont les restes des éléphants et des rhinocéros,
qui ont eu le même sort qu'eux, c'est-à-dire qui ont
péri par l'effet d'une catastrophe diluvienne, qui paraît
avoir été aussi prompte que terrible, n'est-il pas naturel
de présumer, d'après tout ce qui a été dit précédem-
ment, qu'il faut chercher la patrie de ces animaux,
dans les lieux où l'évasion et le déplacement des eaux
ont porté leurs premiers ravages ; les analogies, et les
espèces mêmes de ces animaux, ne nous portent-elles

pas à croire que les régions de l'Inde, ces contrées fertiles, riches pour ainsi dire de toutes les forces créa-
trices, sont celles qui reçurent le premier choc, c'est
à-dire, où se manifesta d'abord l'action qui éleva les
eaux de la mer à une grande hauteur, submergea l'Asie,
et porta ses terribles ravages jusques vers le cercle
polaire.

Ce que j'avance ici est d'autant moins invraisemblable
au sujet des animaux, que ces énormes cornes de bœufs
fossiles, paraissent au premier aspect avoir appartenu
à un animal perdu, parce que nous ne trouvons point de
rapport par la grosseur, entre ces cornes et celles des bœufs
vivants de la plus grande espèce. M. Peales a envoyé, au
muséum d'histoire naturelle de Paris, le modèle en plâtre
de la corne dont j'ai fait mention, qui a sans doute une
grandeur considérable, puisque sa circonférence est de
vingt pouces de France, ce qui lui donne 6 pouces 2 lig.
de plus de circonférence, qu'à celle de l'os de la corne
fossile trouvée dans la rivière d'Orne, par M. de Rennepont, en 1753, et décrite par Daubenton, pag. 423 et
suiv. du tom. XI de l'histoire naturelle de Buffon, de
l'édit. in-4°

« L'os trouvé dans la riviere d'Orne, dit Daubenton,
» a treize pouces huit lignes de circonférence, à l'en-
» droit le plus gros, tandis que celui de la corne du gros
» bœuf d'Auvergne, n'a que six pouces cinq lignes au
» même endroit; cette différence de grandeur paraîtra
» moins surprenante, si l'on compare l'os trouvé dans
» la rivière d'Orne, à la tres-grande corne de bœuf
» rapportée sous le n°. CDLXI, tom. IV, pag. 540.

Cette remarque de Daubenton m'a donné lieu d'examiner de près cette grosse corne naturelle, qui se trouve dans
les galeries anatomiques du muséum; c'est celle du

côté gauche d'un bœuf, d'une espèce particulière, qui devait être d'une taille qu'on ne saurait comparer à celle d'aucuns des bœufs connus d'Europe. Elle a trois pieds six pouces six lignes de longueur, mesurée sur le côté convexe, et deux pieds deux pouces six lignes sur le côté concave ; elle est recourbée en-dehors. Le diamètre de la base, pris intérieurement avec la plus grande exactitude, a sept pouces, ce qui donne une circonférence intérieure de vingt-un pouces.

Cette corne naturelle, extraordinaire par sa grandeur, avait été revêtue dans quelques parties, d'ornements, ainsi que l'annoncent de petites pointes d'argent qui se voient encore dans plusieurs des trous qui servaient à fixer ces ornements ; l'on voit clairement que son fond était fermé, et que la pointe qui est perforée et ornée d'un bourelet saillant, sculpté dans la corne, devait être fermée d'un bouchon ; ce qui prouve que cette corne avait été preparée ainsi, pour former un grand vase propre à recevoir de l'eau ou du vin : cet usage de boire ainsi dans des cornes, est très-ancien, puisque l'orateur Lycurgue, Théopompe et Athénée, en font mention ; il se perpétua chez quelques peuples de l'Europe ; mais, je le répète, la corne dont il s'agit ne saurait appartenir à un bœuf d'Europe, et comme on a dû nécessairement en couper un peu vers le bout pour la façonner telle qu'elle est, elle devait être plus longue encore ; elle pèse en l'état, sept livres moins un quart. J'entre dans tous ces détails minutieux, qui paraîtront bien arides et peut-être inutiles à quelques lecteurs ; mais il s'agit d'un fait et d'un objet de comparaison qui peut répandre quelques lumières sur ces énormes cornes fossiles d'animaux de la famille des bœufs, sur lesquels il reste encore tant d'obscurité.

Ce qu'il y a de remarquable dans la corne naturelle
du muséum de Paris, c'est qu'elle s'emboîte juste sur
l'os de la tête fossile de la corne du grand bœuf, dont
M. Peales a envoyé un modèle de l'Amérique septentrionale, ce qui prouve qu'il y a quelque part des bœufs naturels d'une aussi grande taille que ces énormes bœufs
fossiles. Je dis quelque part : car il n'existe aucune notice, aucun renseignement sur le pays d'où est venue
celle-ci, ni sur l'époque où elle a été envoyée au muséum. Je présume donc que c'est dans l'Inde, peut-être
même dans le Tibet, qui est encore si peu connu, et
où l'on trouve une autre espèce de bœuf d'une forme
singulière, *bos gruniens, le bœuf à queue de cheval*,
qu'il faut aller chercher l'analogue des deux espèces de
ces grands bœufs fossiles, ou dans d'autres parties de
l'Inde.

Je trouve dans la géographie de M. Pinkerton, ouvrage plein de savantes recherches, et fait sur un plan
nouveau, où l'histoire naturelle n'a pas été négligée,
une notice d'autant plus digne d'être connue, qu'elle
est relative à ce que je viens de dire sur l'Inde, pour
les bœufs d'une très-grande taille. « *Entre les animaux*
» *du Décan au sud de l'Indostan, sont des éléphants*
» *en grand nombre; et si nous croyons Wesdin*, pag. 214,
» *des bœufs sauvages de dix pieds de hauteur, ayant*
» *le poil cendré, s'y remarquent aussi* » Les arni du nord
» de l'Inde, sont des bœufs qui, d'après ce que l'on dit,
» ont quatorze pieds de hauteur. *Pinkerton's géography*
» *tom. II, pag.* 276. »

CHAPITRE XII.

DES HYPPOPOTAMES.

LES hyppopotames étant de la classe des grands quadrupèdes, le géologue doit s'occuper de ces animaux, et chercher à retrouver leurs restes dans l'état fossile. La charpente osseuse des hyppopotames, la force de leur crâne, le nombre, la dureté de leurs dents, offrent des parties solides aussi propres à résister pour le moins à l'action du temps et des autres agents destructeurs, que la dépouille osseuse des éléphants, des rhinocéros, et de la grande espèce du bœuf dont il a été fait mention dans le chapitre précédent.

Ceux qui ne sauraient être indifférents sur des recherches de cette nature, et qui, en lisant avec attention cet ouvrage, en auront bien saisi les faits, suivi leur enchaînement, et embrassé leur ensemble, se seront sans doute déja apperçu que dans les vastes contrées où tant de grands quadrupèdes ont été entraînés, disséminés, et ensevelis d'une manière aussi brusque que tumultueuse, les éléphants, les rhinocéros, et des animaux de la famille des bœufs, se trouvent, pour ainsi dire, constamment réunis, et devaient exister en si grand nombre dans les lieux de leur primitive patrie, qu'on retrouve leurs restes et leurs dépouilles, non seulement dans les immenses déserts de la Sibérie et des autres parties de l'Asie boréale, mais jusques vers le 69°. 35ᵈ. 56″, où des îles de sables et de glaces en renferment de grandes quantités, avec des bois flottés dans les mêmes îles. Il semblerait que les barrieres de glaces qui les ont empêchés d'aller plus avant, ont fait refluer les restes de tant d'animaux jusques vers le nord de l'Amérique.

Mais un fait bien digne de remarque, et qui mérite d'être soigneusement discuté et approfondi, puisqu'il peut nous conduire à des résultats propres à répandre des lumières sur ce grand évènement; c'est que, au milieu des dépouilles des animaux dont il a été fait mention, l'on n'a trouvé, à ce que je crois, rien de ce qui a appartenu à l'hyppopotame : est-ce que cette espèce de quadrupède habitait à cette époque une partie du globe qui ne fût pas submergée, et qu'elle n'a jamais vécu en Asie? C'est ce que nous allons examiner avec l'impartialité et l'abnégation de toute opinion hypothétique qui doivent diriger sans cesse celui qui s'occupe de la recherche de la vérité.

Les dents canines des hyppopotames que l'on possède dans les collections d'histoire naturelle, ont quelquefois plus d'un pied cinq pouces de longueur, en les mesurant sur leur courbure convexe, et cinq à six pouces de circonférence; il y en a même de plus grandes encore dans les galeries du

muséum de Paris. Les dents incisives du milieu de
la mâchoire inférieure ont quelquefois dix pouces
de longueur, sur cinq pouces de circonférence. La
substance de ces dents canines et de ces incisives est
beaucoup plus dure que celle de l'ivoire, et reçoit
un poli plus vif et plus durable.

Je rappèle ces caractères pour faire voir que de
pareilles dents sont bien plus propres à résister à
l'action du temps et des émanations corrosives,
que les défenses d'éléphants, dont on trouve tant
de restes mêlés avec des crânes de rhinocéros et
des cornes de deux espèces de bœufs.

On devrait donc trouver des dents et des crânes
d'hyppopotames parmi les dépouilles des animaux
dont il s'agit, si les eaux qui balayèrent tant d'animaux à cette époque désastreuse eussent rencontré
celui-ci sur leur route : il paraîtrait donc que ces
animaux n'auraient pas occupé les contrées asiatiques, où les éléphants, les rhinocéros, et les grandes espèces de bœufs habitaient. Or, comme nous
savons que l'Afrique nourrit beaucoup de ces animaux, ceci pourrait faire présumer que cette inondation ne fut pas générale, et respecta l'Afrique ;
ou que si elle l'atteignit, les restes des animaux qui
en devinrent les victimes, furent entraînés dans
une autre direction.

Mais est-il bien certain, dira-t-on, qu'on ne
trouve point d'hyppopotames fossiles dans notre
continent? est-il démontré, contre l'opinion assez
généralement reçue, que l'Asie ne nourrit point

d'hyppopotames ? C'est ce qui mérite un sérieux examen ; car s'il est prouvé que ces derniers animaux sont étrangers aux contrées asiatiques, indiennes ou autres, l'on pourrait en déduire la conséquence très-plausible, qu'en effet les eaux de la mer ont rompu, à une époque peu ancienne, comparativement à d'autres révolutions, leurs barrières de ce côté là, et que ne rencontrant point d'hyppopotames, puisqu'ils n'y existaient pas, on ne doit point en trouver sur la même ligne des éléphants, des rhinocéros et des grands bœufs, dont les restes ensevelis dans des terreins d'alluvions, attestent un évènement terrible qui a submergé ces vastes contrées.

Pour détruire ou pour confirmer ce que j'avance ici au sujet des hyppopotames, il est essentiel de reconnaître, par un examen très-attentif des faits, si dans les lieux où jusqu'à présent on a reconnu des dépouilles de rhinocéros et d'éléphants, il existe des restes d'hyppopotames, ou si les dents molaires que quelques naturalistes ont considérées comme ayant appartenu à ces derniers quadrupèdes, lui sont étrangères, et si en effet on ne trouve dans notre continent, aucun ossement fossile de l'hyppopotame ? Cette question présente assez d'intérêt pour être digne d'exercer les recherches et l'attention des anatomistes français, anglais, allemands et autres, qui s'appliquent à l'histoire naturelle des animaux.

Voici, en attendant, le résultat de mes propres

observations ; je desire qu'on les pèse, qu'on lea critique, et qu'on les rejète si elles ne sont pas fondées.

1°. Je remarque que les auteurs qui ont voyagé en naturalistes dans diverses parties de l'Asie bo - réale, tels que Gmelin, Pallas, Patrin et autres, n'ont point dit qu'il existât des restes d'hyppopotames au milieu des dépouilles fossiles des autres animaux dont ils ont fait mention; et il en est de même des auteurs qui ont écrit sur les rhinocéros et les élé- phants trouvés en Allemagne. Merck, qui mettait l'application la plus active à tout ce qui tenait aux animaux fossiles de l'Allemagne, ne dit pas un mot des hyppopotames; je n'ai rien vu moi-même en visitant les plus riches cabinets de l'Allemagne, qu'on pût rapporter à ces animaux, et j'en dis au- tant des collections, tant publiques que particulières, que j'ai été à portée d'examiner en Angleterre, en Ecosse, en Hollande, en France et ailleurs.

2°. Je sais qu'on pourra m'objecter que Dau- benton a décrit dans le tom. XII. pag. 74 et suiv. de l'histoire naturelle de Buffon, plusieurs dents molaires fossiles appartenantes à l'hyppopotame, et qui sont dans le muséum d'histoire naturelle de Paris; mais je répondrai que je me sers du même témoignage en sens inverse, c'est-à-dire, pour prou- ver que nous ne connaissons point encore de dents molaires ou autres dents fossiles d'hyppopotames, et je crois que l'on sera en général de mon senti- ment, si je démontre que les dents dont Daubenton

a fait mention, sont absolument étrangères à ces animaux. Choisissons un exemple frappant de ce que j'avance, dans les descriptions mêmes de cet auteur, et faisons-le parler lui-même. On trouve sous le n°. MCVIII. pag. 75 de l'ouvrage cité, l'inscription suivante : *autre dent molaire d'hyppopotame*; suit l'explication ; « Cette dent ne dif-
» fere des deux précédentes, qu'en ce qu'elle est en-
» core plus grande; elle a quatre pouces cinq lignes
» de longueur, trois pouces cinq lignes de largeur,
» et cinq pouces quatre lignes de hauteur, quoi-
» que les racines ayent été cassées à la pointe; *elle*
» *pèse trois livres une once.* » On dit qu'elle a été apportée du Canada par M. de Longueil, avec les deux dents des numéros précédents. (n°. MCVI et MCVII.) et la défense d'éléphant n°. DCDXCVII. tom. XI, et le fémur de l'éléphant n°. MXXXV.

Or, il est évident que Daubenton était ici dans une grande erreur, puisqu'il prenait une des molaires de l'éléphant de l'Ohio pour une dent d'hyppopotame; il n'y a point de doute à ce sujet, puisque la dent dont ce naturaliste a fait mention est dans les galeries du muséum, et qu'elle a été mise à sa véritable place, à côté des autres dents de l'éléphant à molaires protubérantes. Les n MCVI et MCVII sont dans le même cas.

Daubenton, en continuant son catalogue des dents fossiles du muséum d'histoire naturelle, pag. 76 et suiv. du t. XII de l'édition du Buffon, in-4°., n'est plus sorti de l'erreur dans laquelle il était

tombé, et a fait mention sous les numéros MCIX,
MCX, MCXI, MCXII et MCXIII, tantôt des dents
pétrifiées de l'animal de Simore, tantôt de celles de
l'éléphant de l'Ohio, qu'il a encore confondues et
regardé comme ayant appartenu à des hyppopotames. (1)

D'un autre côté, il serait possible que pour prouver qu'il y a des hyppopotames fossiles, on citât le
témoignage d'un savant dont je respecte infiniment
les lumières et les connaissances anatomiques ,
celui de Cuvier, qui a fait mention, dans l'extrait
d'un ouvrage lu à l'institut *sur les espèces de qua-*
drupèdes, dont on trouve les ossements dans l'in-
térieur de la terre, d'hyppopotames fossiles. Mais
ce naturaliste ne dit rien au sujet de notre hyppopotame connu, de celui qui habite l'Afrique.
Voici le passage copié, dans l'extrait imprimé chez Baudouin, le 10 frimaire an 9, pag. 7 :
Une espèce d'hyppopotame, qui ressemble en
miniature à l'hyppopotame vivant, mais qui ne
surpasse pas la grandeur du cochon. J'en ai dé-

---

(1) Les erreurs des hommes, qui ont eu beaucoup
de réputation pendant leur vie, retardent ordinairement le
progrès des sciences. M. Daubenton, qui s'était beaucoup
occupé d'anatomie, devait moins se tromper qu'un autre,
et cependant , soit que sa vie trop sédentaire ne lui eût
pas permis de beaucoup voir et de beaucoup comparer,
il n'a pas avancé l'anatomie des animaux, autant qu'il
aurait pu le faire, et Camper le laissa bien loin derrière lui.

couvert *les os dans un grés siliceux , dont j'ignore le pays*. Cette notice , où l'on ne parle que comparativement d'une espèce en *miniature* , déterminée sur des os renfermés dans un grés siliceux, *dont on ignore le pays*, est trop incertaine pour éclairer cette question.

Il reste a examiner à présent si les hyppopotames sont étrangers aux régions asiatiques, ou ne le sont pas. J'ai fait beaucoup de recherches à ce sujet , dans les ouvrages des voyageurs les plus instruits , tels que le Gentil, Sonnerat et autres qui ont fait mention des animaux de l'Inde, et je n'ai rien trouvé concernant les hyppopotames. Le même silence regne sur ces animaux dans les voyageurs anglais, qui ont fait des recherches scientifiques et commer ciales de tant de genres dans ces contrées , et dont quelques - uns ont pénétré jusque dans le Tibet, et d'autres, dans le Pégu.

Je trouve, il est vrai , dans la douzième édition du *systema naturæ* de *Linné* , celle qui est la meilleure et la plus recherchée , au mot *hyppopotamus* , genre 34 , pag. 101 , *habitat in Nilo et Bambolo Africæ , et ad ostia fluviorum Asiæ.* Mais Gmelin, dans les éditions subséquentes, ayant été probablement informé que l'hyppopotame n'habitait que l'Afrique, a supprimé l'*ostia fluviorum Asiæ.*

Du temps des Grecs , Onésicrite avait écrit que l'hyppopotame naissait dans l'Inde ; mais Strabon , qui rapporte l'opinion d'Onésicrite, la dément for-

mellement dans le livre XV, pag. 690, et dit, en
parlant du fleuve Indus : *Cœtera vero animalia,
quœ plurima sunt eadem in eo gigni quœ in
Nilo, prœter hyppopotamum.*

L'on voit d'après cet exposé, que les résultats
que cette question peut offrir à la géologie, sont
assez importants pour pousser les recherches encore plus loin ; je m'en serais occupé moi-même,
d'une manière encore plus détaillée, si la nature
de cet ouvrage ne me forçait de passer à d'autres
objets.

CHAPITRE XIII.

De quelques quadrupèdes fossiles sur lesquels les Géologues n'ont pas encore des données suffisantes.

J'AI essayé dans les chapitres précédents, autant du moins que mes faibles lumières ont pu me le permettre, de débrouiller un peu l'histoire naturelle des quadrupèdes fossiles. Je les considere comme une des bases principales de l'édifice géologique ; c'est pourquoi, malgré l'aridité du sujet et l'espèce de confusion rebutante, qui l'environne, j'ai fait des efforts, je me suis armé de courage et de patience, pour entrer dans cette route semée d'épines et couverte d'obstacles. Je n'ai pas l'amour propre sans doute de croire que j'ai réussi ; mais je serai dédommagé de mes peines, si quelques vérités que j'ai pu faire naître, évitent des peines aux autres et les mettent sur la voie de faire mieux que moi ; car c'est l'avantage de la science que je considère avant tout, et non ce qui peut m'être relatif.

J'ai tâché de lier les faits et de leur donner un peu d'ensemble ; je sens qu'il existe quelques lacunes, mais elles tiènent à ce que la géologie, fondée sur l'observation, n'est encore que dans l'enfance.

Les recherches faites avec constance et aidées du discernement qu'elles exigent, n'ont eu lieu, que dans de petits espaces, et il nous manque une multitude d'observations que nous n'obtiendrons que par des hommes instruits, et par des voyages plus multipliés qu'ils ne l'ont été jusqu'à présent.

Nous trouvons quelques quadrupèdes enfouis dans la terre, sur lesquels il est difficile de prononcer avec certitude ; nous devons les tenir en réserve jusqu'à ce que des circonstances heureuses nous mettent à portée de reconnaître des objets comparatifs, ou même des analogues, soit dans la nouvelle Hollande, soit dans l'intérieur de l'Afrique, ou dans les parties désertes de l'Inde ou de l'Amérique. Je vais tracer ici la liste de quelques-uns de ces quadrupèdes, sur lesquels il est à desirer qu'on fasse des recherches particulières.

§. I.

L'éléphant à dents molaires protubérantes, dont M. Peales a rétabli un squelette entier, pour le muséum de Philadelphie, et un second squelette moins parfait, que ses fils font voir à Londres dans ce moment. Ce rare morceau est beaucoup moins complet que le précédent, quoiqu'il ait l'apparence d'une belle conservation, parce qu'on a remplacé diverses parties osseuses qui manquaient, par de semblables pièces sculptées en bois, et modelées sur celles qui sont en nature dans le squelette du muséum de Philadelphie. On en a fait de même pour quelques os de ce dernier qu'on a aussi remplacés lorsqu'ils manquaient, ou étaient trop dégradés, en les copiant sur ceux qui existaient en bon état. En rétablissant ainsi, avec beaucoup de peine et à grands frais, ces deux superbes squelettes, M. Peales a été très-utile à l'histoire naturelle.

On trouve dans le *philosophical magazine*, de Tilloch; n°. 46, novembre 1802, art. 26, pag. 162, un mémoire de M. Rembrandt Peales, dans lequel il cherche a déterminer à quelle espèce d'animal ses squelettes ont appartenu; j'ai lu avec attention ce mémoire qui ne m'est parvenu que depuis peu, et qui ne change rien à mon opinion sur cet *incognitum* des environs de l'Ohio, que monsieur Peales appèle mal-a-propos *Mammouth*, mot consacré à une autre espèce fossile d'éléphant; l'on serait porté naturellement à croire que M. Peales affirme tout aussi mal-à-propos, *que son mammouth était carnivore exclusivement, c'est-à-dire, qu'il ne mangeait pas de végétaux, mais vivait entièrement de chair ou de poissons, et probablement de poissons a coquilles ou crustacés, et je pense,* dit-il, *qu'il y a plusieurs raisons de supposer qu'il était amphibie.*

Je laisse le soin à d'autres de combattre cette opinion s'ils trouvent a-propos de le faire; je rappèlerai seulement, que cet animal a d'énormes défenses analogues à celles de l'éléphant, quoique

24.

plus recourbées; qu'il est dès-lors conséquent de
dire, ainsi que l'avait fait Camper, que cet animal
ne pouvait prendre sa nourriture qu'à l'aide d'une
trompe; il n'a ni dents canines ni dents incisives
ainsi que les autres éléphants; il a une charpente
aussi forte au moins; tous les rapports analogiques
le rapprochent des éléphants, dont il est probable
qu'il formait une espèce particulière, et s'il n'y a
en réalité, ni genres, ni espèces dans la nature,
mais des nuances et des passages graduels, ce qui
est vraisemblable, ce grand quadrupède peut être
placé ou a la tête des éléphants, ou à leur suite,
mais je ne crois pas qu'on doive l'en éloigner, et
encore moins en faire un amphibie et un mangeur
de crustacés, parce que ses dents molaires sont
*protubérantes, incrustées d'émail jusqu'aux
gencives*, et que le *mouvement rotatoire, ne
devait pas avoir lieu* selon M. Peales.

Mais ce qu'il y a de plus instructif dans le mémoire de M. Peales, c'est ce qui tient à la localité.
On aime à apprendre de lui : « Que dans l'Amérique
» septentrionale, ces grands os, ces grosses dents
» machelières, se trouvaient en grande abondance
» sur les bords de l'Ohio et des rivières qui versent
» leurs eaux dans ce fleuve; qu'ils étaient décou_
» verts par les torrents, ou en creusant dans les
» marais salés proche de Cincinnati, qu'ils *sont
» mêlés avec des os de bufles et de daims. . . .*
» et que des cultivateurs de la nouvelle Yorck,
» tirant de la marne de leurs marais, près de

» New-windsor , découvrirent par hasard plu-
» sieurs de ces os, qui furent conservés par des
» médecins sur les lieux ; que dans l'automne
» de 1801 , Charles-Guillaume Peales , père de
» M. Rembrandt-Peales, acquit ces os , et per-
» sévera, pendant près de trois mois, à chercher
» le restes de l'animal, et qu'après avoir beau-
» coup dépensé de temps et de travail , il eut le
» bonheur de trouver deux squelettes dans deux
» situations distinctes , et leurs os sans mélange
» d'aucun autre quelconque . . . . qu'aucune par-
» tie du squelette n'est pétrifiée ; mais que le
» tout est dans l'état actuel de conservation , et tel
» qu'on le voit, pour avoir été enveloppé par un
» sol calcaire, *principalement composé de détri-*
» *tus de coquillages et couvert d'eau , même*
» *pendant les saisons les plus sèches* ».

La conclusion de M. Peales , est aussi instructive
et aussi raisonnable ; la voici : « Nous ne saurons
» peut-être jamais, dit-il , dans quel temps ces ani-
» maux ont vécu; on ne peut former aucun juge-
» ment sur la quantité de terre végétale qui s'est
» accumulée sur leurs os, par l'abondance de leurs
» dépouilles , que nous trouvons en Amérique ;
» nous sommes certains qu'ils y étaient en grand
» nombre ; nous sommes pareillement sûrs qu'ils
» ont dû être détruits par une cause soudaine et
» puissante ; et aucune ne paraît plus probable
» qu'un de ces déluges, ou une de ces irruptions
» de la mer , qui ont laissé de leurs traces sur toutes

» les parties du globe, et dont la quantité est éton-
» nante dans les lieux mêmes où ces os se trouvent.
» ces témoins muets consistent en pétrifications de
» productions marines , coquillages , coraux ,
» etc. (1) ».

§. II.

Le *mégalonix* de Jefferson , *Megaterium* de
Cuvier , est le grand animal dont le squelette placé
dans le cabinet d'histoire naturelle de Madrid , fut
trouvé au Paraguay , et dont M. Jefferson a reconnu
les restes dans la Virginie , mais d'une espèce
moins grande. Voyez ce que j'ai dit de cet animal
dont j'ai donné la fig. pl. XVI, pag. 315. L'éléphant de l'Ohio à dent machelière protubérante ,
a le plus grand rapport avec les éléphants dont il
est a croire qu'il forme une espece particulière ;
mais le mégalonix forme un grand quadrupède
sui generis, qui n'a que des rapports très-éloignés
avec les autres animaux que nous connaissons ; il
est sous ce point de vue le plus rare et le plus
singulier des quadrupèdes.

_____

(1) A peine eus-je reçu le *philosophical magazine* ,
n°. 46 , que je vis paraître la traduction du mémoire
de M. Peales , dans le journal de physique du mois de
février 1803 , pag. 150 et suiv. Comme ce journal est
fort répandu , ceux qui voudront connaître tout ce qu'a
dit M. Peales sur l'incognitum de l'Ohio , pourront le
consulter ; je me suis servi de cette traduction pour les
passages que j'ai cités.

§. III.

L'animal que j'appèlerai provisoirement, l'*in-*
connu de Symore, parce que c'est en Languedoc,
auprès du lieu qui porte ce nom, qu'on a trouvé
des dents machelières très-remarquables de ce
quadrupède ; il devait être d'une grande espèce,
peu éloignée de celle de l'éléphant de l'Ohio

§. IV.

Un grand quadrupède, dont la tête pétrifiée et
bien conservée, fut trouvée au pied des montagnes
noires en Languedoc ; cette tête était dans le cabinet de M. Joubert, trésorier des états de Languedoc ; elle est passée, à sa mort, ainsi que les plus
beaux objets de son cabinet , dans celui de M. Dedrée, un des plus instructifs et des plus remarquables de Paris. Cuvier, qui a dit un mot de cette
tête inconnue, dans sa notice sur les quadrupèdes
fossiles, la considère comme la dépouille d'une
espèce particulière de *tapir*, à laquelle il donne, à
la vérité, le nom de *tapir gigantesque*, à cause,
dit-il, *de sa grandeur qui égale celle de l'élé-*
phant, mais dont la forme ne diffère point de
celle du tapir (1). On en a trouvé, des dents,

------

(1) Voyez la notice de Cuvier, pag. 6 , imprimée
chez Baudouin, en huit pag. in-4°

auprès de Comminge , et dans les environs de
Vienne en Dauphiné, dans un dépôt de galets
ou cailloux roulés au bord d'un torrent. Monsieur Dedrée possède aussi , dans sa collection,
une seconde tête de tapir trouvée dans le même
lieu que la précédente ; elle est d'une grandeur
égale à celle du tapir ordinaire , mais elle en
diffère par la forme des dernières dents molaires.

§. V.

Une espèce particulière de grand ours , dont les
crânes et plusieurs autres ossements, se trouvent
confondus pêle - mêle avec d'autres dépouilles de
quadrupèdes , dans les cavernes *de Gailenreuth* ,
dans le margraviat de Bareith (1), dans celle de
Scharzfeld, où les restes de cet animal avaient fixe
l'attention du grand Leibnitz, qui en a fait mention
dans un ouvrage posthume publié , sous le titre
de *Protogea*, où l'on a figuré une partie de la

---

(1) Frédéric Esper a publié, en allemand; la description
de ces cavernes ; Jacques Frédéric Isenflamm , professeur
d'anatomie à l'Université d'Erlang , en a donné la traduction , sous le titre de *description des zoolithes nou-*
vellement découvertes d'animaux quadrupèdes inconnus ,
et des cavernes qui les renferment, avec quatorze planches
enluminées. Nuremberg 1774 , in fol , chez les héritiers
de Knorr. L'ouvrage d'Esper est un livre à refaire.

mâchoire de cet animal avec ses dents, dans la planche XI de ce livre plein d'intérêt (1).

§. V I.

Une seconde espèce d'ours qui se trouve mêlée avec la précédente, et qu'Adrien Camper et Cuvier ont reconnu comme formant une espece particulicre.

§. V I I.

Enfin, les restes de plusieurs quadrupèdes, qu'on trouve assez fréquemment dans les carrières à plâtre des environs de Paris; Cuvier, qui a formé une nombreuse collection de leurs ossemens, s'exprime à ce sujet de la manière suivante:

« Les seules carrières à plâtre des environs de
» Paris, m'ont fourni six espèces fossiles, de trois
» desquelles j'ai déjà parlé ailleurs; elles sont toutes
» les six d'un genre inconnu jusqu'ici, et intermé-
» diaires entre le *rhinocéros* et le *tapir*; leurs dif-
» férences entr'elles, consistent sur-tout dans le
» nombre des doigts des pieds et dans la grandeur,
» qui va depuis celle du cheval, jusqu'à celle du

(1) Ce livre qui est devenu rare, a pour titre: *Godefridi Guillielmi Leibnitii protogœa, sive de primâ facie telluris et antiquissimœ historiœ vestigiis in ipsis naturœ monumentis dissertatio,* etc. Goethingæ, 1749, in-4°. fig.

» lapin ; j'ai un si grand nombre d'os de ces espèces,
» que je pourrais en rétablir presqu'entièrement
» les squelettes ». *Notice sur les quadrupèdes*,
pag. 7.

Telles sont les principales espèces qui restent à
examiner dans la classe des quadrupèdes, et si
je passe sous silence ce qui concerne divers animaux voisins des élans, des cerfs, des daims, des
antilopes et autres de cette nature, dont on trouve
quelquefois les restes confondus avec des dents et
des crânes d'éléphants ou de rhinocéros, c'est qu'il
en est de cette famille comme de celle des bœufs,
c'est-a-dire, qu'il y règne une confusion, et une in-
certitude qui exige nécessairement qu'on s'occupe,
avant tout, d'une bonne monographie sur les animaux vivants de ce genre, et qu'on en détermine,
avec distinction et clarté, les espèces, et sur-tout
qu'on en publie des figures exactes. Mais ce qui
doit entrer comme partie essentielle dans ce travail,
ce sont les localités où vivent ces animaux, qu'il
est très-important de connaître ; car il paraît que
la nature a tracé des lignes différentielles, entre
tels et tels animaux de divers continents ; ces lignes,
sont à la vérité, à peine perceptibles, ou peut-être
nulles dans les très-petites espèces ; mais il est certain qu'il en existe de très-prononcées, et l'on ne
peut plus en douter d'après les exemples que nous
avons rapportés, au sujet des éléphants, des rhinocéros et de plusieurs autres grands quadrupèdes.

Ce sont ces distinctions qui répandront, toutes

les fois qu'on pourra les établir d'une manière bien
positive, des lumières sur la marche de la nature,
et un double intérêt sur l'étude des animaux; le
premier, en faisant connaître les latitudes qu'ils
habitent; le second, en nous mettant sur la voie de
tirer parti de cette connaissance, pour l'appliquer à
l'histoire naturelle de ces mêmes animaux fossiles.

C'est sous ce point de vue, que la zoologie peut
fournir des matériaux si utiles à la géologie, et c'est
parce qu'elle avait été trop négligée ; particulièrement dans ses rapports anatomiques, que les anciens naturalistes, et même plusieurs des modernes, ont commis de grandes erreurs, dans
l'examen et l'histoire des animaux fossiles.

Ici finit ce que j'avais à dire sur les restes des
corps organisés, appartenant au genre animal,
disséminés sur la surface de la terre. Je dois à présent passer à ceux qui tiènent à l'organisation
végétale , pour les considérer dans l'état fossile
sous le même rapport que les animaux.

CHAPITRE XIV.

DES VÉGÉTAUX FOSSILES.

Vues générales.

Puisqu'un grand nombre d'animaux terrestres ,
dont on retrouve encore les dépouilles , ont été les
victimes d'une révolution, qui a entraîné leurs cadavres et les a disséminés à de grandes distances et
loin des lieux qui les avaient vus naître , il est hors
de doute, qu'à cette même époque, le globe avait eu
de grandes parties à découvert , et qu'une terre
féconde devait étaler toutes les richesses et tout le
faste d'une végétation capable de nourrir cette multitude de quadrupèdes et autres êtres organisés ,
dont le nombre et la progression vont, sans cesse,
en raison croissante du nombre et de la masse de
ces végétaux.

Nous devons d'après cela , retrouver des bois
épars et accumulés, et même des bois exotiques,
par tout où nous rencontrons des animaux fossiles.
Je ne dis pas précisément dans les mêmes places,
parce que leur pesanteur et leur légèreté spécifiques , doivent leur avoir fait prendre quelquefois des directions différentes ; mais nous devons
les retrouver partout où la mer, dans son dépla-

cement, a entraîné et dispersé les êtres organisés qui font l'objet de nos recherches et celui de notre étonnement.

En effet, tout ce qui était doué de la vie végéta-tive, ayant succombé dans ce terrible désastre , l'on trouve presque partout, tantôt des troncs entiers de palmiers et autres arbres exotiques, qui ne croissent que dans des climats chauds, déposés au milieu des terres glacées, ou sous des zones où ces arbres ne sauraient vivre ; tantôt des multitudes d'em-preintes, de fougères, de roseaux, de feuilles de palmiers, et autres plantes de plusieurs es-pèces.

Des bois ont été réunis et sont accumulés en si grande abondance, dans quelques cas, qu'on en connaît des dépôts qui occupent, sans interruption, des espaces qui se prolongent à plusieurs lieues, sur une épaisseur quelquefois tres-considérable ; ces amas de végétaux formés de troncs d'arbres , de racines, de branches, de tiges et de feuilles, brisés, comprimés et en partie convertis en ter-reaux, sont souvent recouverts de plusieurs couches de marnes, de glaises, ou de cailloux roulés, qui caractérisent le genre de révolution qui a pu produire d'aussi terribles déplacements, et ici la mer montre de toute part les effets de sa puissance et de ses déplacements.

Il paraît qu'à une époque beaucoup plus re-culée, des bois et des restes d'animaux ont été ensévelis d'une manière moins tumultueuse, à

une profondeur de quarante à cinquante pieds ;
une ou plusieurs révolutions d'un autre ordre , ont
transporté et réuni beaucoup de bois, et en ont
formé une suite de couches , qui alternent avec des
grès quartzeux ou avec des couches schisteuses,
et ont donné naissance aux mines de charbon
ou de jayet.

D'autres bois, ayant recu dans leurs canaux médullaires la matiere quartzeuse , plus ou moins
pure, plus ou moins mélangée de fer , en état
d'oxyde, ont été convertis en quartz, en silex,
en jaspes; les caractères de ces bois en ont été en
partie masqués , les trachées en ont disparu , les
couleurs sont devenues trompeuses, et il est ordinairement difficile de reconnaître, avec certitude,
les espèces auxquelles ces arbres pétrifiés ont
appartenu.

Un fait remarquable, au sujet des bois pétrifiés,
c'est qu'on a la certitude que quelques-uns de ceux-
ci, avant de passer à cet état , ont été long-temps
le jouet des flots, et ont séjourné dans les mers ;
les diverses espèces de *tarêts* qui les ont percés
dans tous les sens, lorsqu'ils étaient encore dans
l'état ligneux , et qui ont été pétrifiés avec ces
bois, en sont une preuve certaine ; on en trouve
de semblables et en gros blocs, dans les environs
de Maëstricht et ailleurs.

Tous les déserts de l'Afrique, offrent dans un
espace de plus de quatre cents lieues de longueur, et au milieu des sables quartzeux les plus

arides, des quantités considérables de troncs d'arbres, tantôt brisés en éclats, tantôt presqu'entiers,
toujours changés en silex, plus ou moins colorés; ces sables qui forment une partie du sol
de l'Afrique et qui ne peuvent être que l'ouvrage
de la mer, et cette multitude de bois qu'ils recèlent, annoncent que ces végétaux ainsi que les
sables qui les contienent, sont le résultat d'une
grande alluvion, et que la mer a fait de longs séjours sur ce sol frappé à présent de stérilité,
dépourvu d'eau et brûlé par les ardeurs du soleil.

L'on n'est pas étonné de trouver tous les bois
fossiles changés en silex, lorsqu'ils ne sont environnés que de sables et autres matières quartzeuses; mais on les trouve aussi presque toujours
dans l'état siliceux, lorsqu'ils gissent dans les
craies, dans les gypses, ou autres terreins calcaires; cette règle, à laquelle je n'ai pas encore
trouvé d'exception, doit tenir à quelque cause.

D'un autre côté, on trouve des bois minéralisés
changés en pyrite, en matière ferrugineuse, et
qu'on peut même exploiter comme mines de fer;
on en voit qui est pénétré par le cuivre, etc.

Le succin fossile, les diverses espèces de ré-
sines, trouvés dans la terre, sont les résultats des
bois qui ont donné lieu à leur formation, et attestent
qu'ils ont éprouvé le même déplacement, puisqu'on les trouve dans des lieux étrangers aux
pays où ils ont pris naissance, et que les insectes
qui sont renfermés dans le succin de Prusse,

appartiènent à la zone torride ; il en est de même de quelques fruits, tels que ceux du palmier *areca*, qu'on trouve dans ces immenses dépôts de bois changés en terreaux, qui composent les mines de *Turffa* ou terre d'Ombre, de *Brulh* et de Liblar, dans l'arrondissement du pays de Cologne.

Cet apperçu général mérite, sans doute, que je l'appuye de preuves et de faits indicatifs, qui mettent le naturaliste à portée de réunir dans un ordre méthodique et précis les matériaux de ce genre qu'il aura la facilite d'examiner, d'étudier, de comparer, de discuter, de rejeter ou d'admettre, et qu'il pourra tenir en réserve jusqu'à ce que la masse des faits s'accroissant, il puisse en déduire les conséquences qui lui paraîtront les plus naturelles et les plus propres à en faire des applications générales.

DES DIVERSES ESPÈCES DE BOIS FOSSILES.

§. I

Bois quartzeux, imitant l'asbeste.

Ce bois offre une singularité remarquable ; il est le plus souvent de couleur blanche, mais il a quelques taches jaunâtres produites par l'oxidation du fer ; il est composé, à l'extérieur, de fibres ou de filets qui se divisent longitudinalement et se séparent à la manière de l'asbeste, et sont quelquefois si déliés et si flexibles, qu'on les prendrait

pour une véritable amiante ; mais ils cassent, lorsqu'on veut trop les faire fléchir.

Cette modification particulière dans le bois pétrifié tient a une sorte de décomposition si peu commune, qu'on ne croirait jamais qu'il eût appartenu à un végétal, si des nœuds bien caractérisés,
et qui ont interrompu la disposition longitudinale
des fibres, ne l'attestaient, ainsi que la forme des
morceaux.

D'un autre côté, on peut s'en assurer, en sacri-
fiant quelques échantillons, et en détachant tous les
filaments pour parvenir jusqu'au noyau, c'est-à-
dire jusqu'aux parties solides qui ont résisté à la décomposition, ou qui n'ont pas encore été attaquées ;
on trouve alors une matière quartzeuse, dure,
étincelante avec l'acier, et qui offre l'organisation
exacte du bois. J'en possède dans ma collection
un très-bel échantillon, qui a été trouvé à *Stiel-
dorf*, dans le duché de *Berg*, et qui m'a été donné
par le baron de Hupch ; il en existe aussi un au
muséum.

On en trouve de semblable à *Telkobanya* dans
la haute Hongrie. Le baron de Born, dans son
catalogue méthodique et raisonné de la collection
de mademoiselle Éléonore de Raab, tom. premier,
pag. 497, le décrit ainsi : « Bois pétrifié, blanc,
» décomposé en fibres blanches, très-minces,
» fragiles et séparables les unes des autres comme
» l'amiante ». M. Poiret en a trouvé de semblables,
près de Soissons.

§. I I.

Bois à l'état de pech-stein, ou de pierre de poix.

L'on trouve souvent des bois qui ont éprouvé
une modification telle qu'ils ont acquis un aspect
en quelque sorte résineux, plus ou moins luisant,
et une cassure onctueuse et même un peu vitreuse,
plus ou moins transparente; il y en a des espèces
ou variétés particulières, dont la transparence est
nulle, quoique les autres caractères, qui les
constituent pech-stein ligneux, subsistent.

On trouve des bois parfaitement caractérisés,
changés en pierre de poix, d'un blanc laiteux,
d'autres d'un blanc sale, plusieurs couleur de succin et d'une belle transparence, dans les monts
Carpaths en haute Hongrie, ainsi qu'à Telkobanya
dans la même contrée; lorsque ces bois sont polis,
on distingue les trachées et toute l'organisation ligneuse; on en trouve qui, frappés avec le marteau,
se détachent en lames minces qui ont l'apparence
de bois de sapin; mais on ne saurait néanmoins
affirmer avec certitude qu'ils ayent appartenu à
cette espèce d'arbre.

Le docteur de Larbre, trouva dans un tuffa
volcanique d'Auvergne, un trés-beau morceau de
bois changé en pech-stein d'une couleur brun-

jaunâtre foncé, qui a reçu un beau poli; on le voit dans le muséum d'histoire naturelle de Paris; les caractères du bois, quoique très-reconnaissables encore, sont néanmoins en partie effacés et comme masqués par la matière du pech-stein. J'ai fait la même observation sur d'autres bois changés en pierre de poix, qu'on trouve en assez grande abondance, et même en gros morceaux, parmi les tuffas volcaniques des environs du Puy en-Velay.

En visitant les volcans éteints des environs de la ville de Francfort sur le Mein en 1799, je trouvai dans deux carrieres ouvertes, d'où l'on tirait des moellons de lave pour bâtir, dans un quartier nommé *Afferstein*, à trois quarts de lieue de la ville et dans la plaine, une si grande quantité de bois changés en pech-stein, à la profondeur de seize pieds environ, que j'en détachai plus de deux cents livres pesant; ces pech-steins sont jaunâtres en général, mais quelquefois d'un jaune foncé tirant sur le brun. Ils étaient accumulés sans ordre, et en morceaux dont quelques-uns pesaient plus de quinze livres, au-dessous d'une couche de lave, ou plutôt d'un tuffa volcanique, tendre dans quelques parties, un peu terreux dans d'autres.

Je fus d'autant plus charmé d'avoir trouvé ces pech-steins sur les lieux, sans indication et sans guide, que la grande quantité que j'en retirai moi-même, aidé de M. de Montfort, mon compagnon

25.

de voyage, me mit a portée de comparer tous les
échantillons que j'avais sous la main et de reconnaître que ceux-ci devaient incontestablement leur
origine à de véritables bois, malgré que l'organisation végétale fût presqu'entièrement effacée
dans la plus grande partie des morceaux que j'exa-
minais, au point de ne pouvoir pas en distinguer
les moindres vestiges; mais j'eus le plaisir d'en reconnaître quelques-uns, que je conserve dans ma
collection, où l'on appercoit très-bien les fibres et les
trachées du bois, ainsi que les autres parties de son
organisation ; je ne saurais donc douter, d'après
ce que j'ai vu et comparé, que les pech-steins,
d'Afferstein près de Francfort, ne doivent leur
origine à de véritables bois.

Un autre exemple de bois changés en pech-
steins , parmi les matières volcanisées, est celui
des environs du superbe château du Land-grave
de Hesse-Cassel, au Waissenstein, au pied de la
montagne du Carlsberg: là, on voit un grand escarpement, connu sous le nom de *Huhnrotheberg*,
où l'on a ouvert une vaste carrière très-remarquable par la disposition et l'ordre des matières.
L'homme le moins exercé, ne saurait méconnaître
ici l'action alternative des eaux de la mer , avec
celle des feux souterrains.

Des brèches volcaniques, des laves compactes,
des laves spongieuses, alternent avec des dépôts de sable de mer, avec des couches d'argile.

Rien n'est aussi curieux que cette carrière ; on y
trouve au-dessus et parmi les produits volcaniques
beaucoup de bois isolés, bien caractérisés, dont les
couches concentriques se reconnaissent parfaitement, et qu'on peut détacher par lames. Ces bois qui
ont plutôt le caractère du quartz que celui du pech-
stein, offrent néanmoins des échantillons, où le
caractère de pech-stein est très-distinct ; j'en ai
recueilli moi-même de trés-remarquables.

Enfin, je puis citer un cinquième exemple de
bois changés en véritables pech-steins, au milieu
des déjections volcaniques ; c'est celui des *monts
Couérous*, dans le Vivarais ; l'on y trouve au-dessous des masses énormes de laves colonnaires contre
lesquelles est situé le château de Rochesauve, de
beaux pech-steins d'une belle couleur jaunâtre,
ressemblants à de la résine, dont la cassure, quoique grasse et onctueuse en apparence, est très-
brillante ; ces pech-steins appartiènent aussi à des
bois ; ceux que j'ai ramassés moi-même sur les lieux,
conservaient en partie leur organisation végétale.

J'insiste sur ces faits, à cause des localités, et
parce que je crois qu'on pourra réunir des exemples semblables à ceux que je viens de rapporter.

J'ignore pourquoi les bois de palmiers qu'on
trouve pétrifiés dans beaucoup d'endroits, et jusque dans les environs de Soissons, où le naturaliste Poiret en a reconnu depuis peu des échantillons parfaitement caractérisés, sont presque tous
changés en pech-stein ; il y en a de grands et su-

perbes tronçons au muséum d'histoire naturelle
de Paris, qui sont tous dans cet état de pétrification. L'organisation des palmiers est telle, qu'on
ne peut pas les méconnaître, même dans leur état
de pétrification , lorsqu'on a lu avec attention le
mémoire de mon très-savant et excellent ami Desfontaines, sur l'organisation des *monocotylédons*,
inséré dans le tome I. page 478 , des mémoires de
physique et de mathématiques de l'institut. Voici
la distinction claire et précise que ce célèbre botaniste a établie au sujet des *monocotylédons*, parmi
lesquels sont rangés les palmiers , « Végétaux qui
» n'ont point de couches concentriques distinctes,
» dont la solidité décroît de la circonférence vers le
» centre; moëlle interposée entre les fibres; point
» de prolongements médullaires en rayons diver-
» gents — » En rendant ainsi un service à la botanique , Desfontaines a fourni aux géologues les
moyens de reconnaître les palmiers pétrifiés ; et
comme ces arbres sont exotiques , et qu'on les
trouve fréquemment en France , en Allemagne
et ailleurs , il était important d'avoir la certitude qu'ils ont appartenu en effet à une famille
de végétaux qui ne croît que dans des latitudes
très-chaude*s*.

§. I I I.

Bois à l'état de silex.

Les bois siliceux ont un caractère extérieur qui

les distingue des bois agatisés ; ils ont en apparence la pâte moins pure , moins homogène , le
grain moins fin ; il semble que l'action de l'air a
beaucoup plus de prise sur eux à la longue. Une
portion de chaux, quoiqu'en petite quantité, paraît
avoir souillé le quartz qui forme leur principe cons-
tituant. En un mot , ils ont un *facies* qui ne
trompe pas le naturaliste un peu exercé. On
trouve de très-grandes quantités de bois qui ont
éprouvé cette modification. On en voit des troncs
entiers qui ont quelquefois trois ou quatre pieds
de hauteur sur dix-huit pouces de diametre dont
les nœuds sont bien marqués , dont les couches
concentriques sont parfaitement distinctes , ainsi
que leur tissu réticulaire.

Il y a de ces bois qui ont été long-temps le jouet
des flots de la mer, puisqu'on en trouve qui ont
eté percés par des tarets. Ceux qu'on découvre
dans les environs de la montagne de St. Pierre-
de-Maestricht , avec des coquilles et autres corps
marins, sont un exemple frappant de ce que j'a-
vance.

On trouve de ces morceaux de bois, particulièrement dans cette partie de la montagne qui fait
face à la Meuse , qui pèsent plus de cent cinquante
livres ; ils sont entièrement changés en silex pierre
à fusil, semblable à lui des environs de Paris,
et percés de toutes parts de tarets de forme cylindrique, de la grosseur du doigt , qui ont quelquefois six pouces de longueur.

Les cellules faites par ces vers marins, sont le plus souvent remplies de la matière même du silex, mais quelquefois aussi elles sont demeurées vides; il en est même quelques-unes où le foureau coquillier des tarets se distingue et n'est pas entiè‑ rement siliceux.

On peut suivre le passage graduel du bois à l'état de silex, d'une manière très-instructive, dans ceux des environs de la montagne de Maestricht. L'on y voit des troncs parfaitement caractérisés, dont le tissu réticulaire et même les trachées se distinguent parfaitement jusqu'à la profondeur de cinq a six pouces, tandis qu'ils s'effacent insensi‑ blement, au point que la pâte du silex n'offre plus aucun caractère d'organisation, et ressemble à une substance pierreuse homogène inorganique; ce qui tend a démontrer qu'il est possible quelque‑ fois que des silex qui n'offrent qu'une matière brute et informe, ayent appartenu primordialement à des restes de végétaux ou même d'animaux par‑ ticulièrement de la classe des molusques; il n'est peut-être pas invraisemblable que la plupart des silex qu'on trouve au milieu des craies n'ayent eu une semblable origine animale, ainsi que l'avaient écrit et avancé quelques naturalistes. Plusieurs des bois siliceux des environs de Maestricht sont per‑ cés ainsi que je l'ai déjà dit par des tarets. Ceux‑ ci ont la tête presque ronde et un peu en forme de massue, et se rapprochent plus des *fistulanes* que des *tarets*. On pourrait les rapporter à l'es‑

pèce que la Marck définit dans ses leçons sous le nom de *fistulana personata* , et dont j'ai fait l'espèce *fistulana tuba tritonis*, page 85 , à l'article des *fistulanes fossiles* de cet essai de géologie. La collection du muséum d'histoire naturelle de Paris renferme quelques gros morceaux de bois siliceux de Maestricht , où l'on peut distinguer la tête ou le gros bout arrondi et fermé de ces fistulanes ; j'en ai fait figurer moi-même un superbe échantillon de mon cabinet, dans l'histoire naturelle de la montagne de St. Pierre , d'après un dessin de Maréchal, gravé avec autant de soin que d'exactitude (1). La Sibérie offre aussi quelques bois pétrifiés , percés par de gros tarets. On trouve dans le Soissonnais , des bois siliceux blanchâtres, rongés de vers marins, dont les cavités sont remplies d'une matiere siliceuse demi-transparente qui ressemble à de la Calcédoine Les tarets qui ont percé ces bois sont beaucoup plus petits que ceux qu'on trouve dans le bois siliceux des environs de Maestricht , et les caractères propres à en déterminer l'espèce , sont effacés.

On trouve des bois siliceux dans plusieurs endroits des environs de Paris , du côté de Nanterre et ailleurs. On en a découvert quelquefois dans les carrières à plâtre de Montmartre , dans la masse même du gypse. On voit un fort bel échan-

(1) Histoire naturelle de la montagne de St.-Pierre de Maestricht , pag. 181 , planch. XXXIII de l'édit. in-4.

tillon de ce dernier, rempli de cristaux de quartz
dans les interstices du bois, au cabinet de la première école des mines formée par Sage, à la
Monnaie. J'en ai, dans ma collection, des morceaux
très-remarquables, dans le gypse, à côté d'ossements d'animaux fossiles. La terre de *Neauphle*,
à huit lieues de Paris, appartenant à madame
de Brissac, a beaucoup de bois siliceux, qui sont
d'autant plus remarquables, qu'on trouve à côté
et souvent sur la matière même du bois, une multitude de petits corps siliceux de la forme et de la
grosseur d'un grain de riz que je crois avoir appartenu à une graine de la famille des ombellifères, et
que Fortis regarde comme de véritables œufs
d'une espèce de fourmis. Mais comme ces petits
corps siliceux, très-réguliers, sont souvent revê-
tus d'une espèce d'enveloppe striée, et qu'on y
voit la place d'un stigmate, je les considère comme
des graines d'un végétal. Leur ressemblance avec
des semences analogues qu'on trouve encore en
nature dans les mines de charbon de *Kaltennor-
dheim* en Saxe, me confirme dans cette opinion.

On trouve des bois siliceux dans les environs
de Besancon, à Rumières en Champagne, à
Etampes, en Normandie, en Lorraine, dans le
Dauphiné, et dans un grand nombre d'autres
parties de la France, ainsi qu'en Angleterre, en
Allemagne, en Hongrie, en Italie, en Espagne,
etc. etc.

§. IV.

Bois agatisés.

Les bois passés à l'état d'agate ont le plus grand
rapport avec les bois siliceux, car c'est la terre
du quartz qui en forme la principale base. Cependant le mode d'être d'une agate, la disposition de
ses molécules, le poli particulier qui lui est propre, les mélanges et les nuances de ses couleurs
le distinguent essentiellement d'un bois siliceux
ordinaire; et puisque la nature a établi ces différences caractéristiques, le naturaliste doit les saisir et les spécifier par des mots propres. L'usage a
senti de tout temps la nécessité de ces distinctions;
on a donc tort de vouloir les changer.

La chimie dont le but est d'atteindre, par la
décomposition et par l'analyse, les principes constitutifs des corps, a agi d'une manière consé-
quente, dans l'arrangement systématique du résultat de ses produits. Elle les a classés d'après les
corps qui y prédominent, en séparant une à
une les matières, et en les présentant avec la suite
des combinaisons diverses qu'elles sont dans le
cas d'éprouver. Tout cela, parfaitement bien vu,
ne laisse rien à desirer qu'un langage plus analogue au génie de la langue française.

Mais ce qui était excellent pour la chimie ne
valait rien pour la minéralogie; cette science em-

brasse les formes, l'arrangement des molécules, l'éclat, la pesanteur, la cassure, en un mot, toutes les qualités extérieures physiques qui constituent un minéral quelconque, et peuvent mettre sur la voie de le distinguer, et de reconnaître la marche de la nature dans sa formation. Celui qui s'occupe essentiellement de cette science, doit considérer les minéraux, non sur de petits échantillons placés dans de petites cases où ils ne doivent être la que comme des objets de réminiscence, mais les étudier sur la nature, en suivre les nuances et les gradations, et ne s'arrêter que devant les grandes masses, et là ou la géologie commence, si les circonstances ne lui permettent pas de se livrer à cette dernière science ; car s'il le peut, il ne doit pas balancer à réunir deux etudes qui se prêtent respectivement de si grands appuis. Le travail du minéralogiste fini, celui du chimiste doit completter l'histoire du même corps. Cette marche synthétique est la plus naturelle, la plus simple, et la plus propre à diriger et affermir nos idées, en y répandant de la méthode et de la clarté.

Les chimistes ont eu certainement raison de dire que toutes les pierres calcaires, quelles que soient leur contexture, leur forme, leur opacité ou leur transparence, étant composées de chaux et d'acide carbonique, sont des *carbonates calcaires*, et que la même terre unie à l'acide sulfurique forme un *sulfate de chaux*.

Mais les minéralogistes qui en voulant imiter les chimistes, ont donné au marbre blanc de

Paros, au marbre noir antique, à la brèche vio-
lette, au spath calcaire rhomboïdal ou à la pierre
calcaire coquillière des environs de Paris, le nom
de *chaux carbonatée*, et au gyspe ou plâtre de
Montmartre, celui de *chaux sulfatée*, ont agi,
nous devons le dire, en sens inverse de la chimie et de l'histoire naturelle. J'en demande
pardon aux hommes de mérite dont j'ose combattre ici l'opinion, mais c'est l'amour de la
science qui m'anime. Elle coûte tant de peine
à acquérir, cette science, lorsqu'on veut l'appuyer
sur des bases solides, qu'il ne faut la rendre
ni rebutante ni exclusive, par des innovations
journalieres et arbitraires dans les mots. (1)

Je reviens à mon sujet, et je dis que les bois
agatisés sont presqu'aussi communs dans quelques

(1) Je ne suis ici qu'un faible copiste de Bacon, qui,
à une époque où le néologisme sorti des cloîtres fut
mis à la place de la science, et en retarda singulie-
rement les progrès, indigna ce grand philosophe :
« Les hommes d'une profession oisive, dit l'illustre chan-
» celier, qui portaient, de leurs cellules dans l'école,
» une humeur chagrine et querelleuse, très-peu versés
» dans la connaissance des temps, encore moins dans
» l'étude de la nature, ont inventé le langage épineux,
» au moyen duquel on s'entend à-peu-près comme si
» l'on parlait toutes les langues ensemble. » *Analyse
de la philosophie du chancelier Bacon*, tom. I, pag. 19.

pays que les bois siliceux les plus ordinaires. En Allemagne , le pays de Cobourg en renferme de grandes quantités , de très-beaux et de parfaitement agatisés. On en trouve aussi sur les monts Kra-pak , dans la haute Hongrie ; à New-Pakow , en Bohème ; dans les environs de Stoutgard ; à Chemnitz , en Saxe ; dans le Land-graviat de Hesse-Cassel ; en Normandie et ailleurs.

§. V.

Bois à l'état de jaspe.

On trouve , à deux lieues de la ville de St. Paul-trois-Châteaux , dans le département de la Drôme , et à cent toises de distance de l'*étang de Suze* , des bois en tronçons , isolés et dispersés dans un sable quartzeux , qui ont passé à l'état d'un jaspe du plus beau rouge susceptible de recevoir un poli vif et brillant. On en trouve en Saxe , de changés en jaspes bruns etc.

§. V I.

Bois quartzeux qui répand une odeur un peu aromatique , lorsqu'on le jète sur des charbons ardents.

Ce bois quartzeux dont la contexture ligneuse est très-apparente , est de couleur brune foncée ; la forme et la disposition de son tissu et sa couleur , rappèlent l'idée du bois de Mahalep , mais

cette apparence n'est que trompeuse, car les fibres
de ce dernier bois sont lâches et peu serrées, tandis que celles du bois en question sont très-
fines, très-égales et très rapprochées. Ce bois me
fut donné à Edimbourgh, par le docteur Black,
qui me dit qu'on en trouvait de semblable sur
les bords du lac Negh en Irlande, et me fit voir
la singularité qui le distingue des autres bois siliceux ; en effet, ce célèbre chimiste m'ayant fait
observer que ce bois était dur et qu'on en tirait
des étincelles avec l'acier, quoiqu'il fût cependant
un peu moins dur que les bois siliceux ordinaires,
en brisa quelques éclats avec un petit marteau,
et les ayant jetés sur des charbons ardents, je sen-
tis, une minute après, une odeur aromatique
agréable qui approchait un peu de celle qu'exhale
le bois d'Aloës, *lignum aloës*, ce parfum délicieux
des Orientaux; l'odeur en est moins forte, sans
doute, mais elle est très-sensible. Il est probable
qu'il reste dans les trachées de ce bois pétrifié,
des molécules ligneuses encore en nature, qui se
trouvant enveloppées par le quartz, restent dans
leur état primitif et développent le parfum qui
leur est propre, lorsque le feu brise cette enveloppe quartzeuse. J'ai cru que cette singularité
méritait d'être connue ; je ne prononcerai certainement pas sur la nature de ce bois ni sur son
espèce; je rappèlerai seulement aux naturalistes,
que les courants de mer jètent chaque année des
bois exotiques sur la côte d'Irlande, et qu'on en

trouve dans l'intérieur des terres, de grandes quantités, qui datent probablement d'une époque très-ancienne ; il y en a de fort noirs et en grandes pièces minces, et d'autres qui conservent encore la couleur brune du bois. Le muséum d'histoire naturelle de Paris possède une plaque de bois fossile de cette dernière espèce et du même pays, qui a plus de deux pieds et demi de longueur sur deux pieds moins quatre pouces de largeur ; elle est mince comme une planche, peut se couper avec un couteau, a une odeur fétide lorsqu'on en brûle quelques morceaux, mais une odeur tres-agréable et aromatique, lorsqu'on la laisse quelque temps dans un lieu échauffé par un poële ou par la simple chaleur du soleil pendant l'été. Daubanton s'était apperçu le premier de cette singulière propriété, et me l'avait fait observer plusieurs fois ; il serait possible que le bois aromatique des bords du lac Negh, fût un bois semblable, en partie dénaturé par des infiltrations quartzeuses.

§. VII.

Bois passé à l'état de pyrite.

Les bois passés à l'état de pyrite et conservant encore leur contexture ligneuse, sont en général très-rares. Cela tient à la facilité qu'ont les pyrites de s'effleurer et de se décomposer à l'air, ce qui détruit promptement leur organisation.

Je possède, dans ma collection , un fort beau morceau de bois de cette nature, que j'ai fait polir d'un côté ; il vient des environs de *Karachova* , sur les bords de la *Moscoréca* , rivière qui traverse la capitale de la Moscovie. Macquart , dans ses essais de minéralogie , page 548 , n°. 76 , fait mention d'un morceau semblable tiré des environs d'*Ostroff*, sur les bords de la même rivière , et il le qualifie ainsi: *bois fort curieux, en ce qu'il est entièrement pénétré de la substance des pyrites , qui y forment des zónes très-agréables.*

§. VIII.

Bois passé à l'état de mine de fer.

On trouve beaucoup de bois fossiles mêlés d'oxide de fer ; le principe colorant de la plupart des bois quartzeux agatisés et changés en jaspe , tient lui même au fer Je ne sais pas si l'on ne parviendra point un jour à démontrer que cette substance métallique , si abondamment répandue sur tout le globe , doit peut-être son origine aux végétaux ; le fer est un protée susceptible de tous les genres de métamorphoses ; il est par - tout, il s'immisce par-tout ; c'est lui qui garnit les palettes de la nature , pour peindre de toutes les couleurs , et embellir de tous les tons et de toutes les nuances , les plantes , les fleurs , les fruits , la parure des insectes, les marbres et bien d'autres minéraux; il est susceptible de combustion, décompose l'eau, s'unit, se combine avec les acides, s'affilie avec les gaz; il est le grand réceptacle du magnétisme; c'est en un mot le produit le plus étonnant et le plus merveilleux de la nature; ce métal ne laisserait rien à desirer pour l'avantage et l'utilité de l'homme qui l'a su rendre malléable, s'il n'en eût pas abusé en l'employant comme agent de sa fureur et comme instrument de mort, de destruction et de supplice.

Les bois sont plus ou moins mêlés de fer dans leur état fossile; mais l'on en trouve quelquefois, où ce minéral est si abondant, qu'on peut dans quelques circonstances particulières, exploiter ces bois fossiles, comme de véritables mines de fer. L'empire de Russie nous en fournit un exemple d'autant plus remarquable, que la mine où on les trouve, offre un mélange de bois et de plantes qui porte tous les caractères d'une grande alluvion. Macquart, dans un mémoire fort intéressant sur les mines de fer de Sibérie, nous a donné une notice très-instructive à ce sujet.

« Le fer figuré de Russie, dit ce naturaliste,
» est une espèce de *fer limoneux*, très-singulier,
» appelé *mine de marais ou tourbe minérali-*
» *sée de Dworetzkoi*, près des forges de *Pchof-*
» *koi*; il est ordinairement composé de roseaux
» entassés pêle-mêle, de feuilles de bouleau, de
» branches de cet arbre, de troncs, de racines.

» Les branches ont encore conservé la couleur
» de l'écorce, le tout absolument converti en fer
» assez dur, quelquefois chatoyant, souvent re-
» couvert d'une légère couche d'hématite.... »
Minéralogie de Russie, pag. 321. Macquart passe
ensuite pag. 338, à la description des échantillons
tirés de ces bois.

1°. « Morceau de fer limoneux, appelé mine
» de marais. Ce sont des amas de roseaux qui
» sont appliqués les uns sur les autres dans dif-
» férents sens.

2°. « Amas de feuilles et de petites branches
» de bouleau, absolument changées en fer, avec
» une légère couche d'hématite et plusieurs par-
» ties chatoyantes.

3°. » Une grosse branche de bouleau, pareil-
» lement convertie en fer, dont l'écorce a encore
» gardé sa couleur et toute sa première configu-
» ration.

4°. » Morceau de tronc d'un bouleau aussi
» changé en fer, dont le tissu ligneux a abso-
» lument gardé son ancienne forme.

5'. » Débris ligneux, dont une partie est à
» l'état d'ocre avec de l'hématite très-superficielle.

6°. » Amas *d'antroques*, en partie ferrugi-
» neuses, en partie quartzeuses, venant du même
» lieu. »

Ce dernier fait, très-remarquable, prouve que
ces amas de végétaux n'ont pas été réunis dans un
terrain marécageux, à la manière des tourbes, par

26.

l'effet des eaux douces ou d'une alluvion ordinaire.
Des animaux marins , tels que des débris d'*an-*
troques , sont ici des preuves irrécusables, que ce
bouleversement et cette réunion d'objets disparates
tiènent à une plus grande cause.

Si l'on trouve des troncs de bouleaux , parmi
des roseaux exotiques, l'on ne doit point en être
surpris ; car les botanistes savent très-bien qu'il y
a quelques plantes et quelques espèces d'arbres
qui croissent par-tout ; qu'à une certaine élévation on trouve , dans l'Inde, des bouleaux, comme
dans le Canada ; et que , quoique leur apparence
extérieure et leur épiderme satiné les rapprochent
les uns des autres , ils n'en forment pas moins
des espèces. Au surplus , rien ne s'oppose à ce
que des productions indigènes se trouvent mélangées et confondues avec des productions exotiques, lorsqu'on sait qu'une mer brisant ses barrières , entraîne tout devant elle , dévaste tout,
mélange tout, confond tout.

Je possède un superbe morceau de bois de
bouleau ferrugineux des mines de *Dworetzkoi*
en Sibérie ; on y distingue parfaitement les nœuds ;
toute la substance ligneuse est entièrement changée en un fer limoneux, jaunâtre , extrêmement
riche ; et cependant, l'épiderme d'un blanc satiné
et luisant, existe encore dans plusieurs parties ,
la conservation en est parfaite , le fer ne l'a pas
même coloré. Rien ne prouve autant combien
cette légère pellicule est inaltérable et incorrup-

tible; l'on peut donc dire avec raison , d'après
ce fait, que les anciens peuples qui , avant l'in-
vention du papier, avaient fait usage de l'épiderme
du bouleau, ne pouvaient choisir une matière plus
durable , quoique si délicate en apparence.

Je ne ferai pas mention des bois imprégnés de
cuivre et d'autres substances minérales, parce que
je ne les considère que comme accidentellement
minéralisés.

Bois charbonisés.

Rien n'est aussi varié que les modifications diverses que les bois fossiles ont éprouvées ; la chose
tient sans doute non seulement à des circonstances
particulières et locales , relatives aux matières qui
ont environné ces bois, mais encore à la qualité et à
la nature même des substances végétales. Ainsi, par
exemple , les bois qui donnent de la résine , tels
que les pins, les mélèzes et autres de cette classe ,
ont dû éprouver des modifications bien différentes
que les palmiers , les chênes et tant d'autres arbres
qui en sont entièrement dépourvus.

Je ne désignerai ici que rapidement quelques-
uns de ces bois, plus ou moins charbonisés, parce
que j'en ferai mention plus particulièrement en
traitant des mines de charbon et des tourbes
ligneuses.

§. I X.

Bois plus ou moins colorés en noir, dont les eanaux médullaires et le tissu ligneux sont parfaitement conservés, et qui n'ont souffert d'autre altération que celle occasionnée par la combinaison et la réaction du principe acide et huileux.

Ces bois ainsi modifiés sont noirs, durs, cassants, et répandent en brûlant, une odeur empyreumatique désagréable; on ne peut pas les considérer comme changés en veritable jayet, parce qu'ils étaient dépourvus de bitume, ou qu'ils en avaient trop peu, mais ils se rapprochent plus de cette matière que du bois passé à l'état de charbon de terre.

Les mines de charbon de terre du *Mont-Maissner*, dans le pays de Hesse-Cassel, renferment de grandes quantités de ces bois, surtout dans les couches supérieures; il y en a des morceaux d'un gros volume; j'y en ai recueilli moi-même des échantillons d'une si belle conservation, que la couleur du bois était à peine altérée. Tous ces bois qui ont la contexture serrée, la fibre très-fine et très-rapprochée, paraisssent avoir appartenu à des bois exotiques, sans qu'on puisse néanmoins en déterminer les espèces.

On trouve du bois semblable dans les mines de charbon du Carleberg au-dessus du château de la cascade, à une lieue de Cassel, ainsi que dans les mines de *Turffa* ou terre d'ombre de Brulh et de Liblar dans le pays de Cologne.

§. X.

Bois passé à l'état de jayet.

Je range dans cettte classe les bois passés à l'état de jayet, lorsqu'on peut distinguer encore la fibre ligneuse, ainsi que ceux qui sont fortement imprégnés de bitume solide, lorsqu'on peut y reconnaître encore le bois. *Voyez* l'article des charbons de terre.

CONCLUSIONS.

Nous avons observé les bois épars sur la surface de la terre, dans les divers états de modifications qu'ils ont éprouvés; nous les avons suivis jusqu'au point où leur organisation nous permettait encore de les reconnaître. Mais il est plusieurs circonstances, qui tiènent à la qualité des bois, à la forte compression des masses terreuses ou pierreuses qui les recouvrent, au long espace de temps qui s'est écoulé depuis leur accumulation, au bitume qui les enveloppe; alors l'organisation étant effacée on ne peut plus reconnaître ces bois que par l'analyse. Ceci nous conduit naturellement à des recherches sur les *tourbes ligneuses*, et à l'examen des mines de charbon de terre.

Des grands dépôts de tourbe ligneuse, ou des mines de turffa ou terre d'ombre.

Il est nécessaire d'établir une distinction bien

marquée entre les tourbes que j'*appèle ligneuses*, et qui doivent leur origine à de grands dépôts de bois et à des forêts entières, arrachées, entraînées et réunies ensuite dans des mêmes lieux, par l'effet d'une ou de plusieurs alluvions, et entre les tourbes que j'appèle *marécageuses* et qui sont le résultat de végétaux aquatiques qui meurent et se succèdent continuellement en place, et dont le résidu forme à la longue une accumulation de matières végétales, altérées, à demi décomposées, et réduites en un état demi-charboneux.

C'est pour avoir confondu ces deux espèces de tourbes, que des naturalistes, très instruits d'ailleurs, se sont trouvés embarrassés pour expliquer d'une manière satisfaisante, des faits dont ils attribuent les résultats à une seule et même cause, c'est-à dire, à la destruction des plantes et des arbres venus dans les places mêmes où on les trouve.

Les *tourbes ligneuses* sont généralement formées de matières végétales de transport. Veut-on avoir une idée de ces accumulations de bois exotiques, et de la cause qui a pu les arracher de leur sol natal ? qu'on aille visiter les mines de terre d'*ombre* ou de *turffa*, du pays de Cologne, depuis *Bruhl, Liblar, Kierdorf, Bruggen, Balkausen*, jusque à *Walberberg*, et plus loin encore, où l'on pourra suivre pendant plusieurs lieues, des dépôts immenses de bois presqu'entièrement changés en terreau et recouverts d'une couche de gallets ou cailloux roulés, qui a depuis

dix jusqu'à douze et quelquefois jusqu'à vingt pieds
de hauteur.

J'ai parcouru avec beaucoup d'intérêt, cette
longue et vaste traînée de bois dont l'épaisseur
excède cinquante pieds, sans le moindre mélange
de matières étrangères ; on y trouve, au milieu
d'un terreau entièrement composé de détritus de
végétaux entrelacés en tout sens, et de couleur
noire, de gros troncs d'arbres qui ont quel
quefois plus de deux pieds de diamètre, sur huit
et dix pieds de longueur; ce ne sont que des
portions d'arbres fracturés, qui ont plus résisté
à la décomposition. On peut, en les tirant de la
mine, les scier et même les travailler, mais le
contact de l'air et la dessiccation les ont bientôt gercés
et fendillés sur tous les points ; ils tombent ensuite
en éclats, quoiqu'ils ne soient nullement pyriteux.
Parmi le grand nombre de troncs d'arbres que
j'ai été à portée d'observer sur les lieux, et dont
quelques uns mieux conservés ont été trouvés
à la profondeur de trente-cinq et de quarante
pieds, je n'ai jamais apperçu ni branches ni
racines, mais de simples troncs ou plutôt des
portions de troncs, ce qui démontre qu'ayant été
entraînés de fort loin dans la direction des courants de mer, ces arbres livrés à la fureur des
flots et à l'action des frottements, ont dû subir le
sort des galets qui les recouvrent, c'est-à-dire,
perdre leurs parties saillantes et anguleuses, excepte
qu'ils n'eussent appartenu à des arbres de la fa-

mille des palmiers, qui n'ont point de branches, mais de simples troncs, et cela est d'autant plus plausible qu'on trouve au milieu de ces grands amas de végétaux convertis en une espèce de tourbe, des noix de palmiers qui ont beaucoup de rapport avec celles du palmier aréca (*areca catthecu.* Lin.) qui croît dans l'Inde, aux Moluques et dans les contrées les plus méridionales de la Chine (1). Cependant comme on trouve d'autres bois à couches concentriques, à côté de ceux qui peuvent être considérés comme ayant appartenu à des palmiers, il est évident que des arbres de genre et d'espèces différentes ont concouru à la formation de cette tourbe ligneuse.

Quant à la couche de galets ou cailloux roulés qui recouvre ces diverses mines dans toute leur longueur, et qui n'est composée que de morceaux de quartz grisâtre, et de quelques jaspes grossiers arrondis, elle a eu lieu sans doute postérieurement au transport des bois, puisqu'elle est directement au-dessus d'eux; mais il est à présumer qu'il ne s'est

---

(1) J'ai fait graver plusieurs de ces noix de palmiers, à la suite d'un mémoire particulier, imprimé dans les Annales du muséum d'histoire naturelle , tom. 1 , pag. 445 et suiv. , qui a pour titre : *Description des mines de Turffa des environs de Bruhl et de Liblar, connues sous la dénomination impropre de mines de terre d'ombre , ou de terre brune de Cologne* , avec plusieurs gravures qui représentent la coupe de ces mines.

pas écoulé un long intervalle de temps entre le dépôt
de bois et celui des galets ; car ce qui effraye notre imagination dans les grandes opérations qui
ont eu lieu dans la nature , n'est rien pour elle.
La mer , en se déplaçant d'une manière plus ou
moins brusque , plus ou moins soutenue , peut
opérer très promptement des déplacements suc-
cessifs de diverses matières , et les juxtaposer les
unes au-dessus des autres , par une continuité d'o-
pérations qui tiènent à la même cause et dépendent les unes des autres. C'est-là où l'œil de l'observateur a besoin d'être exercé , pour acquérir
l'habitude de distinguer les faits qui paraissent
appartenir à une même cause , afin de ne pas trop
multiplier les opérations de la nature ; elle a laissé
tant d'autres caractères d'une antiquité reculée
et d'une suite de révolutions plusieurs fois renou-
velées , et qui ont exigé une série nombreuse
de siècles , qu'il est plus sage et plus prudent
de préférer de se tromper en moins , que de
multiplier trop des époques dont les résultats ne
seraient pas suffisamment prouvés. C'est d'après
cette considération que je regarde cette vaste accumulation de bois qui a donné naissance aux mines
de *turffa* ou de terre d'ombre de *Brulh* , de *Li-*
blar , de *Kiesdorf* , de *Bruggen* , de *Balkau-*
sen , de *Walberberg* et autres lieux voisins ,
comme appartenant à la révolution qui a transporté les éléphants , les rhinocéros et les grands
bœufs dont il a été question , et qui a dû en même

temps arracher et porter au loin les bois et les
forêts qui devaient leur servir d'asile avant la
catastrophe qui les fit périr.

La tourbe ligneuse qui fait le sujet de cet article
n'est pas pyriteuse et ne s'embrâse pas sponta-
nément à l'air, comme d'autres grands amas de
tourbe de la même espèce dont il est essentiel de
faire mention. L'on peut consulter l'analyse qui a
été faite de celle-ci par M. Brognard professeur de
chimie applicable aux arts, dans le second volume
des annales du muséum. *pag.* 110.

Des tourbes ligneuses du département de l'Aisne.

Il est nécessaire, en géologie, de s'appuyer de
plusieurs exemples, toutes les fois qu'il s'agit de
constater de grands faits qui paraissent dépendre
d'une même cause ; car si l'on se contentait de
présenter ces faits d'une manière trop partielle,
l'on pourrait embarrasser ceux qui commencent
à entrer dans les premiers sentiers de cette
science. Il est certain que si la mer en se déplaçant d'une manière très-prompte, a, dans
une de ses dernières invasions que je ne considère
pas comme très ancienne, entraîné les forêts qui
se sont trouvées sur son passage, il doit exister
en beaucoup d'endroits, de grandes accumulations de bois semblables à celles que je viens de
citer : Les faits sont ici d'accord avec la théorie.

Le seul département de l'Aisne renferme au-

moins autant de ces bois exotiques passés à l'état
de tourbe que les pays de Cologne et de Bonn.
Les communes où la tourbe ligneuse se trouve en
plus grande abondance, sont *Beaurieux*, *Bourg*,
Urcelle, *Liez*, *Benay*, *Beaurain*, *Jussy*, *Go-
lancourt*, les environs de la *Fère*, de *Soissons*,
de *Saint-Quentin*, de *Château-Thyery*, de
Beauvais, etc.

M. de Laillevault nous apprend dans un très-
bon traité qu'il publia en 1783 sur les usages
économiques des cendres de diverses espèces de
tourbes comme engrais, que la première mine de
tourbe ligneuse (qu'il appèle houillère) fut découverte en 1750 en Picardie , à Beaurain près
Noyon (1). On trouve *pag.* 70 du *tom.* II du livre
de M. de Laillevault, le nombre, la disposition
et la mesure des couches des mines de tourbe
ligneuse de *Mailly* près Laon, de *Muirancourt*
près Noyon, et de celles de *Luzancy*. Je vais donner ici le tableau de la première et de la dernière de ces mines, parce qu'elles offrent des différences et quelques faits intéressants qui démontrent que les tourbes ligneuses sont des dépôts
de végétaux accumulés par les eaux de la mer,

_____

(1) Recherches sur la houille d'engrais et les houillères,
sur les marais et leur tourbe, et sur l'exploitation de
l'une et de l'autre de ces substances , etc. ; par M. de
Laillevault. Paris, 1783, in-12, 2 vol., chez Servières,
rue Saint-Jean-de-Beauvais.

et non des couches successives de détritus de bois
venus dans les places où on les trouve.

*Mine de Mailli près de Laon , creusée à trente-
quatre pieds six pouces de profondeur.*

Bancs.	pieds.	pces.
1. Terre sabloneuse cultivable , un pied six pouces ; ci	1	
2. Sable quartzeux brun , un pied ; ci	1	
3. Sable quartzeux veiné de jaune et de blanc , deux pieds ; ci .	2	
4. Glaise , six pouces ; ci		6
5. Houille de qualité inférieure (Tourbe ligneuse mélangée de terre) six pouces ; ci . .		6
6. Glaise bleue , un pied six pouces ; ci	1	6
7. Bonne houille (1) , deux pieds ; ci	2	
8. Glaise grise , un pied ; ci . . .	1	
9. Détritus de coquillages marins , où l'on trouve encore des huîtres entières , un pied six pouces ; ci	1	6
10. Glaise brune , un pied ; ci . . .	1	
11. Bonne houille , pyriteuse , très-inflammable à l'air , deux pieds six pouces ; ci	2	6

(1) Lorsqu'on appèle cette houille *bonne*, ce n'est
que relativement à l'usage que l'on en fait de la con-
vertir en cendres d'engrais , car elle serait détestable
comme combustible.

pieds pces.

12. Glaise houilleuse, nommée délit,
six pouces; ci 6
13. Bonne houille, un pied, ci. . 1
14. Glaise houilleuse, six pouces; ci 6
15. Bonne houille pyriteuse, très-
inflammable, deux pieds six
pouces; ci 2 6
16. Glaise bleue, sept pieds; ci . . 7
17. Sable brun, glaiseux, trois
pieds; ci 3
18. Glaise pure, savoneuse, bonne
pour les creusets de verrerie,
trois pieds; ci 3
19. Glaise très-brune (1), moins pure,
deux pieds; ci 2
_____
34 p. 6p.

Mine de Luzanci creusée à quarante-un pieds de profondeur.

Bancs. pieds.

1. Terre sabloneuse propre à la culture,
trois pieds; ci 3
2. Sable vitrifiable, deux pieds . . . 2
3. Trois bancs de pierre tendre, assez
mal liée, et non pétrifiée dans plusieurs parties, très-chargée de cames
et d'autres coquillages marins, dix-
sept pieds 17
_____

(1) Il est probable que sous cette glaise brune, il y a
de la houille.

pieds.

4. Sable verdâtre par places , mélangé
   de gros grains de quartz , avec des
   détritus de coquillages marins , parmi
   lesquels on trouve quelques glossopètres parfaitement conservés , deux
   pieds.   2
5. Glaise , deux pieds   2
6. Houille très-pure et peu pyriteuse,
   cinq pieds   5
7. Glaise (1) très-pure, dix pieds . .   10

                                    ———
                                    41 p.

M. Poiret , professeur d'histoire-naturelle à l'é-
cole centrale du département de l'Aisne, lut à l'institut, en 1801 et 1802 , trois excellents mémoires
sur les tourbes de ce département. Le premier a
pour titre : *Sur la tourbe pyriteuse du département de l'Aisne ; sur sa formation ; les différentes substances qu'elle contient et ses rapports avec la théorie de la terre.* Le second , *sur
la même tourbe pyriteuse ; sur son état dans
le sein de la terre , les éléments qui la composent
et les combinaisons qui en résultent.* Le troisième, *sur l'action combinée de l'air et de l'eau
sur cette tourbe , sa combustion , les nouvelles*

———

(1) Ces deux derniers bancs n'existent pas toujours ,
mais lorsque l'un manque, l'autre a le double d'épaisseur.

substances qui en résultent. Le quatrième , *sur
l'emploi de cette tourbe dans l'agriculture et
les arts.*

Il résulte des recherches du professeur Poiret,
sur les tourbières du département de l'Aisne, un
travail complet qui mériterait de former un ouvrage particulier, aussi instructif pour l'histoire
naturelle, qu'utile à l'économie rurale, et à d'autres
usages qui peuvent intéresser les manufactures
et les arts, si l'on exploitait plus en grand ces tourbières qui sont d'une grande étendue, et propres
à procurer à ce département des avantages de
plus d'un genre. J'avais vu moi-même quelques-
unes de ces mines, notamment celle de Beaurain
qui appartenait à M. Durotoir. De son côté,
M. Poiret a bien voulu me communiquer les divers
échantillons des tourbes et des matières qui les
accompagnent, qui ont fait le sujet de ses mémoires, et tout m'a confirmé dans l'opinion que
les tourbes pyriteuses et autres de la même nature,
que M. de Laillevault a désignées sous la dénomination de *houille,* n'ont aucun rapport avec
les tourbes des marais qui se forment en place
par la destruction des plantes aquatiques.

Si M. Poiret eût été à portée de voir les mines
de *Turffa,* ou terre d'*ombre* de *Brulh* et de *Liblar,* il n'eût pas manqué, sans doute, d'assimiler
celles du département de l'Aisne avec les premières; et dès-lors, la formation de ces tourbes,
considérée dans ses rapports avec la théorie de

Tome Ier.   27

la terre, lui eût fourni naturellement un beau fait,
et le dispensait de recourir à des hypothèses em-
barrassantes, et à une série d'époques inconcilia-
bles avec l'étendue, l'ordre, la disposition de
ces mines, et la nature des bois exotiques dont
elles sont composées.

Au reste, en me permettant cette observation,
je ne prétends diminuer en rien le mérite du
travail de M. Poiret, et je rends toute justice à
l'exactitude de ses recherches; je ne nie pas qu'il
n'y ait des tourbières véritablement marécageuses,
dans le département de l'Aisne, mais ce ne sont
pas celles où l'on trouve des bois, du succin, etc.,
et dont les diverses couches alternent avec des
lits de sable, d'argile, et d'autres matières, qui
attestent, non des alluvions locales, mais le passage, peut-être même le séjour des eaux de la mer
sur le sol.

C'est dans les mémoires mêmes de M. Poiret,
que j'en trouve les preuves les plus fortes; il suf-
fira, pour s'en convaincre, de rapporter ici l'ordre
des couches d'un puits d'épreuve fait dans une des
tourbières des environs de Beaurieux, aux frais
de M. Belly-Bussy, en 1774, qui croyait trouver
du charbon de terre au-dessous des tourbes.

*Ordre des couches de la tourbière de BOURQ,
sur le bord de la rivière d'Aisne, dans les
environs de BEAURIEUX, creusée en 1774,
jusqu'à la profondeur de 65 pieds, 7 lig.
sous la direction de M. Belly-Bussy.*

Couches.	pieds.	pces.	l.
1 Terre propre à la culture, neuf pieds trois pouces trois lignes .	9	3	3
2 Glaise bleuâtre, trois pieds un pouce	3	1	
3 *Tourbe pyriteuse*, un pied deux pouces six lignes . . .	1	2	6
4 Terre glaise ardoisée, un pied deux pouces	1	2	
5 *Tourbe pyriteuse*, un pied deux pouces trois lignes . . .	1	2	3
6 Terre glaise, un pied six pouces six lignes	1	6	6
7 Sable gris mêlé de coquilles pyriteuses, deux pieds cinq pouces six lignes	2	5	6
8 *Tourbe pyriteuse*, onze pouces		11	
9 Glaise bleue, deux pieds cinq pouces six lignes . . .	2	5	6
10 *Tourbe pyriteuse*, quatre pieds onze pouces une ligne . .	4	11	1
11 Glaises de diverses couleurs, grises, bleues, blanches, pique-			
	28	2	7

	pieds.	pces.	l.
D'autre part .	28	2	7

tées de blanc, mélangées de pyrites, quinze pieds cinq pouces

| cinq lignes   .   .   .   . | 15 | 5 | 5 |

12 Sable blanc, vingt-un pieds sept

| pouces sept lignes   .   .   . | 21 | 7 | 7 |

13 Enfin, un marais de tourbe inac-
cessible.

                              65 p. 3 p. 7

M. Poiret observe que lorsque les mineurs eurent
percé à quinze pieds environ dans le sable nº. 12,
ils attaquèrent avec une sonde le terrain inférieur,
mais qu'après que l'instrument eut traversé les six
pieds de sable restant, l'eau jaillit avec une rapidité étonnante, et la sonde amena avec elle des
débris de *tourbe de marais*, ce sont les expressions de ce savant. L'on continua, malgré cela, à
visser les verges des sondes, jusqu'à la profondeur
de vingt-un pieds environ mais l'eau s'éleva alors
avec une telle vivacité, que la fosse fut bientôt
remplie malgré la marche rapide de quatre corps
de pompes que faisaient mouvoir vingt-quatre
chevaux; mais le sable ayant engorgé les pompes,
il n'y eut pas moyen de vider l'eau, et la fosse
fut abandonnée.

L'on voit que les pompes ne s'engorgèrent pas
dans ce que M. Poiret appèle la *tourbe des
marais, dont elles amenèrent des débris*, mais
dans le sable. D'après cela, et d'après l'ordre et
la disposition des couches supérieures, ne pour-

rait-on pas croire qu'il existait un quatrième lit
de *tourbe pyriteuse* ou ligneuse , entre deux
couches de sable , et que le niveau de la nappe
d'eau se trouvant à cette profondeur , la tourbe
était submergée , et le sable délayé s'introdui-
sait avec l'eau dans les tuyaux ? Cette explication
me paraît beaucoup plus naturelle que de supposer, à cette profondeur, un marais d'anciennes
tourbes aquatiques, formé par le détritus de plantes
qui avaient crû à une époque très-reculée, dans
la place même où M. Poiret suppose l'existence
de cette tourbe marécageuse.

Il eût été nécessaire, avant d'établir une hypothèse à ce sujet, de donner les preuves que cette
tourbe est véritablement marécageuse , ce qui paraît bien difficile. Cependant, si le fait était démontré , et il est dans l'ordre des choses possibles, je considérerais cette tourbière inférieure
comme très-ancienne ; mais alors je n'en regar-
derais pas moins les couches supérieures , comme
produites par un déplacement de mer qui aurait
entraîné à plusieurs reprises, les bois , les sables
et les argiles qu'on trouve juxtaposés en couches
les unes au-dessus des autres, et qui auraient com-
blé la vallée dans laquelle des plantes aquatiques
avaient formé auparavant une tourbière des marais ;
mais il faudrait, je le répète, avoir des preuves
directes qu'il existe à cette profondeur, un dépôt
de plantes aquatiques , passé à l'état de tourbe.
L'on voudra bien me pardonner cette disgression ,

et je prie M. Poiret lui-même de ne pas prendre
en mauvaise part mes observations ; mon seul but
est d'établir une distinction que je crois d'autant
plus nécessaire , qu'au premier aspect , les deux
sortes de tourbes dont il est question , peuvent être
confondues , quoique leur origine soit bien différente. C'est parce que M. Poiret est très - instruit, et que son opinion peut entraîner celle de
plusieurs personnes, que j'ai dû traiter cette question avec quelques détails.

Voici encore de nouveaux faits qui viènent à
l'appui de ce que j'ai avancé ; on me reprocherait
justement de les passer sous silence , car ils présentent beaucoup d'intérêt. M. Alexandre Gérard,
contrôleur des contributions dans le département de
l'Aisne a envoyé au muséum une suite très-intéressante d'échantillons de succins , de bois fossiles ,
de pyrites et d'ossements trouvés dans une tourbière de ce département, avec l'ordre des couches
que je vais transcrire ici, ce qui formera , avec un
autre fait, le complément de l'histoire naturelle
des principales tourbières ligneuses du département de l'Aisne.

*Ordre des couches de la tourbière de VIL-
LERS - en - PRAYER , au nord du village de
ce nom.*

Couches	pieds.	pces.
1 Terre cultivée, dix pouces , ci . .		10
2 Sable fin , mêlé de petits lits de galets siliceux, quatorze pieds .	. 14	

	pieds.	pces.
3 Glaise verte sablonneuse , huit pouces		8
4 Glaise grise , plus foncée vers le bas , deux pieds six pouces . .	2	6
5 Couche de sable blanc quartzeux, très-fin , six pouces		6
6 Tourbe (1) dont le dessus de la couche est mêlé de beaucoup de pyrites , trois pieds six pouces. .	3	6

(1) C'est dans cette tourbe qu'on trouve beaucoup de bois fossiles, en partie carbonisés, quelques os d'animaux de la grosseur de ceux du bœuf, mais dont on ne saurait déterminer, avec certitude, l'espèce d'animaux auxquels ils ont appartenu ; du succin en fragments arrondis, d'autre en fragments anguleux, qu'on trouve assez abondamment dans la partie de la tourbe qui est la plus compacte; il y a de ce succin qui est très-transparent, et d'un jaune de soufre très-agréable ; d'autre d'un jaune de souci. L'on trouve, de distance en distance, dans le centre de la couche de tourbe, de petits dépôts particuliers, de deux ou trois pouces d'épaisseur, sur deux ou trois pieds de longueur, où l'on voit des parties ligneuses qui ont passé à l'état de véritable charbon de bois. L'on a découvert aussi quelques larmes de succin, entre les mamelons de quelques pyrites au-dessus de la couche de tourbe.

On trouve après la tourbe une couche de glaise; et comme on n'est pas allé plus avant, on ignore combien il existe de lits de tourbe à une plus grande profondeur,

M. de Puységur, maire de Soissons, a fait parvenir, de son côté, au muséum d'histoire naturelle de Paris , un mémoire postérieur à celui dont j'ai fait mention, dans lequel il établit trois divisions parmi les tourbes sulfureuses du département de l'Aisne , relativement à leur qualité et à leur nature ; il a très-bien observé que des bois sont entrés dans la formation de cette tourbe, et il a cru même y reconnaître l'espèce de chêne qui produit le liège. En disant un mot de la mine de Villers , M. de Puységur ne manque pas de faire mention des succins qu'on y trouve ; il dit que les uns sont en morceaux détachés, *et d'autres adhérents entre l'écorce et l'aubier des bois qu'on en retire.* Le fait est exact , et est démontré par un échantillon qui accompagne le mémoire , où le succin se remarque entre une couche ligneuse de bois très-noir. Il est difficile de prononcer si le succin est entre l'écorce et l'aubier ; mais il est très certain qu'il forme comme une petite plaque entre deux couches de bois dans une partie où le succin est à découvert. Cet observateur éclairé a donné les mesures d'une des mines de tourbe exploitée à ciel ouvert , et dont on tire ce qu'il appèle la première espèce de tourbe.

« L'épaisseur de la tourbe , dit M. de Puysé-
» gur , est de quatre à cinq pieds, presqu'hori-
» sontale, légérement inclinée et remontant vers
» le sud.

» Au-dessus est une couche de terre noire ar-
» gileuse.

» Ensuite une couche d'écailles d'huîtres par-
» faitement conservées avec leurs nacres envelop-
» pees dans la même terre que celle de la couche
» précédente; son épaisseur est de même d'envi-
» ron deux pieds.

» Vient ensuite un banc pyriteux très-dur, que
» les ouvriers ne peuvent casser qu'avec la pique,
» quoique cependant chaque partie détachée soit
» friable et peu compacte ; ce banc n'a guère
» qu'un pied.

» Au-dessus de ce banc vient une couche de
» coquilles bivalves, mêlées dans une terre moins
» noire que la précédente ; son épaisseur est de
» trois pieds.

» Ce dernier est recouvert par différentes cou-
» ches de sable, plus ou moins coloré, au-des-
» sus desquelles se trouvent environ huit pieds
» de terre végétale, produisant du très-bon
» froment; ce qui place la mine de tourbe à quinze
» pieds environ du sol supérieur. Cette mine s'ex-
» ploite à ciel ouvert. (1)

» La tourbe qui, lorsqu'on la tire, est froide et
» inodore, s'échauffe d'abord et prend ensuite feu
» en scintillant, dès qu'elle est exposée en tas à

_____

(1) Cette mine de tourbe , exploitée à ciel ouvert,
est dans les environs de Soissons; il eût été à desirer
que M. de Puységur eût désigné nominativement cello
tourbière , dans son mémoire manuscrit adressé aux
professeurs du muséum d'histoire naturelle.

» l'air, et répand une odeur de gaz hydrogène
» sulfuré. Lorsque l'enveloppe extérieure est
» tout-à-fait éteinte, on passe ces cendres à la
» claie, et on les vend par petites mesures aux
» cultivateurs, qui les viènent acheter pour les
» répandre, en petite quantité, sur leurs prairies,
» et sur leurs semences de mars.

Les exemples que je viens de rapporter suffisent pour faire sentir qu'il est très-important,
surtout en géologie, de distinguer d'une manière
précise les *tourbes des marais*, d'avec celles qui
doivent leur origine à des bois transportés par
l'effet des eaux de la mer, à une ou plusieurs
reprises, et recouverts par des matières qui portent
les caractères d'une alluvion qui a eu lieu en
grand.

L'on voit par tout ce qui vient d'être dit, combien
les mines de tourbes ligneuses, qui avaient été confondues trop généralement avec les tourbes des
marais, devaient en être séparées.

Tant que cette ligne de démarcation n'était pas
établie, on errait dans une sorte d'obscurité qui
nous égarait et nous jetait dans le champ des conjectures. Cette distinction, au contraire, en rétablissant les faits, les lie parfaitement avec les
résultats d'une subite catastrophe, qui n'a pu
détruire et disperser les grands quadrupèdes,
sans détruire et entraîner en même temps
les grandes et nombreuses forêts qui couvraient
de vastes emplacements ; elle sert en même temps

de transition et de passage intermédiaire au gissement des mines de charbons qui datent d'une
époque beaucoup plus ancienne : c'est ce que nous
allons examiner.

CHAPITRE XV.

Des Mines de charbon de terre.

C'est en nous accoutumant à suivre graduellement, je dirais presque pas à pas , les opérations de la nature relatives à la structure du globe ; c'est en voyant souvent et en étudiant avec constance , les matériaux divers qui entrent dans sa composition extérieure , qu'on peut parvenir à tracer quelques lignes de démarcation , à établir certains points de repos , qui nous mettent sur la voie de marcher avec un peu plus d'assurance et de succès dans la route des faits , qui doivent sans cesse nous servir de guides.

Celui qui ne se laisse pas rebuter par les difficultés sans cesse renaissantes , et par les obstacles nombreux qui environnent ce genre de recherches , est véritablement animé de l'amour sincère de la science ; car son travail est rarement apprécié par ses contemporains, ou s'il l'est, c'est tout au plus par un petit nombre d'hommes zélés, qui se livrent noblement et sans intérêt au même genre d'étude.

Ces réflexions sur la nécessité d'établir des distinctions positives entre une multitude d'objets de la nature, qui ont des rapports de similitude apparents , quant à l'aspect, mais qui diffèrent quant aux causes , trouvent leur application naturelle dans ce qui vient d'être dit, non-seulement sur les modifications diverses dont les bois fossiles ont été susceptibles, mais encore sur les époques différentes qui ont donné lieu à leurs gissements actuels.

Une telle matière exigeait des distinctions, des développements et des discussions, qui ont entraîné nécessairement des longueurs ; j'aurais voulu les abréger, mais ce qui reste à dire sur les mines de charbon, prouvera qu'il était impossible d'arriver, d'une manière claire et méthodique, à ces antiques productions du genre organique végétal, sans cette marche préliminaire, qui m'a paru la plus propre à jeter quelque jour sur un sujet beaucoup plus difficile qu'il ne le paraît au premier abord.

Division des Mines de charbon de terre. (1)

La division que je vais établir appartient à la géologie ; il y a long temps que j'en ai fait usage ; l'on peut consulter ce que j'en ai dit, il y a plus de douze ans, dans un traité que je publiai sur le

---

(1) Le mot de houille qu'on a adopté depuis quelque temps, étant consacré, dans plusieurs exploitations, à désigner le charbon de terre, réduit en poussière ou en très-petits morceaux, ne devait pas être généralisé pour le charbon de terre en général ; je ne l'adopte que pour celui qui est en poussière.

goudron minéral qu'on peut retirer de certains
charbons de terre. Beaucoup d'observations que
j'ai faites depuis lors , sur un grand nombre de
mines , semblent confirmer la première opinion
que j'avais adoptée, et qui consiste à diviser les
charbons de terre.

1 . En mines qui gissent dans le sol calcaire.

2 . En mines des pays granitiques.

§. I.

Des charbons des pays calcaires ; leurs qualités
et leurs espèces.

Cette sorte de charbon , lorsqu'elle est d'une
bonne qualité, brûle , en général, avec une flamme
vive , légère, allongée , un peu bleuâtre vers l'extrémité , et assez ressemblante à celle du véritable bois. A mesure qu'il s'embrâse, il se gerce
et se fendille , tantôt transversalement, tantôt en
long, et diminue de près de la moitié de son volume et de son poids , lorsqu'il est converti en
braise. Les cendres qui en résultent sont blanches
comme celles du bois , lorsque le charbon est
pur et de bonne qualité ; mais il est très-rare de
trouver dans les pays calcaires , du charbon de
cette espèce. Le plus ordinaire et celui qui y domine généralement, exhale une odeur désagréable
et même fétide , et quelquefois si empyreumatique,
qu'elle laisse un arrière-goût d'amertume insup-
portable ; il ne se gonfle jamais en brûlant ; l'on

ne peut en obtenir que difficilement des *coaks ;*
sa cendre est quelquefois rougeâtre. Malgré sa
qualité inférieure, le charbon des pays calcaires est
utile pour l'usage des fours à chaux, pour chauffer
les chaudières des filatures de soie et d'autres
manufactures. Il est connu dans le commerce, ainsi
que dans les arts, sous la dénomination de *charbon sec* et non collant, parce qu'en brûlant, les
morceaux ne se gonflent pas, et ne s'attachent
ni ne s'agglutinent les uns aux autres.

Une chose digne de remarque , c'est que ce
charbon, appelé *sec*, et beaucoup moins bitumineux en apparence que les autres, est, par la
distillation , souvent plus riche en huile bitumineuse et en eau alkaline que le charbon connu
sous le nom de *charbon gras*, de *charbon collant*, si utile pour la forge Les mines de charbons des pays calcaires présentent souvent des
bois qui sont peu altérés, d'autres plus bitumineux,
et d'autres dont le tissu ligneux est masqué par
une plus grande abondance de bitume, ce qui a
fait passer ces bois à l'état de jayet : l'on peut
suivre toutes ces gradations et ces nuances, dans
les mines de charbon du mont Meissner, dans le
pays de Hesse - Cassel, ainsi que dans d'autres
lieux.

*De quelle manière et dans quelles matières
gissent les charbons des pays calcaires.*

Lorsqu'une mine de charbon existe , par exem-

ple , dans la partie calcaire des Alpes, ou dans
des carrières de la même nature , situées dans
des collines ou même dans des plaines , l'on s'apperçoit bientôt de l'interruption des grands bancs
calcaires formés de pierre dure ; les matières
sont plus marneuses , plus mélangées d'argile ou
de sable quartzeux ; elles sont disposées ou en petites couches fissiles , ou en monticules irréguliers,
et l'on apperçoit même à l'extérieur quelques
vestiges de charbon d'une apparence très-ligneuse,
souvent mélangés de pyrites ; dans quelques circonstances , des coquilles qui paraissent plutôt
fluviatiles que marines , se trouvent attachées à
la pierre marneuse et un peu charboneuse des
premiers dépôts.

A ces couches , succèdent d'autres lits de
marne argileuse , des lits de terre calcaire , ou de
pierres feuilletées de la même nature , plus ou
moins dures , et noircies quelquefois par la matière
charboneuse ; enfin , des couches plus ou moins
épaisses de charbon entre d'autres lits de matières
pierreuses ou terreuses mélangées , mais où le
calcaire domine. Quant à l'inclinaison des couches ,
elle tient à des causes accidentelles ou locales , et
le charbon a suivi l'ordre des autres matières ;
car là où les couches sont horizontales, le charbon
l'est aussi. Le plus souvent une couche mince
d'argile sépare le charbon de la pierre calcaire
marneuse.

Il est quelques cas cependant où l'on trouve le

charbon à une grande profondeur, adhérent à la
couche calcaire ; de manière que dans les points
de contact, les molécules de charbon sont mélangées et confondues avec celles de la pierre, de
telle sorte que l'idée la plus naturelle qui se présente alors, est que la formation de l'une et de
l'autre date de la même époque. Je n'oserais cependant pas prononcer affirmativement, dans ce
cas, que la chose se fût faite ainsi ; car l'on peut
considérer aussi ces couches calcaires comme un
dépôt de seconde origine, formé à une époque
où les courants de mer transportant sur des
points fixes, des amas considérables de bois
plus ou moins altérés par leur long séjour dans
les eaux, auraient entraîné aussi, alternativement, des sédiments calcaires plus ou moins
purs, détachés des terres voisines et des bancs d'une
plus ancienne formation.

Je serais d'autant moins éloigné de rejeter cette
explication, qu'on observe assez constamment,
que les lits calcaires qui adhèrent au charbon et sont
quelquefois amalgamés avec lui, au lieu d'être
formés en bancs, sont au contraire disposés
en feuillets, et contiènent beaucoup plus d'argile
que les grandes couches calcaires voisines contre
lesquelles ces charbons se trouvent adossés.

Quant à l'odeur fétide que répandent les charbons des pays calcaires pendant leur combustion,
elle peut tenir à l'espèce et à la qualité des bois qui
ont servi à former ces charbons, mais plus par-

ticulièrement encore à une sorte d'altération
qu'ils auront éprouvée dans des mers abondantes
en poissons et en molusques morts au milieu des
émanations que tant de bois en macération
devaient nécessairement produire , surtout dans
des latitudes chaudes ; les huiles animales , les
matières alkalescentes et corrompues de tant de
corps en putréfaction , ont du sans doute réagir
de plusieurs manières sur les principes constitutifs
de ces bois , et en modifier les substances rési-
neuses et inflammables , en un mot , leur imprimer
ce caractère qu'ils ont acquis , et qui les rend si
inférieurs , et par l'odeur et par la qualité , aux
charbons des pays granitiques , dont il sera bientôt
fait mention.

Ce qui tend à confirmer ce que j'avance ici ,
c'est que les bois des pays calcaires rendent le
plus souvent , par la distillation , une très-grande
quantité d'alcali volatil (ammoniaque) , qui excède du double et quelquefois du triple celle qu'on
obtient des bonnes qualités de *charbons collans*
qui ne répandent point de mauvaise odeur en
brûlant.

Tels sont les principaux caractères qui constituent les charbons formés par des bois , que les
mers , dans des circonstances particulières et
sans doute très-anciennes , ont réunis et accumulés
dans les pays calcaires au milieu des couches
fissiles plus ou moins mélangées d'argile , de
chaux , de sable quartzeux et de débris de plantes.

L'on sent combien la distinction que j'établis ici est importante et nécessaire en même, temps pour séparer ces bois changés en charbons, et ceux moins anciens qui ont donné naissance aux grands dépôts ou aux couches de tourbes ligneuses, ainsi qu'aux bois pétrifiés, siliceux agatisés, passés à l'état de jaspes, ou minéralisés en fer, qu'on trouve dans les sables ou à une petite profondeur dans la terre.

Des mines de charbon situées dans les pays granitiques.

J'entends par le nom de pays granitiques, les lieux montagneux, les collines, et même les plaines, où les granits dominent, soit que le feldspath, le quartz, le mica, la horne-blende, et autres matières qui composent cette pierre, forment des aggrégations en masses solides dures et d'un grand volume, soit que les mêmes matières, plus divisées, plus atténuées, soient disposées en couches fissiles, telles que celles que les minéralogistes ont qualifiées du nom de *gneiss*, et qu'on a regardé comme un granit de seconde formation. Je considère les gneiss comme contemporains des granits, datant de la même époque, et produits dans la même opération, puisqu'on les trouve entre des masses de granits à gros grains, non en manière de filon, mais alternant avec le granit lui-même, et ne différant absolument de ce dernier, que parce

que les éléments en sont plus divisés, disposés
en petites lames minces, placées les unes sur les
autres; que le mica y est un peu plus abondant,
et que ses paillettes sont situées à plat et hori-
zontalement; ce qui est le résultat d'une précipitation plus tranquille, plus libre et moins tumultueuse. Je donnerai plus de développement à ma
manière de considérer les gneiss, lorsque je traiterai des granits dans la partie minéralogique de
cet essai de géologie : mais il était nécessaire de
dire ici ce que j'entendais en général par le terme
de pays granitiques.

Les charbons qui existent dans des emplacements
de cette nature, sont presque tous en général de
bonne qualité; ils se gonflent en brûlant, et augmentent de volume en cet état, d'un tiers au
moins de leur grosseur ; ils se criblent de pores
en perdant leur bitume, et ressemblent alors à
une lave poreuse; Si lon éteint en cet état le charbon,
il conserve sa forme et a même quelquefois un
aspect brillant et un peu métallique, comme si
on l'avait couvert d'un vernis très-léger, de couleur d'acier ; il porte alors le nom de *coaks*, parmi
les Anglais; et en France, celui *de charbon épuré*,
ou de *charbon désoufré* ; sa cendre, lorsqu'on
le laisse entièrement brûler, est grise et sèche
au toucher.

Un caractère particulier, propre au charbon
des pays granitiques, c'est que, soit qu'on l'emploie en gros morceaux, ou en poussière dans les

forges, avant de l'avoir réduit en coaks, il ne
manque jamais de se gonfler, de s'agglutiner et
même de se coller fortement avec les autres morceaux, quelque petits qu'ils soient, pour ne former
qu'une seule et même masse qu'on est obligé de
soulever et de rompre avec des baguettes de fer; et
dans les cheminées, en Angleterre, avec le *poker*;
sans quoi, l'air n'étant plus libre de pénétrer
dans cette masse embrâsée ainsi réunie, le feu
ne tarderait pas à s'affaiblir et perdrait bientôt
son activité.

Ce charbon est connu dans le commerce sous
le nom de *charbon gras*, de *charbon collant*, de
charbon maréchal, c'est le *smith coal* des Anglais, appelé ainsi, parce qu'il a, à juste titre, la
préférence sur tout autre, pour l'usage de la forge
parmi les serruriers et les maréchaux. En effet, il
se prête merveilleusement à leur opération, moins
parce qu'il produit un feu vif et ardent, que par la
propriété qu'il a de s'agglutiner et de se boursoufler,
car il arrive nécessairement par-là, qu'il se forme
bientôt devant le tuyau du souflet, une sorte
de voûte, qui permet d'y placer et de retirer les
objets qu'on forge, et qui sont chauffés dans tous
les sens comme dans un feu de reverbère. Le
même avantage ne peut pas avoir lieu avec les
charbons des pays calcaires, non plus qu'avec le
charbon de bois ordinaire; car l'on sait que quoique ce dernier puisse être employé par les maréchaux et par les serruriers, lorsqu'ils ne peuvent

pas se procurer du charbon de terre, il faut avoir
néanmoins l'habitude de s'en servir.

Le charbon des pays granitiques produit une
flamme moins allongée que celle des charbons des
pays calcaires ; la fumée qui s'en exhale, n'apoint
une odeur fétide, celle-ci est plutôt résineuse qu'al-
kalescente, et même lorsqu'elle est très-atténuée,
elle a quelque chose qui tient de celle du succin. Aussi
l'odeur du bon charbon de terre *collant*, loin d'être
mal saine et désagréable, paraît amie des nerfs,
et plaît à ceux qui ont l'habitude de faire usage
de ce combustible. Il est bon d'observer que je
ne parle ici que des molécules odorantes qui
s'émanent lorsqu'on brûle du charbon de terre
dans des cheminées à grilles, construites sur de
bons principes, telles que celles qu'on fait en Angleterre, ou celles de Desarnod, à Paris, et non
d'une masse de vapeur qui se répandrait dans un
appartement, si la cheminée n'entraînait pas toute
la fumée ; car alors le bois serait lui-même aussi
incommode et sa fumée plus dangereuse que celle
du charbon de terre. Je m'étends peut-être trop
sur ces détails, mais ils tendent à caractériser les
bons charbons de terre, à démontrer combien la
division que j'ai établie devenait nécessaire, et il
s'agit ici d'un combustible qui fait une des principales richesses de l'Angleterre, et dont on ne
sent pas encore en France toute l'utilité pour les
usages économiques, et particulièrement pour les
grandes manufactures.

Le charbon des pays granitiques est d'une contexture ordinairement lamelleuse; les lames minces
et brillantes qui le composent, sont tantôt juxtapo-
sées les unes sur les autres , tantôt entremêlées.
Lorsque les lames sont lâches et peu adhérentes,
le charbon est friable, et sujet à s'exfolier et à se
réduire en miettes. C'est en cet état qu'il est
connu dans les mines si riches du Lyonnois, du
Forez, des Cévennes, et même en Flandre, sous
le nom de *houille*; et, quoique la qualité en soit
très-bonne, son état de division ne permet pas
d'en faire usage dans les cheminées, d'une manière
aussi commode que lorsqu'il est divisé en gros
morceaux, et il se vend alors à un prix plus bas.

Dans quelques mines, et ce sont en général les
meilleures, les couches de charbon sont plus
épaisses, ont une plus grande consistence, qui
permet de les extraire en gros morceaux; le transport en est plus facile, et cette espèce de charbon
est recherchée pour l'usage des cheminées, des
poëles, et des autres fourneaux. C'est parmi cette
sorte de charbon qu'on en trouve assez souvent
dont les lames sont disposées en stries longitudinales : ce qui donne aux morceaux qui ont cette
configuration, une fausse apparence de bois. Ces
stries sont d'un noir très-brillant, mais leur éclat
diffère de celui des charbons changés en jayet,
en ce que ceux-ci, quoique luisants, ont un grain
serré et uni, dont le poli naturel a quelque chose
d'onctueux ; tandis que les lames , les stries , ou

les écailles des charbons collants ont un œil vitreux
et brillant, semblable à celui du spath calcaire, s'il
était noir.

Enfin , l'on trouve aussi quelquefois de ce
même charbon où la matière a éprouvé un retrait
qui paraît affecter la forme cubique. Les mines
des environs d'*Edinburgh*, celles de *Glascow*,
qui sont de l'espèce la plus parfaite, ont des morceaux qui ne paraissent, pour ainsi dire, composés
que d'une multitude de petits cubes de charbons,
engrainés les uns dans les autres , et qui se détachent avec facilité.

Lorsque j'ai dit que les lames striées de certaines
espèces de charbon de terre avaient une fausse apparence de bois, je n'ai pas eu intention d'énoncer
par là que les charbons des pays granitiques ne
devaient pas leur origine à des bois; car, quoique ces
stries longitudinales n'offrent en effet qu'un caractère apparent de bois, qui n'est dû qu'à la disposition et à l'arrangement des lames, l'on trouve
néanmoins dans les mêmes charbons quelquefois
des parties où le bois peut encore être distingué,
et les résultats de l'analyse sont entièrement favorables à l'opinion que ces charbons, ainsi que les
autres, doivent leur naissance à des végétaux.
L'on sait d'ailleurs que des empreintes de diverses
espèces de fougères exotiques, et des plantes de la
nature des bamboux, des roseaux, des palmiers,
des feuilles de bananiers, etc., recouvrent la plupart des mines de charbons des pays granitiques.

Toutes ces empreintes, soit qu'elles se trouvent sur des grès feuilletés quartzeux, ou sur des schistes argileux, sont en relief d'un côté et en creux de l'autre. La matière de la plante a souvent disparu, soit que les molécules aient été absorbées par les parties environnantes, ou qu'elles aient été changées en charbon, ainsi qu'on le remarque sur certaines de ces empreintes.

Il reste un grand travail à faire sur ces plantes qui gissent au-dessus des mines de charbon, souvent à de très-grandes profondeurs; cet herbier souterrain manque à l'histoire naturelle. Je ne doute pas qu'on n'en tirât des faits précieux pour la théorie du globe, à présent sur-tout que la botanique s'est enrichie de tant de plantes de la Nouvelle-Hollande, qui peuvent fournir des objets de comparaison qui nous manquaient avant la découverte de cette cinquième partie du monde.

Du gissement des mines de charbon des pays granitiques.

Les mines de charbon qui forment la division qui nous occupe, ne sont jamais déposées à nu sur le granit, mais dans des espèces de baies, ou dans de vastes bassins excavés par les mers, ou formés par des montagnes qui se sont abîmées. C'est dans ces grands réceptacles que les courants transportaient alternativement les *argiles*, les *sables quartzeux*, le *mica*; en un mot, les matières plus ou moins usées, plus ou moins altérées des granits. Ces

détritus de roches anciennes paraissent être arrivés
tantôt lentement et d'une manière progressive, et
s'être stratifiés en couches plus ou moins épaisses;
tantôt les mers qui les apportaient entraînaient les
plantes si nombreuses et si abondantes de la mer,
les molusques et les polypes qui s'en nourrissent, les
cadavres huileux de tant de poissons qui périssent
et qui ne sont pas tous dévorés par d'autres animaux marins qui meurent à leur tour, et s'accu-
mulaient pêle-mêle avec les produits de la végétation terrestre, que les grands fleuves qui
devaient exister alors transportaient de loin et
réunissaient, d'après la direction des courants,
dans des places qui leur étaient propres; d'autres
fois, l'action des grandes marées déposait sur ces
couches de matières combustibles, des couches de
sable quartzeux si abondant dans le sein des mers,
et que les fleuves y entraînent à leur suite; enfin,
dans d'autres circonstances et à d'autres périodes,
des bois et des végétaux divers arrivaient de nouveau, et se déposaient à leur tour sur les sables ou
sur les argiles, et y formaient des couches alter-
natives, plus ou moins épaisses, de ces terres, de
ces végétaux et des résidus combustibles des poissons, des molusques, et des autres productions
animales ou végétales de la mer.

Si le fond sur lequel reposaient tant de matières
transportées à diverses reprises, était plane et uni,
les dépôts formaient alors des couches parallèles
et horizontales; mais si la base était inégale et

irrégulière , ou creuse, ils suivaient la même
direction. C'est ce qui sert à expliquer pourquoi
l'on trouve des mines de charbons en masses irrégulières, en espèce de pelotons, en lits tortueux
ou ondulants.

Ces divers dépôts qui ont donné naissance aux
mines de charbon, ayant eu lieu pendant de longs
espaces de temps, il a dû en résulter cette suite
alternative de couches qui occupent de grands
espaces, s'élèvent à des hauteurs considérables,
et s'enfoncent à des profondeurs que les travaux
des hommes ont de la peine à atteindre. Combien
n'a-t-il donc pas fallu que la nature ait été féconde et durable pour produire tant de bois, tant
de plantes ensevelies couches par couches sous
les décombres que les eaux ont arrachées des
montagnes à l'aide des fleuves, ou qu'elles ont
extraites par la rapidité des courants ou le balancement des marées du vaste réservoir qui contient les grands océans?

Lorsqu'on médite sérieusement sur des faits de
cette nature et sur la longue durée de cette seule
période, notre faible imagination en est effrayée, et
l'on ose à peine jeter un regard timide sur cette
suite indéfinie de siècles; mais l'homme studieux
qui s'occupe de la recherche de la vérité, qui la
poursuit, non sur des inductions idéales, mais sur
des faits réels, visibles et palpables, que rien au
monde ne saurait effacer, peut-il se refuser de
croire à des objets qui frappent ses sens, et dont

les caractères, l'analyse et les résultats lui montrent à de grandes profondeurs dans la terre, et
entre des couches de matières pierreuses, des
dépôts immenses de corps organisés du genre végétal, qui doivent leur origine à des bois et à des
plantes dont il peut encore reconnaître plusieurs
espèces, et dont les analogues ne vivent que sous
des latitudes lointaines et dans des régions brûlées
par un soleil ardent ?

J'ai dit que les charbons qui gissent dans les
pays calcaires étaient quelquefois adhérents à la
pierre de cette espèce ; il n'en est pas de même de
ceux qui existent dans les contrées granitiques :
jamais on ne les trouve juxtaposés directement et
encore moins attachés à cette roche de très-ancienne
formation. J'ai observé constamment, dans cette circonstance, que des couches de sable granitique
détaché et usé par le frottement, que du sable
purement quartzeux ou solidifié en grès, que des
brèches ou plus souvent encore des poudingues,
des argiles et d'autres matières de transports,
sont intermédiaires entre le granit et le charbon.

Les naturalistes qui se livrent à l'étude du gissement des mines de charbon, ou ceux qui sont
déjà versés dans cette belle, mais difficile partie
de la topographie souterraine, reconnaîtront, à
ce que j'espère, que la distinction importante que
j'établis entre les charbons des pays calcaires et
ceux des pays granitiques, est le résultat d'une

longue et constante observation, et d'une suite de
faits qui sont dans l'ordre de la nature.

*Des mines de charbon recouvertes par des laves
ou par d'autres productions volcaniques.*

On ne saurait révoquer en doute que là où de
grands incendies souterrains se sont manifestés,
l'action des volcans n'aie été telle, que de vastes
courants de matières mises en fusion se sont
propagés au loin, et ont recouvert des terrains
d'une autre formation, sans les altérer et sans
en effacer les caractères. L'Etna, qui n'est qu'un
volcan du troisième ordre, à côté de ceux des
Cordillières, ou de ceux qui ont embrâsé autrefois
la Campanie, une partie de l'Italie, l'Auvergne,
le Vivarais, etc., nous a fourni plusieurs fois des
exemples de ce que j'avance ici. On l'a vu,
dans quelques éruptions d'une grande violence,
projeter des fleuves de laves qui ont découlé jusqu'au-delà de Catane, et sont entrés tout bouil-
lants dans la mer, où ils ont formé d'énormes
jetées, qui donnent une grande idée des forces
et de la puissance de la nature dans ces sortes
d'opérations.

Quelques personnes ont cru qu'il était contra-
dictoire de supposer que des laves en état de fusion aient pu recouvrir des mines de charbon,
sans les embrâser et les réduire en cendres; elles
se servent de cette objection pour en conclure que

les matières que les minéralogistes volcanistes regardent comme des laves compactes basaltiques,
ne sont pas le produit du feu, mais celui de l'eau,
et doivent rester dans le domaine de Neptune. Je
discuterai cette question dans le second volume, à
l'article des laves compactes; car je dois me restreindre ici à ce qui regarde les charbons.

Je ne sais si je ne suis pas le premier (mais
peu importe) qui fit connaître, il y a plus de
vingt ans, une mine de charbon recouverte par
une coulée de lave compacte, qui avait éprouvé
un retrait prismatique, et où la matière que je
considère comme ayant été mise en fusion, n'est
séparée du charbon que par une couche argileuse,
qui n'a tout au plus que trois pieds six pouces
d'épaisseur ; cette terre argileuse est mêlée elle-
même de plusieurs parcelles de charbon. C'est
dans le département de la Haute-Loire, dans un
lieu nommé *l'Aubepin*, qu'existe cette mine, dans
laquelle l'on avait déjà commencé des travaux à
cette époque. L'on peut consulter ce que j'en ai
dit dans la description des volcans éteints du Vivarais et du Velay.

J'ai visité, depuis cette époque, un grand nombre
de mines de charbon recouvertes par des laves,
où le charbon n'avait pas souffert; cela doit être
ainsi par deux causes bien sensibles. La première,
c'est que la mer recouvrant le sol où ces antiques
volcans manifestaient leur puissance, il en résul-
tait que les laves qui en découlaient pouvaient

s'étendre impunément sur les couches pierreuses ou argileuses qui renfermaient ces mines de charbon, doublement garanties de l'action du feu, d'abord par les couches supérieures, secondement par l'eau qui recouvrait le tout. Si l'on voulait même supposer que ces volcans d'ancienne origine n'eussent pas toujours eu leurs pieds baignés par les eaux de la mer, l'objection sur la combustion des charbons ne se soutiendrait pas davantage; car l'on sait que si le Vésuve lui même porte ses laves jusque sur les terrains cultivés et fertiles qui entourent ses flancs, si ces laves dans leur état de fluidité et de plus grande incandescence, enveloppent très-promptement et de toute part des portions d'arbres, et les dérobent au contact de l'air, elles se charbonnent, mais elles restent renfermées dans la lave sans se réduire en cendre, ainsi que l'a très-bien observé Breislack : or, quelle différence d'un bois isolé, très-susceptible d'embrâsement, d'avec le charbon de terre qui ne peut brûler qu'à l'aide de beaucoup d'air, et qui gît en grandes masses entre des couches de pierres ou de terres, qui les défendent de l'action d'une forte chaleur.

Les mines de charbon de *Jaugeac*, en Vivarais, non loin de la ville d'Aubenas, sont recouvertes par des laves boueuses; les mines considérables qui existent entre *St.-Andrews* et *Largo*, celles de *Leven*, de *Dysart*, de *Kirkaldy*, en Ecosse; les belles mines de *Kukross*, à seize milles

d'*Edinburgh*, ainsi que celles qui sont ouvertes
autour et à l'extrémité du bras de mer qui baigne
le pied de l'éminence sur laquelle est bâtie la
ville de Stirling, depuis *Caron*, *Falkirk*, *Lin-
lithgow*, etc., sont recouvertes de produits volcaniques divers, et les laves reposent de toutes parts
sur les bancs de grès quartzeux qui renferment
un si grand nombre de mines de charbons, en
exploitation, qui font la richesse du pays. Les
fameuses mines du mont *Meissner*, dans le pays
de Hesse-Cassel, sont dans le même cas que les précédentes; j'ai fait un voyage exprès pour les
visiter avec toute l'attention possible, et je ne
doute pas que les laves prismatiques qui recouvrent
ces mines de charbon si curieuses, n'aient été
autrefois dans un état de fusion complète; j'aime-
rais autant contester l'existence d'une coulée de
lave que je verrais moi-même sortir de la bouche
embrâsée du Vésuve ou de l'Etna.

Je n'ignore pas que quelques naturalistes, et
notamment M. Werner, ne considèrent pas les
laves compactes prismatiques en masses, qui recouvrent les mines de charbon, notamment celle
du mont Meissner qu'il a visitée, comme les produits d'un incendie souterrain qui a mis ces matières en fusion. Mais, quelque respect que j'aie
pour les opinions d'un aussi habile minéralogiste,
comme j'ai vu la même montagne, et que j'ai
mis le temps et l'attention nécessaire pour l'observer et l'étudier avec soin, j'avoue de bonne

foi que je suis d'un sentiment contraire , et si je me trompe, c'est la faute de mon ignorance et non de mon entêtement, car je cherche la vérité de bonne foi ; j'ai une assez grande habitude des roches de Trapp, que je n'ai jamais mises au rang des produits volcaniques, pour ne pas les confondre avec des laves compactes prismatiques , que je regarde plus que jamais comme l'ouvrage du feu : leurs formes colonnaires sont pour moi le résultat d'un réfroidissement qui a eu lieu d'une manière extrêmement lente dans le sein profond des volcans ; mais je reviendrai sur cet objet dans la partie minéralogique de cet ouvrage.

La distinction que j'ai établie entre les mines de charbon des pays calcaires et celles des pays granitiques, me dispensera de publier ici la longue nomenclature des espèces, et des variétés décrites par divers auteurs , particulièrement par les minéralogistes allemands, d'après la couleur , la contexture, la cassure, l'éclat, la pesanteur, etc.; je me contenterai d'en examiner trois ou quatre principales sous leurs rapports chimiques, et elles rentreront naturellement dans les deux divisions que j'ai cru devoir adopter, en les considérant principalement sous leurs gissements géologiques.

Lorsque je fis au jardin des Plantes, à Paris, en 1785, des expériences très en grand, et qui durèrent plusieurs mois, pour extraire du charbon de terre un bitume qui pourrait être employé pour remplacer avec avantage le goudron ordinaire,

MM. Lavoisier et Bertholet furent chargés par M. de Castries, ministre de la marine, d'examiner ce bitume minéral. Ces académiciens lui rendirent compte, dans un rapport fait le 13 octobre 1785, du résultat de leurs expériences faites avec beaucoup de soin. Ces deux célèbres chimistes cherchèrent d'abord à déterminer, en opérant dans des vaisseaux clos, la quantité de bitume que le charbon de Decise, en Nivernais, connu dans le commerce sous le nom de *charbon sec*, et celui des Cévennes, tiré des mines voisines d'Alais, qui est de très-bonne qualité et de l'espèce désignée sous la dénomination de *charbon gras*, de *charbon collant*, de *charbon maréchal* pourraient produire.

J'avais prévenu ces savants que, dans les expériences faites en grand, (1) j'avais reconnu que le

---

(1) M. Fourcroy, dans ses éléments de chimie et d'histoire naturelle, a dit, en parlant de ces expériences, qu'elles ont très-bien réussi *en petit*; mais c'est une faute d'impression, sans doute, que je ne relève que parce qu'elle se trouve répétée dans un des ouvrages le plus marquant de ce célèbre auteur, le *Système des connaissances chimiques*. Les expériences faites au jardin des plantes, sur le goudron minéral, eurent constamment lieu dans un fourneau construit en maçonnerie, qui ne contint jamais moins de treize mille livres de charbon, par opération, et qu'on renouvelait en entier, de quarante-huit en quarante-huit heures.

charbon de Decise, quoique de l'espèce appelée
sèche, donnait beaucoup plus de bitume que le
charbon gras, malgré que ce dernier eût l'aspect
plus luisant et plus bitumineux. Le résultat de leur
expérience confirma cette vérité ; je transcris ici
cette partie de leur rapport, parce qu'il a été
imprimé dans un livre qui est devenu très-rare.(1).

« Nous avons commencé par déterminer les
» produits de la distillation de deux espèces de
» charbon.

» Quatre onces de charbon ont donné, huile,
» deux gros quarante-cinq grains. onc. 2 gros 45 gr

» Charbon léger, poreux et bril-
» lant, connu sous le nom de *coaks*,
» ou *charbon épuré*, deux onces
» trois gros six grains 2   3   6

» En employant l'appareil pneu-
» mato-chimique, la meme quan-
» tité de charbon a fourni trente à
» trente-une pintes de gaz inflam-
» mable.

» Une égale quantité de charbon

---

(1) Essai sur le goudron du charbon de terre, sur les
différents produits de ce combustible fossile, tels que
le bitume solide, l'huile minérale, le naphte, l'alkali
volatil, l'eau styptique propre à la préparation des cuirs,
le noir de fumée, le coaks ou charbon épuré, par B.
Faujas. Paris, imp. royale, 1790, in 8°., un vol. de
132 pages.

» des Cévennes a donné seulement,   onces.   gros.   grains.

» huile, un gros   1

   » *Charbon épuré*, trois onces

» un gros soixante-trois grains. . . 3   1   63

   » Dans ces expériences, le feu a été donné
» brusquement et poussé fortement sur la fin;
» nous avons répété la même opération sur quatre
» onces de charbon de Decise, en donnant le feu
» très-lentement, et nous avons eu deux gros qua-
» rante-quatre grains d'huile très-fluide, quoique
» plus pesante que l'eau; vingt-deux pintes et de-
» mie de gaz inflammable, et deux onces trois
» gros onze grains de charbon. Il résulte de ces
» expériences :

   » 1°. Qu'on peut retirer de cette manière (qui
» n'était pas celle de M. Faujas) du charbon de
» terre de l'espèce de celui de Decise, environ
» un douzième de son poids d'huile bitumineuse,
» c'est-à-dire environ huit livres et demie par
» quintal.

   » 2°. Que les charbons de terre peuvent diffé-
» rer considérablement dans leurs produits.

   » 3°. Que, soit qu'on brusque le feu ou que
» l'on conduise l'opération très-lentement, il n'y
» a pas dans les produits de différence qui mérite
» attention. »

   M. Kirwan a publié, dans le tome II, page
523 de ses Eléments de Minéralogie, édition
de 1796, l'analyse de plusieurs especes de charbon de terre d'Angleterre : voici le résultat abrégé

des produits de quelques - unes des espèces des meilleures qualités.

Analyse du cannel-coal, espèce de charbon semblable à peu de chose près à celui de Decise.

Sa couleur est noire, sa cassure est conchoïde ; les fragments sont un peu aigus ; il brûle avec une large flamme, mais de courte durée, laisse beaucoup de résidu charbonneux.

Sa gravité spécifique est 1.232.

66,5 grains de ce charbon suffisent pour alkaliser la même quantité de nitre.

Le même poids de. . . . . 66.5 grains,
en contiènent, carbone pur, . . . 5o
cendres , ... 2.08
et en déduisant 52.08 de 66.5
nous trouvons, bitume, ... 14.42

Charbon de Whitehaven, en Cumberland, une des meilleures espèces de charbon gras de l'Angleterre.

Gravité spécifique 1.257
Carbone . . . . 57.
Bitume 41.3
Cendres. 1.3

Si cette analyse est exacte, ainsi qu'il y a lieu de le croire, ce charbon est un des plus riches en bitume, en même temps qu'il est abondamment pourvu de carbone ; j'avoue que je ne conçois pas comment il ne contient point d'eau.

Charbon de Newcastle.

M. Kirwan nous apprend que l'analyse de ce
charbon n'a pas été faite par lui, mais par le
docteur Watson's, qui en a obtenu par la distillation quarante pour cent de bitume, et cinquante-
huit de coaks ou charbon épuré, ce qui le rap-
proche beaucoup de celui de *Whitehaven*; mais
l'on trouve le charbon de Newcastle mêlé de
beaucoup de pyrites, tandis que celui de Whitehaven n'en contient point.

Ces analyses faites par des hommes habiles,
sur les différentes espèces de charbons, suffisent
pour nous faire remarquer que les unes ont beaucoup de bitume, tandis que d'autres plus riches
en matières charbonneuses en contiènent très-
peu. L'ammoniaque abonde dans telle ou telle espece; telle autre en est presqu'entièrement dépourvue : mais la règle la plus certaine est que
les charbons qui gissent dans les pays granitiques
sont constamment les meilleurs; et en général,
susceptibles d'être convertis en coacks, et de
développer un feu ardent et soutenu, sans mani-
fester une odeur désagréable ; tandis que les
charbons des pays calcaires exhalent presque tous
une odeur fétide en brûlant, produisent de l'ammoniaque, de l'eau, du bitume en plus ou moins
grande proportion, et sont très-rarement susceptibles de former des coacks, sur-tout lorsqu'on

procède à leur combustion en plein air; car alors
ils se réduisent facilement en cendres, malgré les
précautions que l'on prend pour étouffer le feu; ce
qui s'exécute au contraire avec la plus grande facilité, lorsqu'on fait la même opération sur des
charbons de terre des pays granitiques, même
sur ceux d'espèces moins parfaites.

Il me reste à parler à présent d'une espèce particulière peu connue en France et même en Allemagne, sur laquelle M. Kirwan nous a donné
des renseignements, ainsi qu'une bonne analyse.
C'est le charbon de terre de Kilkeny, qui ne contient point de bitume, et qui réunit une si grande
quantité de principe carbonique, que le résultat
de son analyse chimique le met, pour ainsi dire,
presqu'à côté du diamant.

Charbon de terre de Kilkeny, en Irlande.

Ce charbon est d'un noir brillant, son lustre
a le reflet un peu métallique.

On le tire en gros morceaux de la mine; il noir-
cit très-peu les mains, se divise en fragments anguleux lorsqu'on le brise à coups de marteau, et
ses écailles les plus fines ont leurs bords très-
aigus.

On distingue dans les échantillons un peu gros,
quelques petites places disposées sans ordre, où la
couleur noire est plus foncée et plus mate, ce
qui provient de ce que ces espèces de taches sont
sans reflet.

La contexture du charbon de Kilkeny, à en
juger d'après les morceaux que j'ai été à portée
d'observer, est formée de l'aggrégation d'une multitude de petits carrés et de petits parallèlipipèdes
plus ou moins minces, plus ou moins réguliers,
composés d'éléments lamelleux, dont le système
général semble être divisé en très-petites couches,
si l'on peut appeler de ce nom des espèces de divisions linéaires qui tiènent peut-être à une sorte
de cristallisation confuse. Voici l'analyse de ce
charbon, faite par Kirwan :

Gravité spécifique. . . . . 1..526.
Carbone pur, quatre-vingt-dix-sept.trois. 97..3.
Cendres, trois.sept (1). . . . .   3..7.

Voila une espèce de charbon qui ne contient
pas un atôme de bitume, et qui est le plus riche
que nous connaissions en principe charbonneux ;
il n'est pas rare en Irlande, car les habitants des
lieux voisins des mines en font un usage journalier, et s'en servent comme combustible.

Cette espèce nous conduit, par une transition
naturelle, à l'anthracite ; on pourrait même la
considérer comme appartenant à cette dernière :
mais elle ne contient point de terre quartzeuse ni
de fer, et le veritable anthracite en donne par l'analyse ; le charbon de Kilkeny doit don être consi-

_____

(1) Eléments of minéralogy, by Richard Kirwan;
seconde édit. tom. 11, pag. 520.

déré comme une espèce particulière, comme un charbon de transition, qui se lie avec celui dont nous allons faire mention.

Anthracite.

Sa couleur noire a un luisant sombre.

Sa pesanteur spécifique, selon M. Haüy, est de 1.8.

Sa combustion est difficile; mais forte et vive lorsqu'étant allumé, on l'alimente avec beaucoup d'air. M. Haüy observe que l'anthracite est électrique par communication, et qu'il donne des étincelles à l'approche d'un excitateur, lorsqu'il est en contact avec un corps conducteur électrisé.

Voici l'analyse de l'anthracite du Bourbonnais, faite par Vauquelin :

Carbone, soixante-huit, ci . . . . 0.68.

Silice, environ trente. . . . . 0.30.

Fer, deux . . . . 0. 2.
_____
100.

L'on voit que le charbon de terre de Kilkeny a vingt-neuf de plus de carbone que l'anthracite dont il s'agit.

Il existe près de St-Symphorien de Lay, dans le Bourbonnais, sur la route de Roanne, une mine très-abondante d'anthracite; son gissement est dans une zone porphyritique, cela est vrai, mais elle est dans un terrain d'alluvion d'époque très-ancienne sans doute; cependant elle ne repose

pas directement sur le porphyre, ni elle n'en est
pas recouverte ; des terres argileuses lui servent
de gangue. Il est possible cependant que ces terres
limoneuses soient provenues de la décomposition
du porphyre ; mais l'examen des lieux ne permet
pas de douter que, dans ce cas, les sédiments por-
phyritiques très-atténués n'ayent été déposés, ainsi
que l'anthracite, par des alluvions marines postérieures à la formation du porphyre. J'ai observé
plusieurs fois les lieux ; d'abord, à une époque
où M. Jars y avait fait ouvrir un puits d'épreuve,
d'après des indications de charbon à fleur de terre ;
et long-temps après, lorsqu'une compagnie attaqua
cette exploitation plus en grand, et y fit beaucoup
de travaux.

Anthracite de la Mothe.

Il existe une mine très-abondante d'anthracite
près de la Mothe, dans le département de l'Isère.
Il y a plus de quarante ans qu'on en fait usage à
Grenoble pour le chauffage, dans des poêles de
fonte. Ce charbon est difficile à allumer ; mais
une fois qu'il est embrâsé, et qu'on établit un bon
courant d'air par le cendrier, il donne une chaleur
vive. Je n ai pas visité cette mine, quoique j'en
aye été fort près : je ne puis donc rien dire sur son
gissement.

Anthracite des Pyrénées.

M. Ramond fait mention, pag. 239 et 240 de

son Voyage au mont Perdu, de *vastes bancs presque uniquement formés d'anthracite*, au fond de la vallée de Héas (Plateau de Maihlet), gissants dans ce que ce voyageur appèle des *roches primitives*, mais *du second ordre, et de celles qui sont plus communément superposées au granit que mêlées avec lui.* A l'anthracite succède *un schiste argileux noir, un peu micacé et très-ferrugineux, mêlé d'une immense quantité de macles* (1). *La roche elle-même est colorée à l'extérieur par de l'oxide de fer, qui paraît dû à des pyrites décomposées ; et en effet, les veines d'anthracite sont souvent criblées de trous que leur forme porte à regarder comme les cases où ces pyrites étaient logées.*

L'anthracite des Pyrénées ne renferme, d'après Vauquelin, aucun indice sensible de fer, mais un peu d'argile et de terre quartzeuse : le reste est du carbone.

Anthracite de Schemnitz, en Hongrie.

M. Jens Esmark nous apprend, dans un voyage minéralogique fait en Hongrie, et publié à Frey-Berg en 1798, que les montagnes dans lesquelles

---

(1) Voyez Traité de minéralogie de Haüy ; tom. 3, pag. 267 et suiv.

Ce savant minéraliste fait mention d'une macle qu'il appèle *quaternée*, parce qu'elle est formée de quatre prismes disposés en croix. M. Ramond lui en a fourni une belle variété, prise un peu au-dessus de l'anthracite.

se trouvent les importantes mines de Schemnitz
sont de porphyre syenite de *Werner*, qui est le
saxum metalliferum de Born. Cette roche n'est
pas formée en bancs distincts ; mais elle est souvent divisée, dit M. Esmark, par des fentes, sur-
tout sur le sommet du mont Zithna, le plus élevé
de ce canton, à deux lieues environ de Schemnitz.
Au pied de cette montagne sont *des terrains d'alluvion et des bois fossiles, les uns bituminisés,
les autres pétrifiés. L'anthracite* (kohlenblende)
ou charbon incombustible, est commune aux environs de Schemnitz (1).

L'on voit par ce qui vient d'être exposé ci-dessus, que l'anthracite existe dans les montagnes et
dans les sols d'ancienne formation, particulièrement dans ceux où les porphyres dominent. La
situation géologique de cette matiere charbonneuse
a déterminé quelques naturalistes à en tirer la
conclusion de l'existence du carbone, *indépendamment des animaux et des végétaux* (2).

Il n'y a pas long temps qu'on ne voulait pas
admettre que les mines de charbon dussent leur
origine à des bois et à des matières animales qui
s'y trouvent quelquefois mélangées, et lorsque je
soutenais formellement cette dernière opinion, il

_____

(1) Voyez le Journal des mines, n°. 47, pag. 860,
où l'on a donné l'extrait du voyage de M. Esmark.

(2) Voyez le savant Traité de minéralogie de Monsieur Haüy, tom. 3, pag. 309.

y a plus de vingt ans, je trouvai de rudes contra-
dicteurs qui s'efforcèrent de la combattre, et auxquels je ne répondis pas plus qu'à ceux qui niaient
l'existence des volcans éteints de l'Auvergne, du
Vivarais et du Velay, parce qu'il faut tout attendre
de l'instruction et du progrès des lumières pour
arriver à la vérité, ce qui vaut mieux que de
perdre son temps à des querelles.

Depuis lors l'on a cessé de révoquer en doute
l'origine des mines de charbon de terre, comme
dépendante des végétaux et des animaux, et
M. Haüy lui-même est pour l'affirmative (1),
ainsi que nos meilleurs chimistes (2).

» (1) La plupart des naturalistes regardent la houille,
» (et il faut en dire autant des autres substances bi-
» tumineuses), comme originaire des règnes végétal
» et animal. Cette origine paraît d'abord indiquée par
» les nombreux débris de corps organisés, très-recon-
» naissables, qui accompagnent la houille, tels que des
» dépouilles d'animaux marins, par des empreintes de
» différentes plantes, surtout de la famille des fougères,
» dans les argiles schisteuses qui forment le toit de la
» mine, par des bois encore en partie à l'état de bois,
» et en partie bituminisés ; de manière que l'on suit,
» pour ainsi dire à l'œil, toutes les nuances qui servent
» à lier les extrêmes. Les résultats de la chimie tendent
» à confirmer cette origine, en nous offrant, dans les
» produits de l'analyse de la houille, la monnaie, pour
» ainsi dire, des substances végétales et animales, etc.
» Traité de minéralogie, tom. 3, pag. 321.

» (2) La plupart des naturalistes, dit Fourcroy, re-

L'on sait que Dolomieu considérait l'anthracite comme provenant du carbone associé accidentellement à une certaine quantité de fer et de terre quartzeuse ; d'où M. Haüy conclut que les observations de Dolomieu sont d'autant plus importantes qu'*elles prouvent l'existence du carbone, indépendamment des animaux et des végétaux.*

J'ose penser différemment, en me guidant par l'analogie, et par la filiation exactement suivie, des charbons de terre, depuis leur état ligneux, jusqu'à celui où les caractères extérieurs, qui tiènent à l'organisation végétale, sont masqués ou entièrement effacés. Cette filiation nous conduit graduellement, et par nuances, jusqu'à une espèce de charbon plus riche encore en carbone

---

» gardent la houille comme le produit d'un résidu de » bois enfouis et altérés par l'eau et les sels de la mer. » On rencontre souvent au-dessus du charbon de terre, » des plantes et des bois en partie reconnaissables, et » en partie convertis en bitumes charbonnés. Il paraît » que c'est à la décomposition d'une immense quantité » de végétaux marins et terrestres, et à la séparation » de leur huile unie a de l'alumine, et à la matière » calcaire, qu'est due sa formation. On ne peut nier » que des matières animales n'entrent aussi dans sa » composition....... Il faut observer que l'ammoniaque » fournie en assez grande quantité par la houille, fa-» vorise l'opinion de son o igine animale. *Systême des connaissances chimiques, par Fourcroy, édit. in-4°. tom. 4. pag.* 512 *et* 514.

pur que l'anthracite : je parle du charbon de
Kilkeny.

Je me crois donc autorisé, d'après de tels rapprochements, à conclure que puisque nous ne connaissons
pas le jeu des affinités qui a modifié les amas de
bois, de végétaux et d'animaux marins, et les
a fait passer à l'état charbonneux où nous les
trouvons, il est bien plus naturel de puiser dans
ces résultats que de recourir, sans motifs et sans
preuves, à un carbone pré-existant, c'est-à-dire
inconnu, qui à l'exemple du véritable charbon,
d'origine vegétale et animale, est venu, on ne sait
d'ou, se placer en couches diverses, et alternes avec
des matieres étrangères. J'aime mieux croire que
ce sujet mérite un plus sérieux examen.

Lorsque je traiterai de la formation des granits,
des porphyres et des autres roches, dans la partie
minéralogique de cet ouvrage, je m'appuierai de cet
exemple et de ce beau fait, parfaitement analogue à la marche de la nature, pour en conclure
que ces antiques roches doivent leur origine a des
matériaux pré-existants, élaborés par les animaux
et par les végétaux, à une époque sans doute
bien reculée, où la surface du globe était dans
le même état où se trouve à présent celle que nous
habitons c'est-à-dire qu'elle était peuplée d'animaux et de végétaux de toutes espèces. Mais
comme on ne peut arriver à ces grandes et importantes questions, qu'après avoir parcouru les
données qui doivent nous y conduire, on voudra

bien ne considérer ce que j'avance ici, que comme
une pensée jetée au hasard.

Pour completter ce qui tient à l'histoire naturelle des végétaux fossiles, j'aurais dû faire mention du *caout-chouc* ou bitume élastique, trouvé
à une grande profondeur, dans les couches calcaires fissiles, au bas de l'escarpement de la montagne du *Mann-tor*, près de Castleton en Der-
byshire, ainsi que des belles empreintes de feuilles
d'arbres et de plantes, que j'ai découvertes, il y a
plusieurs années, à une demi-lieue de Chaumerac,
dans le département de l'Ardèche, au milieu d'un
schiste feuilleté, composé de terre quartzeuse et
de terre calcaire, recouvert de douze cents pieds
de tuffa volcanique, et de diverses espèces de
laves compactes.

Mais comme j'ai traité, dans deux mémoires particuliers, de ces divers objets, je renvoie aux Annales
du muséum, tom. Ier., pag. 161, pour ce qui concerne le caout-chouc ou bitume élastique du Der-
byshire, et au tom. II du même ouvrage, pour ce
qui est relatif aux empreintes des feuilles d'arbres
et autres végétaux, qui gissent sous diverses coulées
de matières autrefois mises en fusion par d'anciens
volcans. J'ai accompagné ce dernier mémoire de
deux planches où j'ai fait figurer plusieurs de ces
feuilles, qui ont été soumises à l'examen des botanistes Dejussieu, Lamarck, Desfontaines et
Thouin, qui en ont déterminé plusieurs espèces.

Ici se terminent les recherches et les discussions

géologiques que je m'étais proposé de publier dans cet Ouvrage sur le règne animal, et sur les produits de la végétation, considérés dans leur état fossile. Je réclame avec instance l'indulgence des lecteurs, et j'ose croire que ceux à qui ces matières ne sont pas étrangères, sentiront combien j'ai dû trouver d'obstacles et d'embarras dans un sujet si vaste, si grand et d'autant plus compliqué que j'étais en général entouré de faits obscurs, peu connus, vagues et quelquefois incohérents; qu'il a fallu les examiner, pour ainsi dire, un à un, les peser, les discuter, et les présenter dans leur véritable point de vue, autant du moins que mes faibles lumières ont pu le permettre. Ces faits destinés à établir les bases fondamentales de cet essai de géologie, offraient d'autant plus de difficultés, que les uns tenaient essentiellement à l'étude des productions nombreuses, et encore peu connues, de la mer, comparées à celles qu'on retrouve dans l'état fossile sur la surface du globe, d'autres à des quadrupèdes, à l'anatomie des animaux, à une multitude de productions du règne végétal, qu'on trouve ensevelies dans la terre et hors de leurs places primitives. Il était indispensable de les analyser, de rechercher leurs caractères, de s'attacher aux modifications diverses qu'elles ont éprouvées, et a leurs gissements actuels, dus a de grandes révolutions et a des revolutions de plus d'un genre. Il fallait lier graduellement ces faits et en former un ensemble qui pût se représen er sans

confusion à la pensée. Je suis bien éloigné sans doute
de croire que j'ai réussi : mais si la route que j'ai
tracée est approuvée, et peut mettre les autres sur
la voie de beaucoup mieux faire, mon but sera rempli. J'ai cru qu'il était impossible d'arriver à la connaissance exacte et positive du règne minéral qui
formera la seconde partie de cet ouvrage, sans s'être
livré auparavant à l'etude et à l'examen comparatif
et analytique des corps organisés, qui jouent le
premier rôle dans la nature vivante, et qui, lorsqu'ils cessent d'être animés, sont destinés à reparaître sous de nouvelles formes dans la nature
morte ; c'est là que nous les suivrons dans l'accumulation des montagnes calcaires ; nous oserons
même chercher à les atteindre au milieu des porphyres et des granits, et dans les combinaisons
diverses qui tiènent à la formation de ces roches
d'une si haute antiquité. C'est ainsi que nous verrons la matière solide du globe s'accroître par les
corps organisés, et l'eau, cet aliment universel
de la nature organique, sans cesse modifiée par
la lumière, diminuer dans le sein des mers en
raison directe de l'immense multiplication des êtres
vivants ; c'est ce qui formera, d'après un nouvel
enchainement de faits, le sujet de la seconde partie de cet essai de géologie.

F I N.

TABLE

DES CHAPITRES.

50.

TABLE
DES MATIÈRES.

toire naturelle, particulièrement à la géologie, p. 31.
Les critiques faites avec amertume par quelques dé-
clamateurs, contre ses ouvrages, sont vengées par
la multiplicité des éditions qu'on en publie; quelques
erreurs qu'il a commises tiennent au temps où il écrivait, et à l'état de la science, à cette époque page 32.

Bufle. Etait connu des anciens, d'après M. Caëtani,
et était le même que celui qu'on élève en état de
domesticité en Europe, page 330.

Burtin. A décrit et fait graver des tortues fossiles
trouvées dans les environs de Bruxelles, page 177.

C

Cachalot (os de) trouvé à onze pieds de profondeur, au milieu d'une marne argileuse, en creusant au fond d'une cave à Paris, dans la rue Dauphine, page 141.

Caïman. Voyez crocodile d'Amérique.

Camper (Pierre Camper). L'on voit en Hollande
dans son riche cabinet, dont son fils Adrien Giles
Camper a hérité, le dos entier d'une tortue, long de
quatre pieds et large de six pouces, page 180 Les recherches et les travaux de ce célèbre anatomiste, au
sujet du rhinocéros d'Afrique, pag. 199.

Carrières à plâtre des environs de Paris. Cuvier a
reconnu les restes de sept espèces de quadrupèdes
fossiles, parmi les ossements divers qu'on trouve dans
ces carrières, pag. 377.

Cétacés fossiles, page 139. En quel état et en quels
lieux on les trouve, page 140. Ossements de baleines
découverts en Italie, dans des sédiments argileux.
page 140; autres de la même espèce trouvés en An-

Nota Ce que j'ai écrit sur ces diverses espèces était

imprimé lorsque M. Geoffroy, professeur de zoologie
au muséum d'histoire naturelle, a publié dans le sep-
tieme cahier des Annales du muséum, tome 11, page
37, des observations anatomiques, page 53, sur le
crocodile du Nil, et une notice sur un crocodile
d'Amérique, qu'il regarde comme formant une nouvelle espèce. Je regrette de n'avoir pas pu citer ces
deux mémoires, dont le premier renferme de bonnes
observations anatomiques; et le second, des caractères décrits avec soin, mais qui ne me paraissent
pas assez prononcés pour me déterminèr à considérer
le crocodile d'Amérique, comme formant une espèce
particulière; cependant il faut attendre que de nouvelles recherches sur de plus grands crocodiles amé-
ricains, confirment ou détruisent les assertions de
M. Geoffroy.

CROCODILES FOSSILES. (des) Crocodile·minéralisé trouvé
dans la Thuringe, décrit en 1706 par Spener, dans
les *Miscellanea Berolinensia*, page 99, de l'année
1710. Ce mémoire renferme d'excellentes observations, pages 154 et 155. Tête de crocodile pétrifiée,
de l'espèce du gavial, du cabinet de Hesse-Darmstadt,
page 157. Tête pétrifiée de la même espèce de crocodile, du cabinet électoral de Manheim, page 161.
Tête d'un crocodile pétrifiée de la montagne de Rozzo,
sur les confins du Tyrol; ce crocodile est encore de
l'espèce du gavial, page 165. Portion de la tête
pétrifiée d'un gavial, du cabinet de Besson à Paris,
page 166. Tête pétrifiée et en partie pyritisée d'un
gavial trouvé dans les dunes, près de Honfleur,
pages 166 et 167. Crocodile fossile de la montagne de
Saint-Pierre de Maestricht : appartient à une espèce
particulière inconnue, page 168. On n'a jusqu'apré-

DES MATIÈRES. 479

sent trouvé nuls restes fossiles du crocodile d'Afrique. page 171.

CUVIER. Considère le caïman ou crocodile d'Amérique, comme formant une espèce particulière, page 151. Ses observations anatomiques sur les animaux sont très-utiles à la géologie, page 192. A reconnu dans les seules carrières à plâtre des environs de Paris, six espèces de quadrupèdes d'un genre inconnu jusqu'ici, et intermédiaires entre le rhinocéros et le tapir, page 377.

D

DEPRESTON. Possédait dans son cabinet à Liège une tortue fossile des carrières de Maestricht, très-remarquable par sa forme allongée, et semblable à une autre du même lieu, que Pierre Camper avait dans son cabinet; page 181.

DOLOMIEU. (Deodat) Ses voyages utiles dans les Hautes-Alpes, les Pyrénées, l'Auvergne, le Vivarais, l'Italie, la Sicile, le Vésuve, l'Etna, les îles Ponces, etc. page 32.

E

EDWARD. A fait connaître le premier le gavial ou crocodile du Gange; mais la figure qu'il a publiée est médiocre, page 151.

ELÉPHANTS. Des diverses espèces d'éléphants, page 237.

—Eléphant d'Asie ou des Indes. Ses caractères distinctifs, et des éléphants de la ménagerie du Muséum d'histoire naturelle de Paris, page 238.

—Eléphant d'Afrique. En quoi il diffère de celui d'Asie, page 245.

au milieu des couches calcaires et environnés de corps marins , page 305.

F

FORTIS Naturaliste, qui a fait d'excellentes recherches en géologie. Ses voyages, ses utiles travaux, page 27. Son opinion au sujet des restes de grands éléphants découverts dans les montagnes de Romagnano , page 302.

FISTULANES. Recherches sur ces molusques testacés, p. 79 et suivantes. On en compte plusieurs espèces , dont quelques-unes de fossiles : parmi lesquelles une dont l'analogue est dans la mer d'Amboine, page 85.

G

GANGE (crocodile du). En quoi il diffère de celui d'Afrique. Voyez au mot *crocodile*, page 150.

GÉOLOGIE. Grandeur et importance de son objet, p. 46. Etat actuel de cette science, page 46. Marche à suivre dans son étude, page 47. Ses progrès en Russie, par les travaux et les voyages de Pallas, *ibid.* En Allemagne , par le goût et l'application d'un grand nombre d'hommes studieux, page 9. En Suède, en Danemarck, page 15. En Angleterre , page 17. En Italie , par les vues philosophiques de Spallanzani, de Fortis, etc. page 26. Pourquoi cette science est encore si peu avancée en Espagne, page 28. Son état en France; il n'existe qu'une seule chaire de géologie dans la patrie de Buffon , page 31. Le sol de la France renferme de grandes richesses géologiques. Le nombre et le choix des collections d'histoire naturelle qui existent à Paris, offrent à la géo-

logie des ressources qu'on ne rencontre dans aucune
autre grande ville de l'Europe, page 40.

GÉRARD (Alexandre) a envoyé au Muséum d'histoire naturelle de Paris, de beaux succins fossiles
trouvés dans les tourbières pyriteuses du département de l'Aisne, page 424.

H

HOMME. L'on ne trouve aucun reste d'ossements humains, ni rien de ce qui a pu appartenir à son
espèce, au milieu des débris de tant de quadrupèdes et autres corps fossiles, dont la terre est
comme jonchée, page 352. Des crânes et autres ossements qu'on regardait comme des restes de géants,
sont des femurs et des tibia de grands quadrupèdes,
et des écussons de tortues pétrifiées, *ibid.*

HUMBOLD. Son infatigable activité, son savoir, et
le voyage de long cours qu'il a entrepris avec un
zèle et un courage admirables, enrichiront la physique générale et l'histoire naturelle en particulier,
page 14. Je faisais les vœux les plus sincères pour
que son voyage, qui durait depuis plus de six ans,
eût un terme heureux ; et je le manifestais publiquement dans cet ouvrage, lorsqu'on a reçu de
Lima, une lettre de ce savant, qui nous apprend
son retour en Europe, en septembre ou octobre
1803. Cette lettre adressée à M. Delambre, vient
d'être publiée dans le huitième cahier des Annales
du Muséum, et renferme des détails très-curieux
sur la cordillère des Andes, dont je ferai usage
dans la partie minéralogique de cet essai de géologie. Mais je trouve, dans cette lettre, un fait

très-important au sujet des quadrupèdes fossiles, qui n'ayant pas pu être placé dans le texte de mon ouvrage, parce que la lettre de M. Humbold vient d'arriver seulement, mérite d'être rapporté ici « J'a- » joute, dil ce savant voyageur, qu'en outre des » dents que nous avons envoyées à Cuvier, du pla- » teau de *Santafë*, de 1,350 toises de hauteur, nous » lui en conservons d'autres plus belles, les unes » de l'éléphant carnivore (éléphant de l'Ohio), les » autres d'une espèce un peu différente de celle » d'Afrique, du val de *Timana*, de la ville d'*Ibarra*, » et du *Chili*. Voilà donc constatée l'existence de » ce monstre carnivore, depuis l'Ohio, ou le 5o d. » latitude boréale, au 35 d. austral ». Voyez Annales du Muséum, huitième cahier, page 177. *Lettre de* M. Humbold, *adressée à M. de Lambre*. M. Cuvier n'a point reçu l'ancien envoi que lui avait adressé M. Humbold ; mais comme ce célèbre voyageur a conservé des dents fossiles encore plus parfaites des mêmes éléphants, il faut attendre qu'elles arrivent. J'ai fait mention de celles que Dombey avait envoyées du Chili.

HOWARD (M. Philippe). A cru pouvoir concilier le récit de Moïse, avec l'histoire de la terre et des hommes, page 19.

I

ILES Lachoff, vers la mer glaciale. Une de ces îles n'est presque formée uniquement que d'ossements de grands quadrupèdes fossiles, de sable et de glace, d'après le voyage du capitaine Billing, p. 351 et. 352

Tome Ier.   51

et décrits par M. Jefferson, président des états unis, page 517. Cuvier considère le mégalonix comme devant être placé systématiquement à côté des tatous, des fourmilliers, ou des paresseux, page 318. Observations sur cette opinion, page 319. Le mégalonix semble devoir former un genre particulier, page 374.

Merck a fait mention, dans une lettre adressée à Forster, d'un crocodile pétrifié des carrières d'Altorff, et il le rapportait avec raison au crocodile des bords du Gange, page 158. Ses observations sur le rhinocéros à deux cornes, page 198. Il parle dans la même lettre des restes de vingt-deux rhinocéros trouvés dans la seule Allemagne, page 207.

N

Nomenclature (*la*). Les minéralogistes qui ont fait usage des nomenclatures chimiques, pour la désignation des minéraux, n'ont pas été aussi conséquents que les chimistes, page 396. Inconvénients qui résultent de cette marche inverse de l'histoire naturelle, page 397.

O

Ours. Espèce de grand ours fossile, dont les crânes et autres ossements se trouvent dans l'intérieur des cavernes de Gailenreuth, page 396.

P

Pallas. Ses voyages dans le nord, page 8; ses découvertes et ses importantes observations sur les restes des grands quadrupèdes fossiles, page 9. Il a fait connaître et a décrit le rhinocéros trouvé avec

Q

31.

R

S

Succin fossile découvert dans la tourbe pyriteuse du
département de l'Aisne , page 425. On en trouve
qui adhère au bois pyriteux de cette espèce de tourbe
ligneuse, page 426.

Symore. Animal inconnu dont on trouve les restes à
Simore. Cet animal est rapproché de l'éléphant de
l'Ohio, page 275.

T

Tarets. Différence des tarets et des fistulanes, p. 88.
Il existe deux espèces de tarets , qui ont percé des
bois changés en silex, page 393.

Tête pétrifiée d'un grand quadrupède, trouvée auprès
des montagnes noires en Languedoc, du cabinet de
Dedrée beau-frère de Dolomieu, est regardée, par
Cuvier, comme appartenant à un tapir gigantesque,
page 375.

Tortues fossiles. Des tortues fossiles en général, page
174. On en trouve dans les carrières calcaires des
environs de la ville d'Aix en Provence , p. 175.
Ainsi que dans les environs de Melsbroeck, dans la
Belgique , près de Bruxelles, page 177. On en a découvert de grandes dans les carrières de Maestricht ,
page 180. Et une petite dans celle du grand Charonne,
près de Paris, page 183. Résumé général sur les tortues fossiles, page 185.

Tourbes. Tourbes ligneuses et pyriteuses du département de l'Aisne , page 514. Des divers lieux où l'on
trouve la même espèce de tourbe, page 415. Ordre
des couches de la mine de tourbe pyriteuse de Mailli,
près de Laon , page 416. Celles de Luzanci sont
creusées à quarante-un pieds de profondeur, p. 417.

V

U

Urus (l') n'est point une variété du bœuf ordinaire, mais une espèce distincte, page 331. Opinion de Pallas sur l'*urus* de Jules-César; il le regarde comme le *bonasus* d'Aristote, le *monops* d'Elien, le taureau sauvage de la Péonie, page 331. Urus de Lithuanie, p. 339. Observé par Pallas et par Gilibert, *idem*. Les grandes cornes fossiles qu'on trouve en beaucoup d'endroits, et qu'on regardait comme ayant appartenu à l'urus, sont d'un bœuf qui en diffère, page 342. Leurs descriptions et leurs dimensions, page 343. Celles-ci forment deux espèces, pages 343 et 345. Pourraient bien avoir appartenu à des bœufs gigantesques de l'Inde, page 359.

ORDRE

DES PLANCHES.

ERRATA.

Page 16, ligne 10. *Teyloriene ;* lisez : teylérienne.

Page 18, ligne 26. *Une partie de la presqu'île de l'Inde ;* retranchez cette phrase et lisez seulement : *qui sont allés en Egypte.*

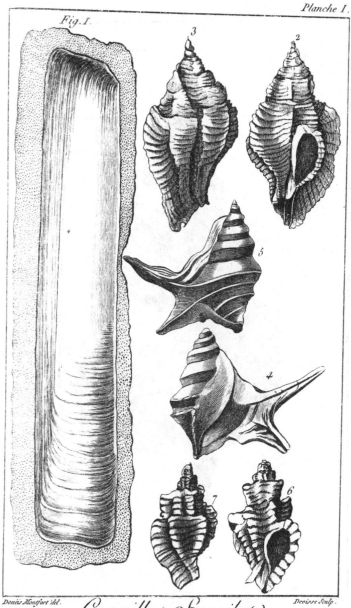

Fig.I.

3

2

5

4

7 6

Denis Montfort del.   Devisse Sculp.

Coquilles Fossiles
dont les Analogues sont connus.

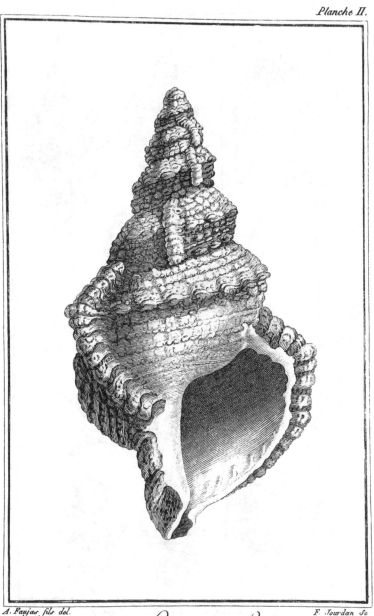

A. Faujas fils del.   F. Jourdan Sc

Murex Lampas Fossile.

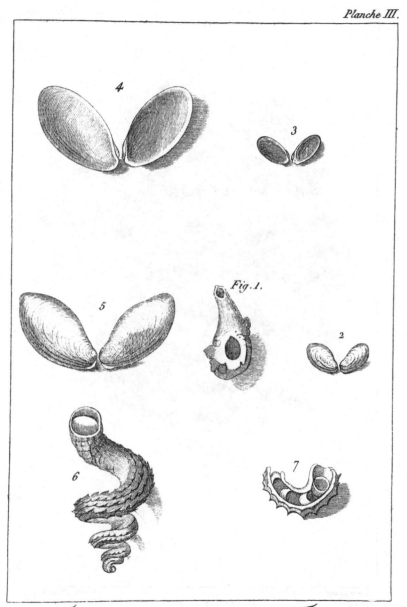

Fistulane et Siliquaire Fossiles.

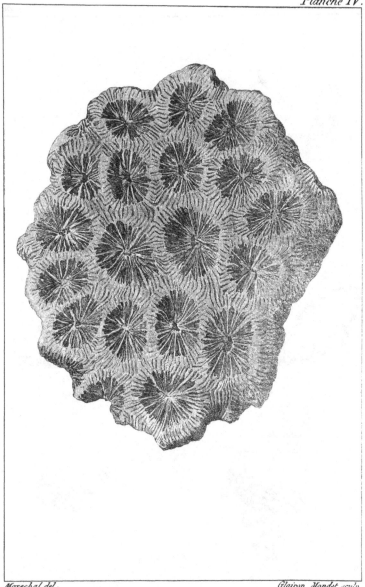

Madrepore pétrifié dont l'analogue est connu

Poissons fossiles de Vestena-nova dans le Veronnois.

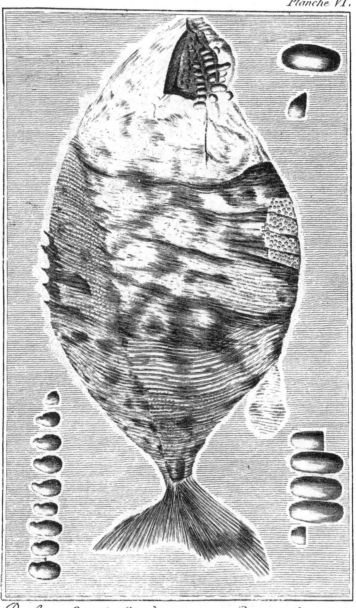

Planche VI.

Poisson fossile de Vestena-nova dans le Veronnois.

Poisson fossile, près le hameau de Veÿ-lou-Rane
au dessous du Chateau de Rochescauve, en Vivarais.

Pl. VIII.

Marechal del.

Benoit sculp.

Poisson de Grandmont dans l'arondisem.t de Beaune en Bourgogne.

Pl. VIII (bis)

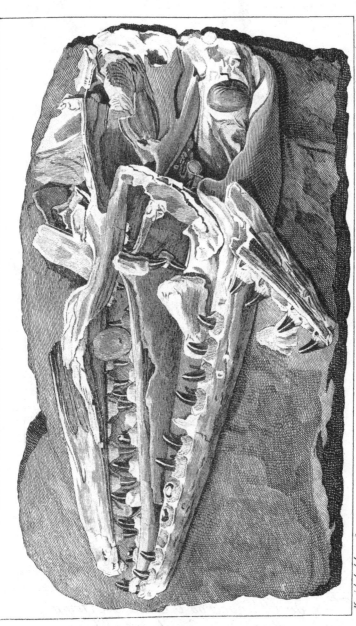

Sophie de Lingne sculp.

Tête du Crocodile fossile
de la Montagne de Sᵗ. Pierre de Maestricht.

Maréchal delineavit

Fig. 1ere

2

3

*Tête du Rhinoceros d'Asie, d'Afrique,
et de celle trouvée fossile en Siberie.*

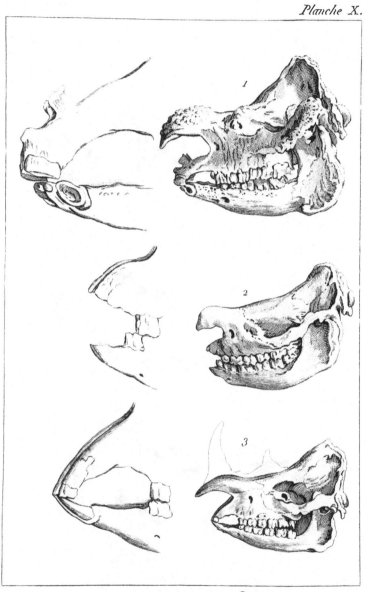

Squelette de la Tête du Rhinocéros
d'Asie, d'Afrique, et de Sumatra.

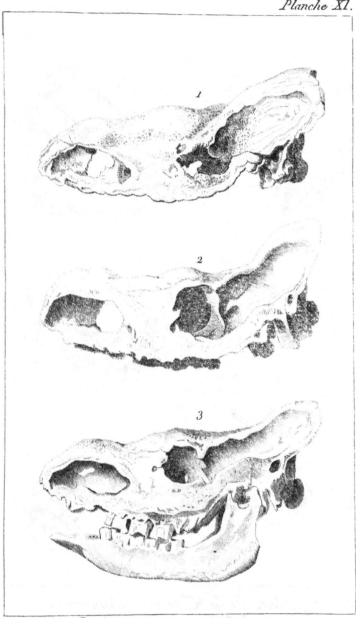

1

2

3

Têtes fossiles de Rhinoceros.

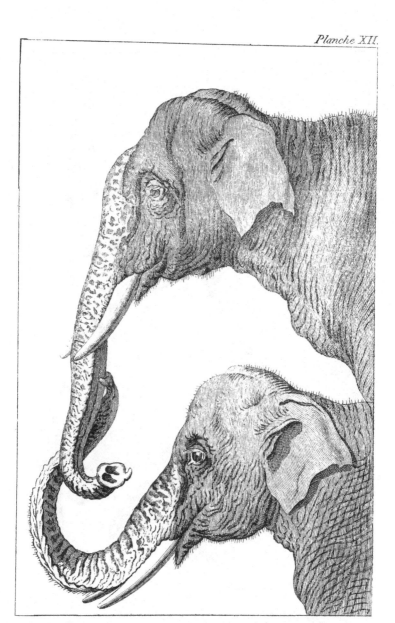

Éléphants mâle, et femelle de Ceylan,
Dessinés d'après ceux de la Ménagerie
du Jardin des Plantes de Paris.

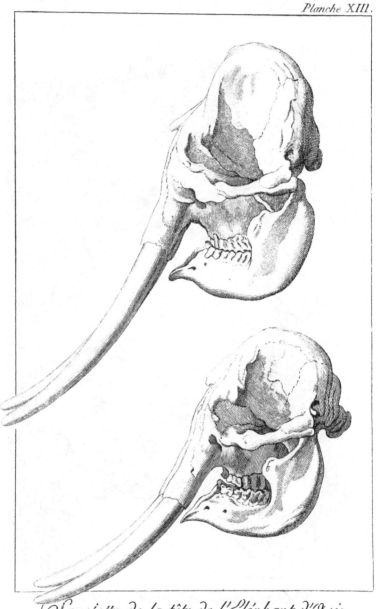

*Squelette de la tête de l'Eléphant d'Asie,
et de celui d'Afrique*

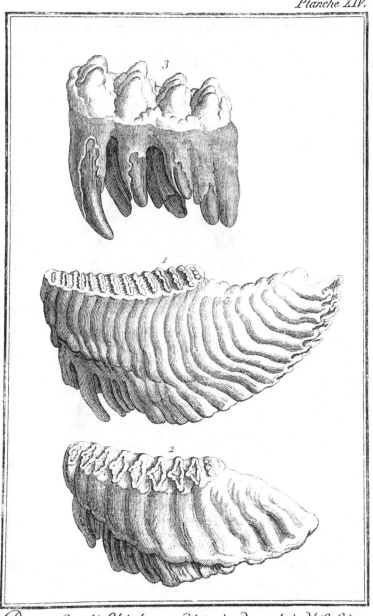

Dents de l'Éléphant d'Asie, de celui d'Afrique,
et d'Animal inconnu de l'Ohio.

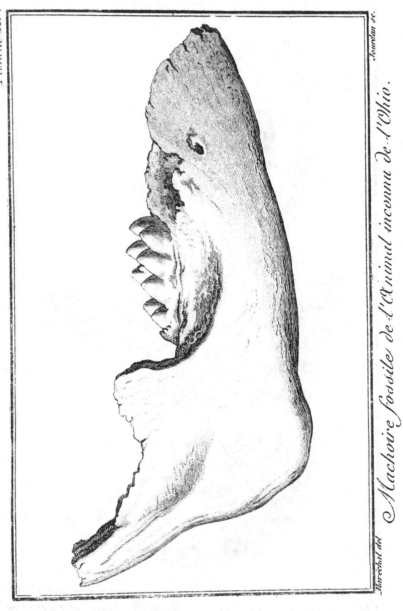

Machoire fossile de l'Animal inconnu de l'Ohio.

Planche XVI.

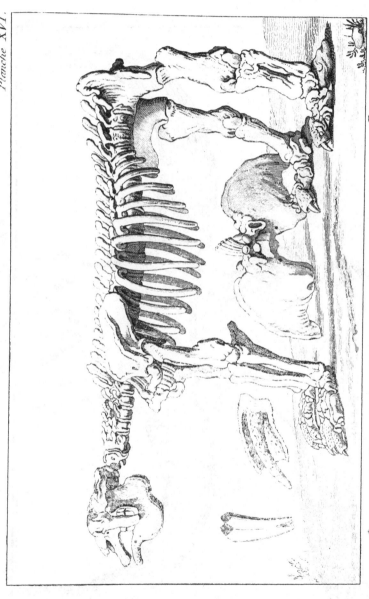

Squelette fossile de l'Animal inconnu trouvé au Paraguay.

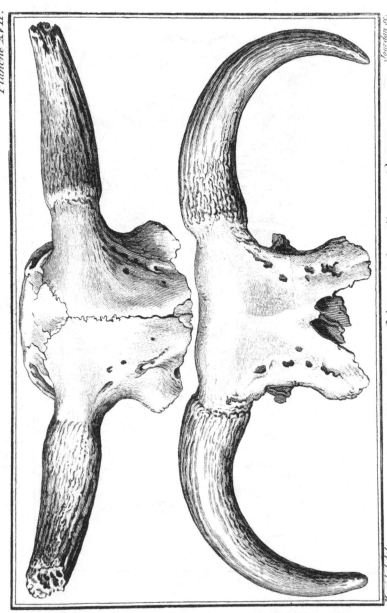

Cornes d'Aurochs, Urus de Jules César.